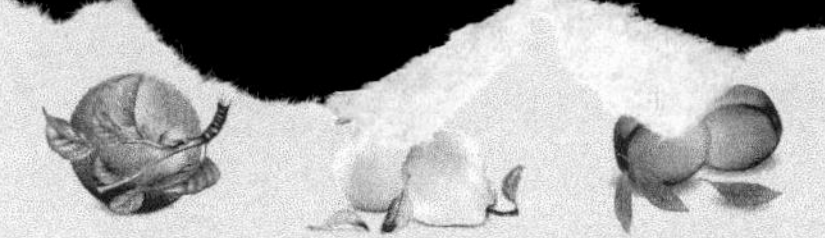

BEIFANG GUOSHU
ZHENGXING XIUJIAN JISHU

北方果树整形修剪技术

张传来　苗卫东　周瑞金　王存刚　编著

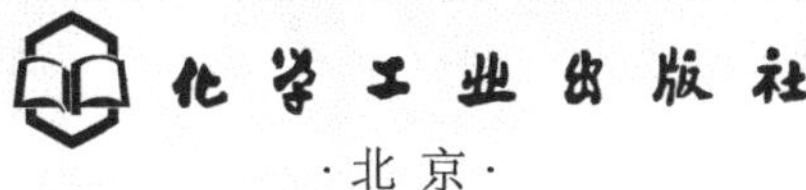

·北京·

全书共分为七章，内容主要包括果树整形修剪的基本知识及其生物学基础，果树修剪的时期、程度和方法，果树树体结构与结果枝组培养，果树修剪技术的综合运用，整形修剪应注意的问题，具体介绍了北方主要果树（苹果、梨、山楂、葡萄、桃树、杏树、李树、枣树、石榴等）整形修剪技术。

本书重点突出，科学实用，可供果树科技工作者、果园管理者和经营者阅读使用。

图书在版编目（CIP）数据

北方果树整形修剪技术/张传来等编著. —北京：化学工业出版社，2012.1（2024.5重印）
ISBN 978-7-122-12986-4

Ⅰ.北…　Ⅱ.张…　Ⅲ.果树-修剪　Ⅳ.S660.5

中国版本图书馆CIP数据核字（2011）第258298号

责任编辑：邵桂林　　文字编辑：荣世芳
责任校对：陶燕华　　装帧设计：张　辉

出版发行：化学工业出版社
（北京市东城区青年湖南街13号　邮政编码100011）
印　　装：北京科印技术咨询服务有限公司数码印刷分部
850mm×1168mm　1/32　印张$7^1/_2$　字数201千字
2024年5月北京第1版第15次印刷

购书咨询：010-64518888　　售后服务：010-64518899
网　　址：http://www.cip.com.cn
凡购买本书，如有缺损质量问题，本社销售中心负责调换。

定　　价：25.00元

前言

果树生产是我国农业生产的重要组成部分。随着果树新优品种的不断涌现和栽培管理技术的发展、推广和应用，果树产量、果实品质和栽培效益得到了很大提高，从而也激发了各地发展果树生产的积极性，广大果农也依靠果树致了富。

科学技术是第一生产力。整形修剪是果树综合管理中一项不可或缺的重要技术，其对调节果树的生长发育、结果早晚和丰产稳产，改善果园通风透光条件，提高果树光合生产能力均具有重要作用，但也具有技术性强、综合运用难度大、不易掌握等特点。为了推广果树栽培管理技术，提高从业者的技术水平和经济效益，推动果树产业的健康发展，在化学工业出版社的组织下，我们编写了本书。本书共分七章：概说，果树整形修剪的生物学基础、原则和依据，果树修剪的时期、程度和方法，果树树体结构与结果枝组培养，果树修剪技术的综合运用，整形修剪应注意的问题，北方主要果树整形修剪。编者力求内容丰富，文字简练，重点突出，技术先进，图文并茂，科学实用，通俗易懂，可操作性强，适合广大果树科技工作者、果园管理者和经营者阅读参考。

本书第一章、第四章、第五章和第六章由张传来编写，第二章、第三章和第七章的三、四、十二由苗卫东编写，第七章的一、二、八、九、十、十一由周瑞金编写，第七章的五、六、七由王存刚编写。最后由张传来统稿、定稿。

在本书编写过程中，借鉴和参考了多位同行的有关书籍和论文，在此特向原作者表示衷心的感谢！但由于作者水平和时间有限，书中不妥之处在所难免，敬请广大读者和同行不吝赐教。

编　者

2011年9月

目 录

第五章　果树修剪技术的综合运用

第六章　整形修剪应注意的问题

第一章　概说

一、果树整形修剪的含义

绝大多数果树是多年生植物，植株高大，枝条多，不仅存在着营养生长，也存在着生殖生长，而且生长发育的连续性和在空间上的立体性强。在生长发育过程中，不同器官、不同空间和不同时期会出现一些矛盾和不协调的现象，这些矛盾和不协调的现象需要通过整形修剪来调节。因此，整形修剪是果树栽培管理中一项不可缺少的重要技术措施。所谓的整形修剪是指利用一些外科手术（如剪枝、摘心、弯枝等）或具有类似作用的措施（如应用生长调节剂），通过调控果树的生长速度、方向、分生角度等形成合理的树形，调节果树生长与结果之间的关系，达到丰产、优质、低耗、高效的目的的栽培技术。实际上，整形修剪包含着整形与修剪两个方面。整形与修剪是一对既有区别又有联系的并列概念。

（一）整形

“整形”又称为“整枝”。是根据不同果树的生物学特性和生长结果习性、不同立地条件、栽培制度、管理技术以及栽培目的等，应用修剪技术，使树冠的骨干枝排列成一定的形式，树冠轮廓形成一定的形状，个体和群体有效光合面积占有较大比例，能负载较高产量，所结果实品质优良，形成便于管理或宜于观赏的合理树体结构的方法。

整形多从定植后开始，以后各年连续进行，直至树冠形成。其目的是培养满足生产要求的骨架，使树冠通风透光良好，有利于实现早结果、早丰产、优质、稳产的树体结构。

（二）修剪

“修剪”又称为“剪枝”。是根据不同果树的生物学特性或美化、观赏的需要，通过短截、缓放、回缩、疏枝、造伤处理等人工技术或施用生长调节剂，调控果树枝梢的生长速度和生长方向、分枝数量和角度，改善树体的通风透光条件，调节营养分配，转化枝类组成，调节生长与结果关系的技术。因此，修剪是对枝条而言的，它是获得足量、稳定、健壮、生产周期长、效率高的枝条的活动。

由于果树的生长发育是在不断地发生变化的，不同时期所存在的主要问题不同，为了使幼树早成形、早结果、早丰产和使成龄树丰产、稳产、优质，应根据树体生长发育的变化进行适时的修剪。因此，修剪伴随果树的一生。

整形是通过修剪完成的，主要任务是培养骨架，使树体通风透光，充分利用空间和光能。修剪是在整形的基础上进行的，主要任务是培养和更新枝组并进一步解决局部的不协调问题，使长、中、短枝比例适宜，生长与结果保持平衡，促使果树早结果、早丰产，并连年优质、丰产、稳产，获得最大的经济效益。

二、果树整形修剪的目的和意义

（一）提早结果，促使早期丰产

在自然生长的条件下，许多果树种类开始结果较晚，进入丰产期较迟。如果根据不同果树树种、品种的生物学特性，在良好的土肥水管理和病虫害防治的基础上，采取相应的修剪技术措施，如进行圃内整形，利用有些果树一年多次发枝的特性，或实施夏季修剪促使发枝，可以加快树冠和结果枝组的形成；对于树姿直立、生长较旺、不易成花结果的树种、品种或植株，冬季对幼树轻剪长放多留枝，夏季开张枝条角度、软化枝条、扭梢、拧梢、环割等，均可提早结果，获得早期丰产。

（二）克服大小年，有利于稳产，延长经济结果寿命

应用整形修剪技术，可以保持合适的从属关系和主枝角度，培养牢固的骨架，提高植株的负载量；适当减少骨干枝级次和数量，使骨干枝呈层状分布，保持适宜的叶幕厚度和间距，在提高有效光合叶面积比例的同时减少树体非生产消耗，发挥植株的生产潜力，增加花、果的营养分配，提高产量。通过修剪，调节枝梢生长势，调控花芽分化数量，使结果枝、预备枝和更新枝保持适宜的比例，可以维持生长与结果的平衡关系，克服大小年现象，有利于高产稳产。从盛果期开始，根据长势对枝条进行及时和细致的更新复壮，可以延长果树的经济结果寿命。

（三）改善通风透光条件，减轻病虫害，提高果实品质

通过合理的整形修剪，可使大枝分布合理、小枝疏密适当、树冠通风透光，提高整体叶片的光合效能，增加树体营养物质积累，不仅有利于果实的生长发育，使红色品种果实色泽鲜艳，增加着色面积，黄色和绿色品种果实光洁无锈，风味浓郁，品质优良，而且还能促使树势健壮，枝芽充实，增强树体的抗病能力。通过修剪，剪除病虫枝、叶、果和密生枝，使树冠通风透光良好，有利于提高喷药质量，防止病虫的滋生、传播和发生，保证果实品质。通过修剪，可使枝条均匀分布，实现立体结果，并可根据枝条的粗细、生长势、着生的叶片数量、占有的空间大小、历年的结果量等确定合理留果量，达到合理负载，使所结的果实生长发育均一、大小整齐一致，提高果实的商品质量。此外，通过修剪，疏除过多的花芽、花和幼果，控制枝梢旺长，还能减少营养的无谓消耗，提高树体营养水平，促进留下来的果实的发育，对增大果个、提高果实品质具

有明显的作用。

果实日烧病（又称之为日灼病）是果园偶见的一种生理性病害，主要发生在太阳直射的南面或西南面，在修剪时对树冠的南部和西南部适当多留枝叶，可使果实处于枝叶的保护之中，避免因果实局部温度过高或温度急剧上升造成失水过多而发生日烧病。水心病、苦痘病、木栓病等与果肉中钙的缺少有关，在新梢旺长时，向枝梢中分配的钙往往多，这会减少钙向果实中的分配，从而导致上述缺钙性生理病害的发生。对于这些缺钙性生理病害，除增施含钙的肥料外，采取适宜的修剪技术，如夏季对旺长新梢实施摘心、拧梢、扭梢以及对旺长大枝实施适度环割，在秋季疏除旺长枝等也可使这些病害得到缓解。

（四）提高工效，降低生产成本

一些乔木果树如任其生长，则树冠高大，使得花果管理、修剪、喷药、采收等操作不便，工效低，管理的成本高。通过整形修剪，可有效地控制树体大小，使全园树形基本一致，留出适宜的田间操作道，方便树上和树下管理，而且，果园通风透光良好，病害发生轻、喷药质量高，有利于防治病虫害，减少喷药次数和喷药量。因此，合理的整形修剪可以提高工效，减少用工和物质消耗，降低生长成本。

（五）增强果树抗逆性，提高树体抗灾能力

多数果树是多年生植物，长期、连续地固定在一个地方生长，遭受不良环境条件影响的机会多于一年生作物，而合理的整形修剪，可以增强果树抗逆性，提高树体抗灾能力。如在多风和风大的地区，除建立良好的防风林外，采用棚网架树形将枝条固定在网架上，或整成低矮树形，进行矮化密植栽培均可增强抗风能力，有效地减轻风害。在冬季寒冷的地区，对苹果树和桃树等采用匍匐形整枝、对葡萄采用低干小冠整形，有利于冬季埋土防寒，安全越冬。在桃、杏、梨等果树花期容易遭受霜冻危害的地区，采用高干整枝

对防霜和防冻有一定的效果。

三、果树修剪常用工具及其保养

（一）修剪常用工具

国内外生产的果树修剪工具类型和型号繁多，制造工艺不完全相同，耐用程度也有差异，但作用是相同的。目前，应用于果树修剪的常用工具大致可分为修枝剪类、锯类、刀类、开角类、登高类、保护伤口类和辅助类工具（锉、磨石）七类。

1. 修枝剪类工具

（1）修枝剪　是果树整形修剪过程中最常用的工具，其主要用于疏除或剪截直径在2厘米以下的枝条。目前，市面上出售的修枝剪型号很多，样式各异（图1-1），有些修枝剪在生产过程中已开刃、磨利，这类修枝剪是免磨的，买来后不需要磨剪即可使用，但价格较高；有些修枝剪在生产过程中未开刃、磨利，需要磨利后再使用。修枝剪的剪刀是修枝剪的主要部件，要求其材质要好，软硬适度，软的不耐用且易卷刃，硬的容易在修剪中造成缺口或断裂。弹簧的长度和软硬也要适度，太软剪口不易张开，太硬使用起来费力，长度以能撑开剪口又不易脱落为宜。为了降低劳动强度，提高修剪工作效率，我国、日本、瑞士、美国等国家研制出了果树气动修枝剪（图1-2）和果树电动修枝剪（图1-3）。果树气动修枝剪以汽油空压机为动力，中间通过气管相连接，使用时1台便携式汽油空压机可以带动2～4把果树气动修枝剪同时操作，每把气动修枝剪

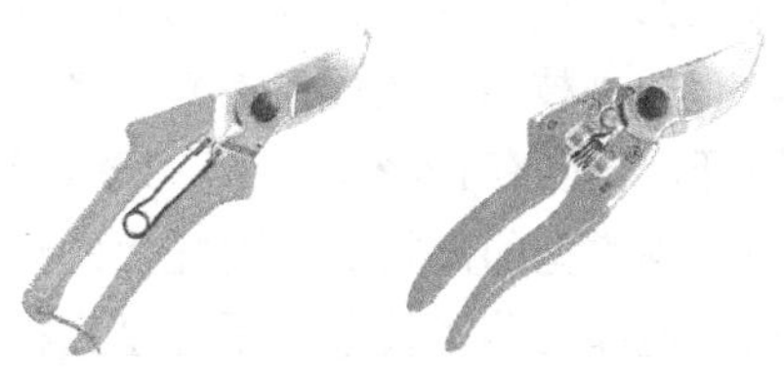

图1-1　果树修枝剪

连接的管长为30～50米。果树电动修枝剪配有锂电池，充一次电连续作业6～8小时。使用该两种修剪工具，只需轻按开关，即可剪除直径3厘米的枝条，既省时又省力。

图1-2　果树气动修枝剪

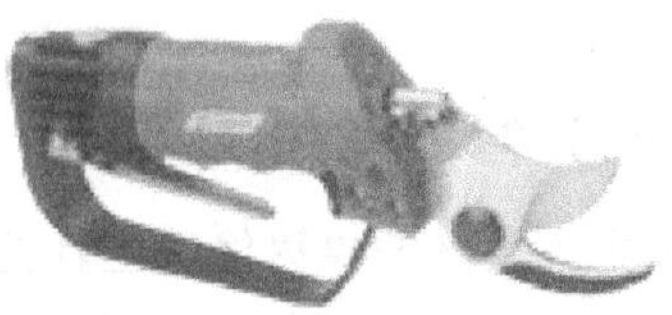

图1-3　果树电动修枝剪

（2）长柄剪　又称为整篱剪（图1-4）。这类修枝剪有两个金属长柄，主要用于修剪直径2～3厘米的枝条和部位较高用普通修枝剪修剪不到的枝条。由于这类修枝剪有两个长柄，因此，使用时较为省力，而且也比使用普通修枝剪的操作范围大。目前，市面上出售的长柄剪有两种类型，一种是柄长不可调节的，其总长度为73厘米；另一种是柄长可调节的，其总长度可控制在52～73厘米之间。

图1-4　长柄剪

（3）高枝剪　这类修枝剪的下部有一根长杆，上部安装剪子，主要用于高大树冠上部小枝的修剪。高枝剪有普通型、手捏型、铡刀型等几种类型，有的高枝剪上还配备有锯（图1-5）。长杆多是玻璃钢纤维杆或金属杆，长度有1.5米、2米、3米、3.5米、4米、5米等。普通型、铡刀型等类型的高枝剪，剪托上的小环用尼龙绳相连接，使用时拉动尼龙绳即可剪下枝条。手捏型高枝剪，在长杆基部有一手柄，修剪时握动手柄即可剪下枝条。气动型高枝剪也是以汽

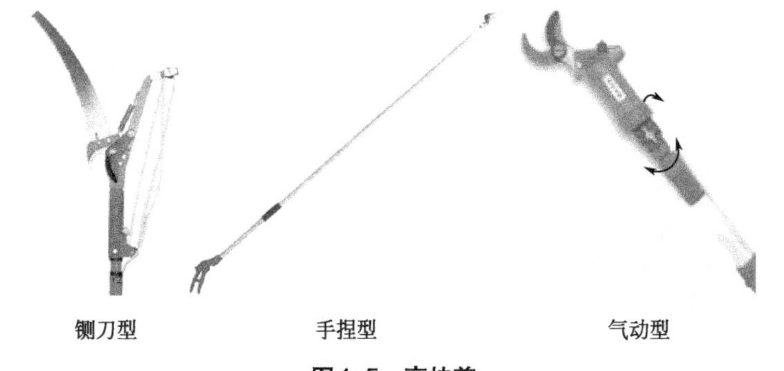

图1-5　高枝剪

油空压机为动力，其使用方法与气动修枝剪相似。矮干小冠树一般不用此剪。

2. 锯类工具

（1）手锯　主要用于疏除或回缩大枝。有直板锯、折叠锯之分（图1-6）。直板锯不能折叠，携带不方便；折叠锯用时打开，不用时可被折叠到塑料手柄的凹槽内，携带方便。锯齿有直立型和外向型两种，锯齿外向型手锯锯口不光滑，这样的锯口易感病，需再用刀或修枝剪进行削平；锯齿直立型手锯，锯口平滑。

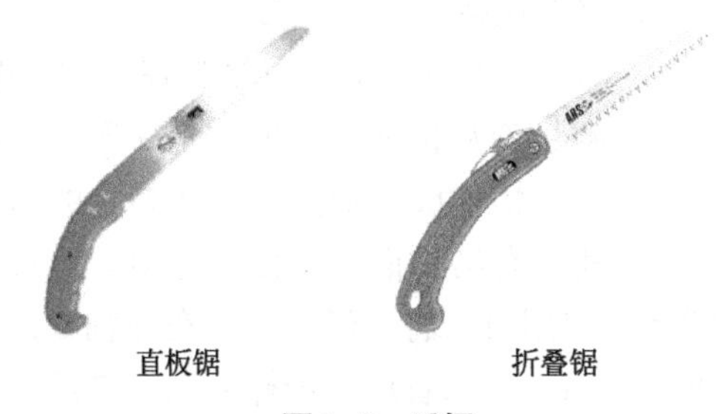

图1-6　手锯

（2）高枝锯　主要用于疏除或回缩高大树冠上部的较大枝条。分普通高枝锯和高枝油锯两类（图1-7）。普通高枝锯由直板锯和长杆组成，可用绳将直板锯固定在长杆上。高枝油锯多以汽油机作为动力设备，修剪时先锯枝条的下口，后锯枝条的上口，以防夹锯，对于重的或大的树枝要分段切割。在使用过程中，应注意安全。

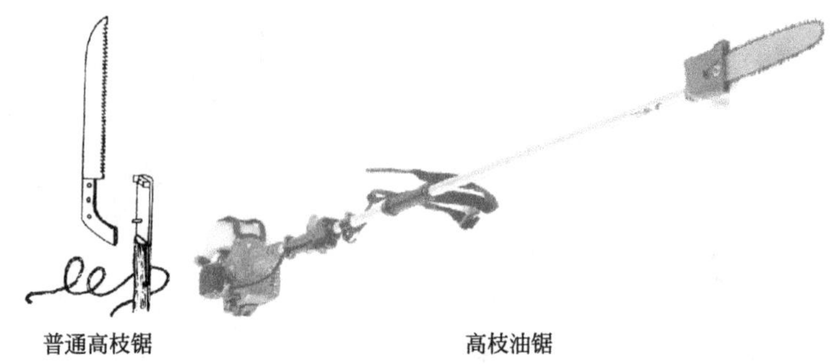

普通高枝锯　　高枝油锯

图1-7　高枝锯

（3）钢锯条　一根普通的钢锯条可截为两段使用，主要用于主干或大枝的环割以及在春季萌芽前的刻芽。用钢锯条环割是环绕环割处用力摁入一圈，不能锯一圈。如用于刻芽，为使用方便，可在钢锯条的一端缠上胶布。

3. 刀类工具

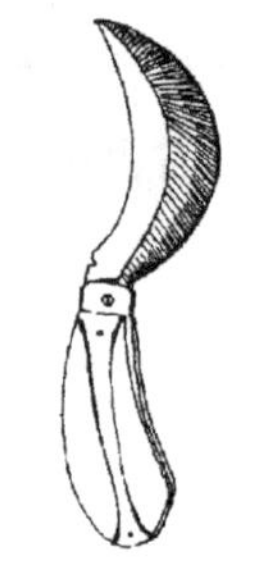

图1-8　削枝刀

（1）削枝刀　削枝刀（图1-8）主要用于削平剪、锯口。要求刀刃稍有弯曲、锋利，以便削平圆形的剪、锯口。如果没有削枝刀也可用修枝剪的刀或嫁接刀代替。

（2）环割（剥）刀　Y形环割刀（图1-9）由刀柄和两片刀片构成，两刀片呈V形结构设置在刀柄上并和刀柄构成Y形结构，两刀片的刀刃位于其内侧。其具有结构简单、使用方便、造价低、适用面广、效率高等特点。使用时，将V形刀片卡在环割处，然后握住刀柄（着力柄）进行转动。广东省恩平金桦园艺工具厂生产的钳夹式果树环割刀和钳夹式环剥刀（图1-9）由刀具、手柄、弹簧和滚轮等构成。使用时，将环割刀和钳夹式环剥刀夹在需要环割（剥）的树干或大枝上，用手推动刀架中心，顺时针转动。可根据需要，通过调换不同口径的刀片调整环割刀环割的深度，可在环剥刀刀片底部加纸垫或胶布等调整剥口宽度。钳夹式果树环割刀和钳夹式环剥刀配置有弹簧和滚轮，操作时不受树干和大枝凸凹等不规则形状

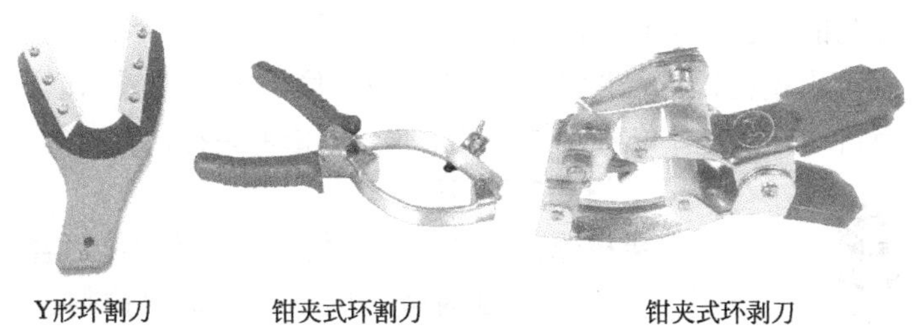

图1-9 环割（剥）刀

的影响。如果没有环割（剥）刀，也可用锋利的削枝刀或嫁接刀代替。

4. 开角类工具

绳和“山”字开角器（图1-10）是常用的开角类工具。绳主要用于拉枝开角，既可用于大枝也可用于小枝。需要开角的枝条较多时，均用绳拉枝开角会影响对土壤的管理和树体的其他管理，在此情况下，对一年生小枝或在6～8月份对当年生新梢可用“山”字开角器开角。“山”字开角器可用8号铁丝弯曲而成，使用时将开角器别在枝条的基部，待枝条的延伸方向和角度固定后，再将开角器取下，以备下年再用。

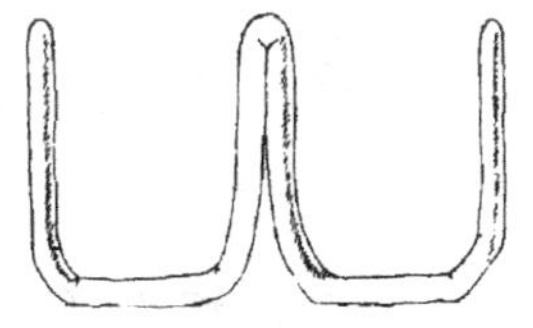

图1-10 “山”字开角器

5. 登高类工具

登高类工具包括高凳（图1-11）、三腿或四腿梯等，主要用于修剪高大树冠的外围枝。高凳有木制的，也有铁制的；梯子有木制

图1-11 高凳

的、竹制的，也有铝合金的；用铝合金制成的数层套合在一起的升降梯，可根据树冠的高度来调节梯子的长度。国外机械化修剪时，则使用自动升降台，修剪人员可以站在台上修剪果树，省力省工。

图1-12 鱼背锉

6. 保护伤口类

果树修剪时造成的大伤口被病菌侵染后容易腐烂，可用小毛刷对较大的伤口涂抹保护剂进行保护。常用的保护剂有油漆、液态蜡、松香清油合剂、石硫合剂、生熟桐油各半混合的油剂等。

7. 辅助类工具

主要有鱼背锉（图1-12）、磨石、螺丝刀、钳子、扳手等。鱼背锉是专门用来磨利锯类工具锯齿的，磨石是专门用来磨利刀、剪类工具刀刃的，螺丝刀、钳子和扳手主要用于修枝剪、高枝剪、环割（剥）刀等的维修。

（二）修剪工具的保养

1. 刀类、锯类和修枝剪类工具的保养

对于新购买的非免磨的刀类、锯类和修枝剪类工具，使用前均应开刃、磨利，使用钝了应及时磨好，否则，不仅费工费时，也容易损坏工具，而且修剪造成的伤口也不易愈合。磨剪时，除长柄剪、高枝剪需要卸开外，修枝剪最好不要卸开，卸开后虽然磨起来方便，但在使用中螺丝容易滑丝，剪口容易滑动，剪刃也不容易吻合。新购买的工具应先用磨石的粗面磨再用细面磨，这样既节省时间，又能使磨出的刀刃锋利，使用一段时间刀刃钝了以后只用细面磨。磨时，只磨刀刃的斜面。对于非免磨锯，应先调整锯齿间的横向宽度，不能太宽也不能太窄。太宽，锯口粗糙，伤口不容易愈合；太窄，容易夹锯，费力费工，甚至造成锯条的断裂。锯齿用鱼背锉磨利，并锉成三角形，这样锯口平整，边缘光滑，伤口容易愈合。刀类、锯类和修枝剪类工具用完后，应在去除脏物后用黄油或凡士林涂抹，再用油纸包好，防止生锈。

2. 登高类工具的保养

对于登高类工具，材质要坚固耐用，使用前需要仔细检查，如有松动应及时加固。不用时妥善保管，不能雨淋日晒，铁制高凳还应涂防锈漆保护。

3. 动力机器的保养与维护

从开始使用到第三次灌油期间为磨合期，使用时不能无载荷高速运转。全负荷长时间作业后，让发动机做短时间空转，让冷却气流带走大部分热量，使驱动装置部件不至于因为热量积聚而带来不良后果。注意空气滤清器的保养与维护，使用时将风门调至阻风门位置，以免脏物进入进气管。泡沫过滤器脏时可用干净非易燃清洁液清洗，洗后晾干。毡过滤器不太脏时，可采用吹风除尘，但不能清洗。滤芯损坏后应及时更换。出现发动机功率不足、启动困难或者空转故障时，应及时检查火花塞并处理。如果长时间不用，应在通风处放空汽油箱和化油器，清洁整台机器，特别是汽缸散热片和空气滤清器。对于高枝油锯还应卸下锯链。

修剪工具长期不用时应放置在干燥安全处保管，以防无关人员接触发生意外。

第二章　果树整形修剪的生物学基础、原则和依据

果树整形修剪是果树栽培管理中的一个重要环节，其要求的技术性较高，深受广大果农的重视。整形是采用修剪等技术手段，对单株或者群体建造一个能有利于果树合理利用光能和土地面积、获得丰产优质高效的基本树形。一般意义上的修剪技术，主要是指直接作用于枝干和芽的技术措施，包括剪枝、拉枝、环剥等，现代果树生产所采用的化学调控技术也用于整形修剪之中。

果树的整形修剪是以生态环境和其他农业技术措施为条件，以果树的生长发育规律、树种和品种的生物学特性及其对各种修剪措施的反应为依据的一项技术措施。因此，要因地制宜地制定出适合本地的整形修剪措施。整形修剪在确保良好的肥水等管理条件下，才能发挥应有的作用。

整形修剪技术是灵活多变的，而不是死板教条的，应在掌握基本原理、基本技术和方法的基础上把握，综合应用，不断提高效益。首先我们要掌握果树的生物学基础知识及整形修剪的依据。

一、果树整形修剪的生物学基础

（一）顶端优势

所谓顶端优势是指在同一枝条上，处于上部和顶端的芽，其萌发和抽枝能力强于下部，表现为顶端芽抽枝最长，向下依次递减，

直至下部芽不萌发处于休眠状态，下部侧芽发枝也离顶端越远则夹角越大（图2-1）。枝条垂直着生角度越小，顶端优势越强；角度越大，顶端优势越弱。枝条弯曲下垂时，处于弯曲顶部的芽所发出的新梢最强，表现出优势的转移（图2-2）。顶端优势的强弱也与剪口芽的质量有关，留瘪芽有削弱顶端优势的作用；用壮芽带头可保持顶端优势，使骨干枝相对保持较为直立的状态。因此，可以利用留芽质量调整枝条角度，调节顶端优势，如在顶端优势过强的情况下，可通过加大角度进行调节，用弱枝弱芽带头，也可用延迟修剪等削弱顶端优势，促进侧芽的萌发。

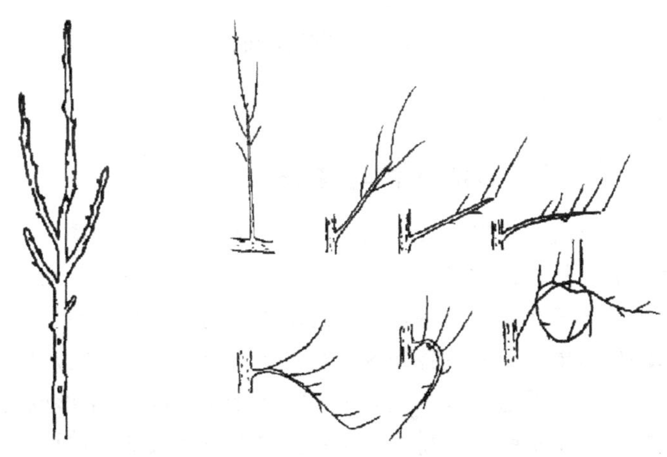

图2-1　顶端优势　　　　图2-2　枝条着生角度与顶端优势

（二）芽的异质性

果树的芽在形成发育过程中，由于内部营养状况和外界条件的不同，处于同一枝条上不同部位的芽质量不同，这种现象称为芽的异质性（图2-3）。一般情况下，早春形成、位于春梢下部的芽质量较差，中上部的芽质量较好。秋梢上的芽质量一般不如春梢好，不宜用作培养骨干枝。通常，剪口下需要发壮枝的，如培养骨干枝和延长枝应以壮芽当头；如要削弱枝条生长势，培养结果枝组，则在春秋梢交界处的弱芽处剪截。夏季采取摘心、扭梢、拉枝等措施，

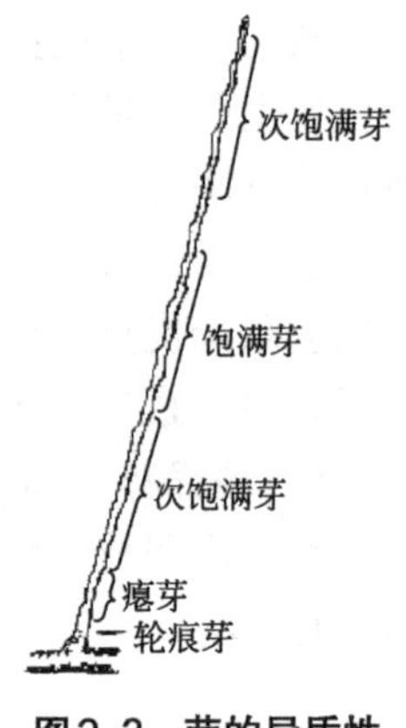

图2-3 芽的异质性

可改善部分芽的质量。

（三）芽的早熟性和晚熟性

当年形成的新梢，其上的腋芽能当年萌发形成副梢，这种特性称为芽的早熟性，如桃、葡萄等树体就具有该特性。在幼树期利用其一年发生多次副梢的特点，通过夏季修剪可以加速整形、增加枝量和提早结果。但在成龄期这种特性依然存在，会使树冠内枝叶量过多，则需要通过夏季修剪解决树冠郁闭问题。当年形成的新梢，其上的芽当年不萌发，需到次年春天才萌发成枝的特性称为芽的晚熟性，如苹果和梨等果树的芽。对其幼树通过适时摘心、涂抹发枝素等措施，打破当年生芽的休眠状态，促使其萌发形成副梢是提早这类果树增加枝量、实现早结果早丰产的关键。

（四）萌芽率和成枝力

一年生发育枝上叶芽的萌发能力，叫做萌芽力，萌芽力常用萌芽率来表示，它是指萌发的芽数占枝条上总芽数的百分率。萌芽抽枝较多的叫萌芽力强，反之，则为萌芽力弱。萌发的芽抽生枝条的长度不同，将抽生长枝的能力，叫做成枝力，通常以抽生的长枝数占萌芽数的百分率来表示。抽生长枝多的叫成枝力强，抽生长枝少的叫成枝力弱（图2-4）。

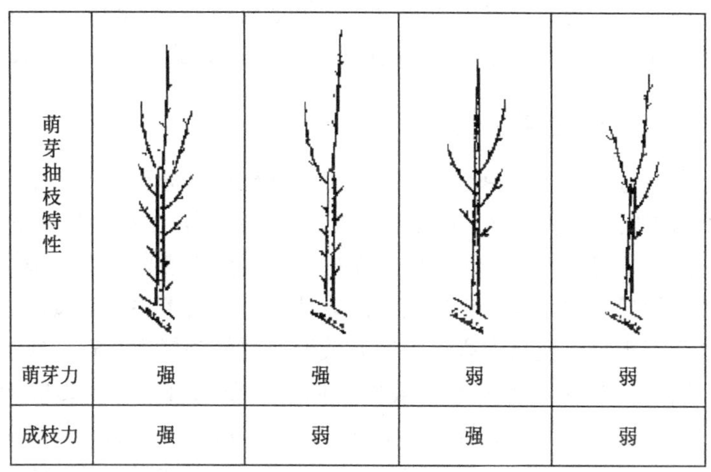

萌芽抽枝特性				
萌芽力	强	强	弱	弱
成枝力	强	弱	强	弱

图2-4　萌芽力和成枝力

萌芽力和成枝力因树种、品种不同而有区别。葡萄和桃等果树的萌芽力和成枝力均强，梨树的萌芽力强而成枝力弱。同一树种中的不同品种萌芽力强弱也有差别，如苹果中的普通型富士品种萌芽力和成枝力均强，而华冠品种的萌芽力和成枝力均弱。一般萌芽力和成枝力强的树种和品种，发枝多，树冠扩大得快，容易整形，结果早，但到成龄期后树冠容易郁闭，在修剪上应多疏枝少短截，以防树冠郁闭。对萌芽力、成枝力弱的树种和品种，在修剪上则应少疏枝多短截，以促其发枝，迅速扩大树冠，提早结果。对于萌芽率低的还可通过拉枝、刻芽等措施，增加萌芽数量。因此，修剪对萌芽率和成枝力有一定的调节作用。

（五）芽的潜伏力

果树的潜伏芽保持萌发能力的时间长短称为芽的潜伏力。潜伏芽保持萌发能力的时间越长，其潜伏力越强。芽的潜伏力强，有利于更新复壮；潜伏力弱，则不利于更新复壮。核桃、板栗、苹果、梨、山楂等果树的芽潜伏力强，容易进行树冠的更新复壮。桃等果树的芽潜伏力弱，枝条恢复能力也弱，因此，树体容易衰老，寿命短。芽的这种特性对果树更新复壮是很重要的。芽的潜伏力还受营养条件和栽培管理的影响，一般情况下，条件好的潜伏芽寿命长。

（六）干性和层性

在树冠中，处于中心位置的主干直立延伸部分称为中心干。中心干的强弱因树种而异（图2-5）。在一般情况下，苹果、梨、核桃、柿、栗、枣等果树的干性较强，而桃、葡萄则干性弱。由于顶端优势和芽的异质性，使一年生枝条的成枝力自上而下逐渐递减，这种现象每年重复，使在中心干上的分枝形成明显的层次，就形成了层性。层性因树种、品种和树龄而不同。一般来讲，成枝力弱的树种、品种层性明显，成枝力强的树种、品种层性不明显。从树龄来看，同一品种中的幼龄树较成年树层性明显。干性强、层性明显的树种和品种，适合整成有中心干的分层树形，干性弱、层性不明显的树种和品种则适合整成开心形树冠。

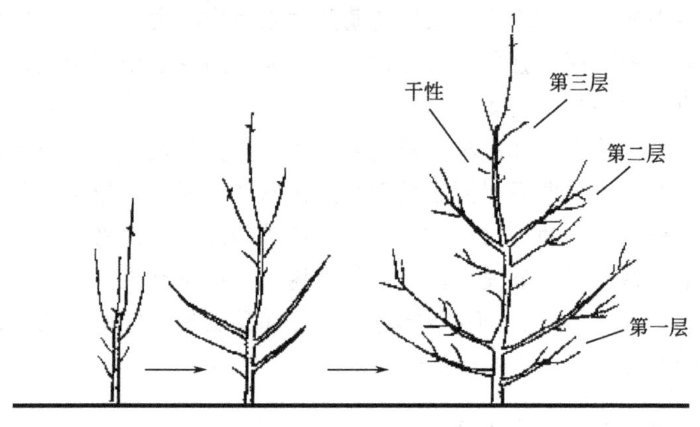

图2-5　干性和层性

（七）枝条的角度和极性

主枝与中心干的分生角度，对树体骨架的坚固性、结果早晚、产量高低和果实品质影响很大，是整形的关键之一。角度小，树形直立，冠内容易郁闭，光照不良，易出现上强下弱现象，花芽形成少，易落果，早期产量低，后期树冠下部易光秃，结合部位易劈裂，影响产量和果实品质。

果树枝梢和根系都有顶端优势和垂直优势的极性现象，修剪时可利用这一规律来调节生长与结果，如主枝强的重剪，弱的轻剪甚至不剪，则可利用顶端优势来平衡两者的生长；又如利用垂直优势，开张枝条角度可以削弱生长，扶直枝势可以加强生长。

（八）枝条的尖削度和硬度

枝条两端的粗细差异程度叫做尖削度。尖削度的大小与骨干枝的牢固性和果实负载量有很大关系。一般来讲，尖削度大的，骨干枝的牢固性和果实负载量就大。修剪时对骨干枝适度短截，使其着生一定数量的辅养枝，利于其加粗生长，加大尖削度。

枝条软硬程度因树种、品种不同也有很大差别。对枝条硬的树种和品种，在幼树期应注意加大主枝角度。对枝条较软的树种和品种，在进入结果盛期后应注意缩小骨干枝角度。

二、果树整形修剪的原则和依据

（一）果树整形修剪的原则

1. 长远规划，全面安排

果树是多年生植物，虽然不同树种进入结果期的早晚有所不同，但结果年限少则一二十年，多则上百年。因此，整形修剪得当与否，对幼树结果早晚和盛果期年限的长短，均有很大的影响。如果只强调早结果、多结果，而不注意树体结构和健壮长寿，就会缩短果树的结果年限或形成小老树。如果只考虑树形，不考虑适龄结果，就会推迟结果年限，影响经济收入。因此，要长远规划，全面安排，做到既考虑长远又照顾当前。在幼树期，应采用“轻剪长放多留枝，整形结果两不误”的修剪措施，以达到提早结果、骨架牢固，为以后丰产打下良好的基础。进入结果期后，应采用“控制树高，解决光线，抑前促后，充实内膛，调整生长与结果的关系，延长盛果期年限”的修剪措施，使之稳产、高产。衰老期要以回缩修剪为主，更新复壮结果枝组，延长果树的经济寿命。

2. 因枝修剪，随树作形

果树由于受外因和内因的不同影响，其生长情况千差万别。为了适应这种差异性，在进行整形修剪时应本着“因枝修剪，随树作形”的原则，具体情况，具体分析，不能死搬硬套，强求树形。在运用外地经验时，必须结合本地、本园的具体情况，有所取舍，灵活掌握，创造性地提出适合本地、本园的一套技术措施，这样才能随枝就势，诱导成形，才不致违背树性，犯机械造形、为造形而造形的错误。对于同类枝条来说，它们彼此之间在生长量、角度、硬度、成熟度和芽子形成情况等方面也都有差异，这就要求掌握好火候进行修剪，这样才能达到理想的效果。

3. 均衡树势，主从分明

均衡树势就是要求同层骨干枝的生长相差不大，各层骨干枝要保持相应的均衡，防止上强下弱、下强上弱或一边强一边弱等现象的出现。在整形修剪时，应采取抑强扶弱、促进和控制相结合的修剪方法，以维持树体结构圆满紧凑。主从分明就是要求明确各级骨干枝间的主导和从属关系，中心干要强于各级主枝，下层主枝要强于上层主枝，主枝要强于侧枝。从属枝条必须给主导枝条让路，如果相互干扰时，应该控制从属枝条的生长，使各级骨干枝保持相应的差异和势力。总之，各级各类枝条在长度、高度和粗度上均不能长于、高于和粗于它所着生的母枝。

4. 以促为主、促控结合

以促为主、促控结合的原则，主要用于未结果的幼树和初果期树。在加强肥水管理和通过短截增生分枝，促进其营养生长的基础上，进行枝条的合理分工。对骨干枝促使其健壮生长，迅速扩大树冠，培养牢固的骨架，而对其他的枝条在夏季采取控制手段，使这些枝条由营养生长转化为生殖生长，形成花芽，提早结果。通过以促为主、促控结合的措施，达到利用骨干枝形成树形，扩大树冠，利用辅养枝提早结果，整形结果两不误的目的。

（二）果树整形修剪的依据

1. 自然条件和栽培管理条件

果树的生长发育依外界自然条件和栽培管理条件的不同，而有很大的差异。因此，果树的整形修剪应根据当地的地势、土壤、气候条件和栽培管理水平，采取适当的整形修剪方法。例如，栽植在土壤瘠薄、土壤结构不良的沙滩地及地下水位较高地区的果树，因条件不好，限制了果树的生长发育，一般表现为生长弱、树冠小、容易控制，在修剪技术上，修剪量可稍重一些。反之，在土壤肥沃、雨量充沛、灌溉条件较好的地方，果树生长旺盛，树冠大，难以控制，修剪量要轻，并采取一定的修剪措施控制树冠，使其大小维持在应有的范围内。

2. 结果习性

（1）花芽形成的时间　促进幼树形成花芽是夏季修剪的重要任务之一。花芽分化形成分为生理分化和形态分化两个过程。环剥、扭梢等促花的处理在花芽生理分化期进行，效果就好，处理越晚效果越差。

（2）开花坐果　春季，果树的营养生长和开花坐果在营养分配上相互竞争，通过花期前后适当修剪，可缓解两方矛盾，在短期内转向有利于开花坐果的方向。如葡萄在开花前后对结果新梢摘心，枣树花期环剥或对枣头进行摘心，均可提高坐果率。

（3）结果枝类型　果树的不同树种、品种，其主要结果枝类型不同。如苹果的大多数品种主要以短果枝结果为主；南方品种群桃主要以长、中果枝结果为主，而北方品种群桃以短果枝和花束状果枝结果为主；樱桃、李多以花束状果枝结果为主。修剪时以有利于形成最佳果枝类型为原则。对于以短果枝和花束状果枝结果为主的果树，在修剪上应以疏、放为主；以长、中果枝结果为主的果树，则多采用短截修剪；长、中、短果枝结果均好的树种和品种，修剪就比较容易掌握。

（4）连续结果能力　结果枝上当年发出的枝条连续形成花芽的能力，称为连续结果能力。如葡萄和桃形成花芽比较容易，不易出现大小年现象。苹果和梨则看果台副梢成花情况，金冠苹果品种和鸭梨有一定的连续结果能力，修剪时可适当多留些花芽；富士系、元帅系苹果和雪花梨等连续结果能力较差，修剪时要适当少留些花芽，增大叶芽比例。这样才能既发挥各自的增产潜力，又有利于克服大小年。

（5）最佳结果母枝年龄　虽然不同树种结果母枝的最佳结果年龄有所差异，但多数果树为2～5年生枝段。枝龄过老不仅结果能力差而且果实品质也会下降，因此，修剪时要注意及时更新，不断培养新的年轻的结果母枝。

3. 树势

树势是树体总的生长状态的体现，包括发育枝的长度、粗度，各类枝的比例，花芽的数量和质量等。不同树势的树体生长状态是不同的，其中不同枝类的比例是一个常用的指标，长枝所占比例大，表明树势旺盛；长枝过少甚至不发长枝，则表明树势衰弱。

长枝光合能力强，向外输出光合产物多，对树体的营养有较强的调节作用；而短枝光合产物的分配有一定的局限性，外运少。因此，在果树的盛果期及以后的生长时期，在加强肥水管理的基础上，通过修剪复壮，保持适宜的长枝比例，可以维持一定的生长势。幼树可通过刻芽、摘心等措施增加中、短枝的数量，削弱生长势。

4. 修剪反应

修剪反应是果树修剪后的最直接表现，不同种类、品种果树的修剪反应不同，即使是同一个品种，用同一种修剪方法处理不同部位的枝条时，其反应的性质、强度也会表现出很大的差异。实际上果树自身记录着修剪的反应和结果。因此，修剪反应就成为合理修剪的最现实的依据，也是检验修剪质量好坏的重要标志。只有熟悉并掌握了修剪反应的规律，才能做到合理地整形修剪。观察修剪反应，不仅要看局部表现，即剪口或锯口下枝条的生长、成花和结果情况，而且要看全树的总体表现。修剪过重，树势易旺，修剪轻，树势又易衰弱，这说明修剪反应敏感性强，反之，修剪轻重的反应虽然有差别，但反应差别却不明显，这说明修剪反应不敏感。修剪反应敏感的树种和品种，修剪要适度，修剪时要以疏枝、缓放为主，适当短截。修剪反应敏感性弱的树种和品种，修剪程度比较容易把握。

修剪反应的敏感性还与气候条件、树龄、树势、栽培管理水平有关。西北高原及丘陵山区，气候冷凉，昼夜温差大，修剪反应敏感性弱。土壤肥沃、肥水充足的地区反应敏感性强；土壤瘠薄、肥水不足的地区反应敏感性弱。幼树的修剪反应敏感性强，随着树龄的增大，修剪反应逐渐减弱。

5. 生命周期和年周期

生命周期是果树一生的生长过程，而年周期是果树一年的生长过程，不同时期由于生长特点不同，在整形修剪上要采取不同的方法。幼龄果树，整形修剪的任务是在加强肥水综合管理的基础上，促进幼树的旺盛生长，增加枝叶量，加快树形的形成，早成花早结果，修剪方法应以轻剪为主。盛果期果树，整形修剪的任务是尽量延长这一时期的年限。在加强肥水综合管理的基础上，采取细致修剪，更新结果枝组，调节花、叶芽比例以克服大小年结果现象，维持健壮的树势。对于进入衰老期的果树，主要在增施肥水的前提条件下，通过回缩更新复壮。

在果树一年生长的不同阶段要按其特性进行修剪。休眠期是主要的修剪时期，可进行细致修剪，全面调节。开花坐果期消耗营养较多，生长旺，营养生长和开花坐果竞争养分和水分的矛盾比较突出，可通过刻芽、摘心、环剥、环割、喷布植物生长延缓剂等进行调节。花芽分化期之前可采取扭梢、环剥、摘心、拿枝等措施，促进花芽分化。新梢停长期，疏除过密枝梢，改善光照条件，可提高花芽质量。对于果树来讲，夏季修剪对生长节奏有明显的影响作用，因此，夏季修剪的重点是调节生长强度，使其向有利于花芽分化，有利于开花、坐果和果实发育的方向进行。

第三章　果树修剪的时期、程度和方法

一、果树修剪的时期

果树在不同时期其营养和器官条件不同，修剪的效果差异很大，并且与各时期环境条件不同也有关系。

果树的修剪可分为休眠期修剪（又称为冬季修剪）和生长期修剪。根据修剪的具体时期不同，又可将生长期修剪分为春季修剪、夏季修剪和秋季修剪。在现代果树生产中，加强生长期修剪，尤其对生长旺盛的幼树更为重要。

（一）休眠期修剪

休眠期修剪是从冬季落叶后到春季萌芽前所进行的修剪。在休眠期，果树树体贮藏的营养物质充足，修剪后枝芽减少，有利于集中利用贮藏养分，因此，果树冬季修剪的最适宜时间是在果树完全进入正常休眠期以后、被剪除的新梢中贮藏养分最少的时候。

果树的冬季修剪要考虑树种特性、修剪反应、越冬性和劳力安排等因素。不同树种春季开始萌芽的早晚不同，如桃、杏、李较早，而苹果、柿、枣、栗等较晚，因此，对于果树面积大、树种多的大型果园，如果修剪人员不足，在冬季修剪的时间安排上应有所不同，对于萌芽早的要早一些，萌芽晚的可迟一些。有些树种，如葡萄，修剪过晚，易引起伤流，虽不致造成树体死亡，但却能削弱树势，其适宜的冬季修剪时期为深秋或初冬落叶后。在休眠期修剪核桃树，会发生大量伤流而削弱树势，其适宜的修剪期是在春、秋两个季节。

果树冬季修剪主要是疏除病虫枝、密生枝和并生枝、徒长枝、过多过弱的花枝及其他多余枝条，短截骨干枝、辅养枝和结果枝组的延长枝，或更新果枝，回缩过大过长的辅养枝、结果枝组；或对过分衰弱的主枝延长头，刻伤刺激一定部位，以便第二年转化成强枝、壮芽；调整骨干枝、辅养枝、结果枝组的角度和生长方向等。

（二）生长期修剪

生长期修剪是从春季萌芽至落叶果树秋冬落叶前进行的修剪。生长期修剪的作用主要在于控制树形和促进花芽分化，此外，还可促进果树的二次生长，加速整形和枝组培养，减少落花落果，提高果实品质，减少生理病害，延长果实贮藏期。根据修剪的具体时期不同，又可将生长期修剪分为春季修剪、夏季修剪和秋季修剪。

1. 春季修剪

即在萌芽后至花期前后的修剪。除葡萄不宜在早春修剪以防流伤外，许多果树都可进行。主要内容有花前复剪、除萌抹芽和延迟修剪。花前复剪主要在花蕾期进行，主要是调节花芽数量以补充冬季修剪的不足。有些果树花芽不易识别，或在当地花芽易受冻，也可留待花芽萌动后春剪或春季复剪。除萌抹芽是在芽萌动以后，抹去枝干上的萌蘖和过多的萌芽，可减少养分的消耗，使养分集中，一般越早越好。延迟修剪多用于树势旺、冬季未进行修剪的树。春季萌芽后修剪，贮藏营养已部分被萌动的枝芽所消耗，萌动的芽被剪后，下部的芽会重新萌动，生长推迟，因此，可以提高萌芽率和削弱树势。对成枝少、生长旺、结果难的树种、品种较为适合。不过春剪的去枝量一般不宜过多，以免过于削弱树势。

2. 夏季修剪

夏季修剪是指新梢旺盛生长期进行的修剪。由于树体贮藏养分较少，新叶又因修剪而减少，对树体生长的抑制作用较大，因此，修剪量应从轻。夏季修剪可调节生长与结果的关系，促进花芽形成和果实生长；利用二次生长，调整和控制树冠，有利于枝组培养。但在修剪中根据目的及时采用适宜的修剪方法，才能收到较好的调控效果。如促进分枝，可在新梢迅速生长期进行摘心或涂抹发枝素。夏季修剪的方法主要有摘心、剪梢、弯枝、扭梢、环剥、拿技、化学修剪，等等，一般可以根据具体目的和情况，灵活应用。对幼树旺树进行夏季修剪尤为重要。

3. 秋季修剪

一般是指在秋季新梢停止生长后至落叶前的修剪。在该期内，树体各器官逐步进入休眠和进行养分贮藏。适当修剪，可紧凑树形，改善光照，充实枝芽，复壮内膛。此期以剪除过密大枝为主，由于带叶修剪，养分损失较大，当年一般不会引起二次生长，来年剪口反应也比休眠期修剪的弱，有利于控制徒长。秋季修剪在幼树、旺树、郁闭的树上应用较多，其抑制作用弱于夏季修剪，而强于冬季修剪。

总之，根据树体不同状况、在年周期中出现的不同矛盾，及时采取适当修剪措施是十分必要的。修剪的时期，必须根据修剪的目的和所采取的方法而定。

二、果树修剪的程度

修剪程度主要是指修剪量，即剪去树体器官的多少，也涉及每种修剪方法所施行的强度。如短截的轻重、回缩的部位、环剥的宽度和次数、弯枝的角度等。在一般情况下，修剪越重，作用越大。果树的修剪程度要根据不同程度修剪的作用来确定，现以休眠期地上部修剪的轻重进行说明。

（一）对新梢生长的促进作用

休眠期剪去的器官贮藏养分较少，因此，使留下的枝芽从根干中获得的贮藏养分相对增多。同时，由于根系没有减少，根系吸收水分、养分对地上部的供应相对增加，因此，新梢和叶片中水分和养分增多，促进叶片中养分的积累，加快叶片中养分的转化、运转，供应新生组织的需要，促使修剪处的新梢生长旺盛。修剪越重，反应越明显。当然，旺树修剪越重，器官和养分损失也越多，对根系和树体整体的抑制作用就越大，全树养分含量相应减少。冬季修剪的这种对局部生长的促进作用和对整体的抑制作用称为修剪的双重作用。

（二）对生殖生长的促进作用

果树适度修剪，既能促进枝梢生长，又能及时停止生长。因此，能够保证果树在生长中期以后碳水化合物含量最多，也有利于花芽的形成。一般旺树、幼树、强枝要轻剪缓放，弱树、老树、弱枝要重剪，使其都能生长适度，有利于结果。

（三）与施肥灌水的类似作用

一般情况下，若果树在管理过程中大肥大水，则修剪时要轻剪多留；若肥水不足，则需要加重修剪。但肥水一般促进全树的代谢和生长，而修剪则往往只加强地上部修剪枝局部的生长。在一般情况下，修剪抑制根系生长和树体的总生长量。因此，在确定修剪的程度时，应根据肥水条件，不能本末倒置。

此外，修剪程度还与修剪时期、方法、对象等有关，必须综合分析，才能获得良好的效果。

三、果树修剪的方法

果树修剪的基本方法包括短截、回缩、疏枝、缓放、除萌、疏梢、摘心、剪梢、弯枝、环割、扭梢、拿枝、刻伤、环剥等。化学修剪是指应用生长调节剂来达到上述某种修剪基本方法的目的的一种修剪技术。了解不同的修剪方法及其作用，是正确采用修剪技术的前提条件。

（一）短截

又称短剪。即剪去一年生枝的一部分。根据程度可将短截分为轻、中、重、极重短截（图3-1）。

1. 轻短截

剪去一年生枝顶端极少的一段，如只剪顶芽，或剪先端很少部分。由于剪枝极轻，留芽较多，养分分散，且剪口下的芽均是半饱满芽，因此，枝梢生长不旺，多发生中、短枝，具有缓和长势、促进花芽分化的作用。

2. 中短截

一般在一年生枝中部饱满芽处剪截。由于留芽较少，营养较集中，且剪口下为饱满芽，因此，常发生较少、较强的枝梢，长枝多，短枝少，母枝加粗生长快。这种短截适于骨干枝的延长枝增强长势时采用。

3. 重短截

是一种在一年生枝饱满芽以下剪截的短剪法。由于留芽少，剪后萌发枝少，养分集中，枝常强旺。一般剪口下仅抽1～2个旺长枝或中枝，其总生长量小，剪口枝很强。这种短截常用于培养结果枝组。

4. 极重短截

在枝的基部只留1～2个瘪芽的短截，虽然截留短，发枝较少，但因剪口为瘦弱瘪芽，有的发生1～2个旺梢，也有的只能抽发1～2个细弱枝再转化结果。常用于徒长枝、竞争枝的短截。用于长势中等的枝时，效果好。

短截能缩短枝轴，使留下部分靠近根系，缩短养分和水分运输距离，有利于促进营养生长和更新复壮。由于短截缩短了枝轴，因此，能增大枝梢密度，使树冠内膛的光线变弱。在短截时，可以通过留芽的质量和方位改变枝梢的角度、方向，调节枝条的生长势。在主枝间生长不平衡时，也可以采取“强枝短留，弱枝长留”的办法，调节主枝的平衡。采用短截，还能控制树冠和枝梢的生长，缩小树冠。但强枝过度短截，会增强顶端优势，造成顶端新梢徒长，下部新梢变弱，不利于形成好的结果枝。

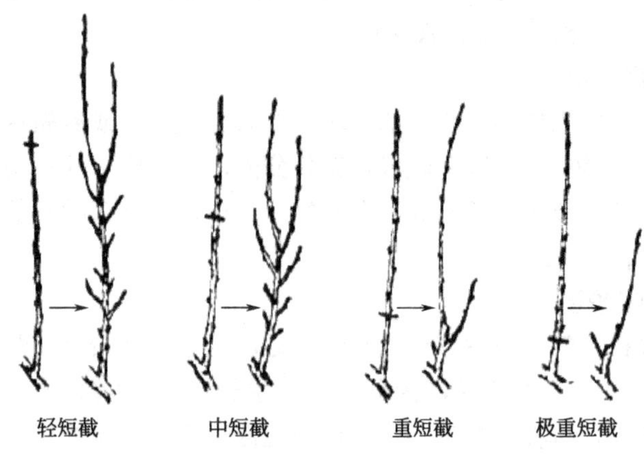

图3-1　短截程度及反映

（二）缓放

又叫甩放、长放，即不对枝条进行修剪。缓放枝因无剪口，因此，也没有局部的刺激作用，但能减缓顶端优势，促进枝条下部芽的萌发，提高萌芽率，缓和枝势，枝条停止生长早，养分积累多，有利于花芽的形成和结果。对幼树和应结果而未结果的旺树，采用此法，可促其提早结果。一般中庸枝、斜生枝和水平枝适宜长放。背上直立枝，顶端优势强，母枝增粗快，容易形成“树上长树”现象，因此，不宜长放，如果需要长放，必须配合曲枝、夏季修剪等措施控制生长势。

（三）回缩

又叫缩剪。是指剪去多年生枝的一部分。回缩反应的特点是对剪口后部的枝条生长和潜伏芽的萌发有促进作用，对母枝有较强的削弱作用。其修剪反应与回缩程度、留枝强弱、伤口大小有关。适度回缩，可促进剪口后部枝芽生长；回缩过重则可抑制生长（图3-2）。因此，回缩具有促进生长和削弱生长的双重作用。回缩的促

图3-2　回缩

进作用常用于骨干枝、枝组或老树的更新复壮；削弱作用常用于骨干枝之间调节生长势、控制或削弱辅养枝。

（四）疏枝

指将枝条从基部疏除（图3-3）。疏枝可以降低树冠内枝条密度，避免背上直立枝形成“树上树”，改善树冠内通风透光条件，增强叶片的光合能力，促使留下的部分健壮生长，充实枝芽，促进花芽分化和果实发育。对强旺的骨干枝或枝组疏除旺枝，可以削弱其势力，起到平衡树势的作用。通过疏除不同类型的枝条，还能调节叶、花芽的比例，调节花果量。

一般来说，疏枝后在母枝上留下的伤口具有抑上促下的作用，即对伤口以上的枝条有比较明显的削弱作用，越接近伤口，削弱作用越大；对伤口以下的枝条有一定程度的促进作用，距离伤口越近，促进作用越大。因此，疏枝对改善光照条件、缓和树势、促进花芽形成有良好的作用。疏枝程度要因树因地而宜。幼龄果树宜少疏枝，以便提早结果。进入结果期以后，在不影响产量的基础上，一方面要充实结果枝，另一方面要刺激枝条生长，可以适度地疏枝。对于成龄大树，因枝条较多，可以多疏枝。进入衰老期的树，短果枝多，生长衰弱，要精细疏枝结果枝，促进营养生长，恢复树势。

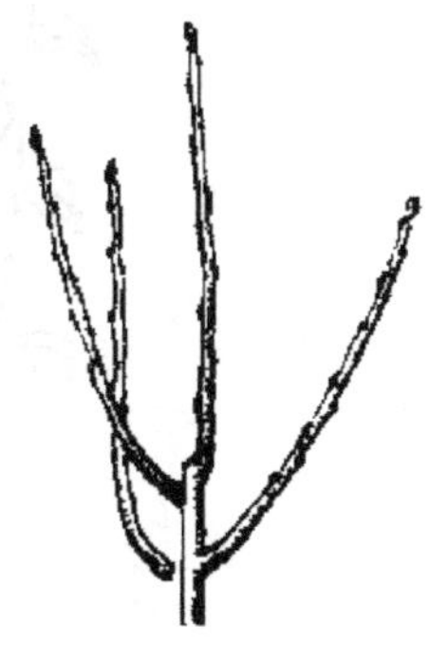

图3-3　疏枝

（五）刻芽

又叫刻伤、目伤。在春季发芽前，用刀横切枝条皮层，深达木质部（图3-4）。在芽子上方刻伤，可以阻碍根部的贮藏养分向上运输，使伤口下部的芽子得到充足的营养，促使芽子萌发、抽生枝条。如果夏季在芽子下方刻伤，则会阻止碳水化合物向下运输，提高伤口上部芽子的质量。

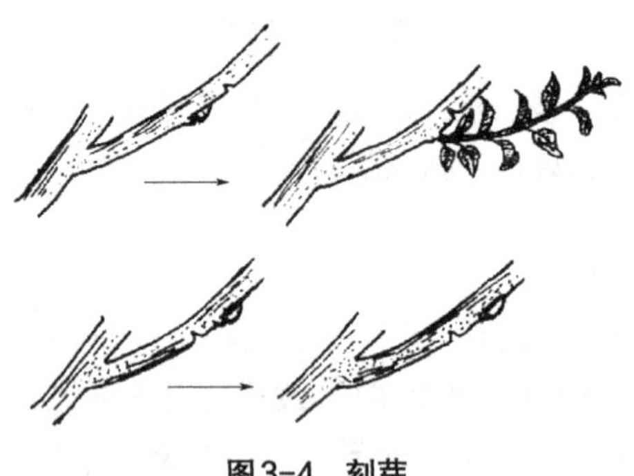

图3-4　刻芽

（六）抹芽和疏梢

芽萌发后，抹除或剪去嫩芽称为除萌或抹芽（图3-5），疏除新梢称为疏梢。抹芽和疏梢可以选优去劣，除密留稀，节约养分，促进留下器官的生长充实，还能改善光照条件，有利于花芽分化和提

图3-5　抹芽

高果实品质。抹芽常用于果树定干后抹除方向不适当或部位不适当的萌芽以及各级延长枝的竞争芽。疏梢常用于夏季疏去过密梢、病虫梢、背上直立徒长梢、剪锯口下的萌蘖以及其他无用梢。

（七）摘心和剪梢

摘心是摘除幼嫩的梢尖，剪梢是剪去新梢的一部分。摘心和剪梢可以削弱新梢的顶端优势，促进侧芽萌发和二次生长，有利于早结果。直立生长的新梢长到15～20厘米时摘心，能够促进花芽的形成。有些果树，如葡萄、苹果、枣等，其结果新梢通过摘心可显著提高坐果率。秋季对将要停止生长的新梢摘心，可促进枝芽的充实，有利于越冬。

在生产上可利用摘心和剪梢促使二次梢生长达到快速整形的目的，加快枝组形成或增加分枝数，提高分枝级数，提早结果（图3-6）。

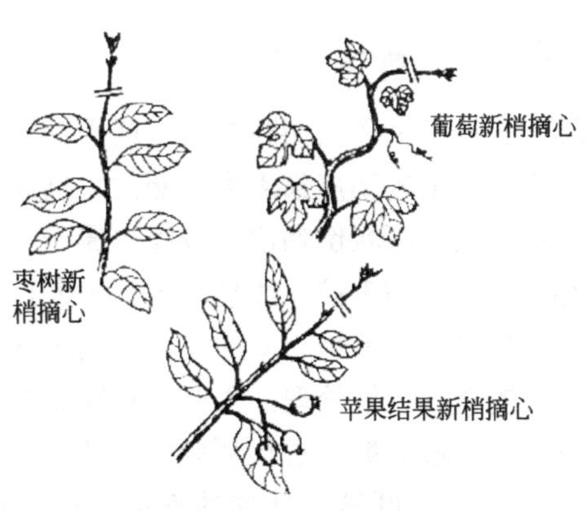

图3-6　新梢摘心

（八）扭梢和拧梢

扭梢是在新梢处于半木质化时，将新梢自基部扭转180°，即扭伤木质部和韧皮部，伤而不折断，新梢呈扭曲状态。拧梢是在新梢半木质化时，用大拇指与食指捏住新梢基部，拧动后推向斜生。

扭梢和拧梢均能阻碍养分的运输，缓和生长，提高萌芽率，促进中、短枝的形成和花芽的分化（图3-7）。

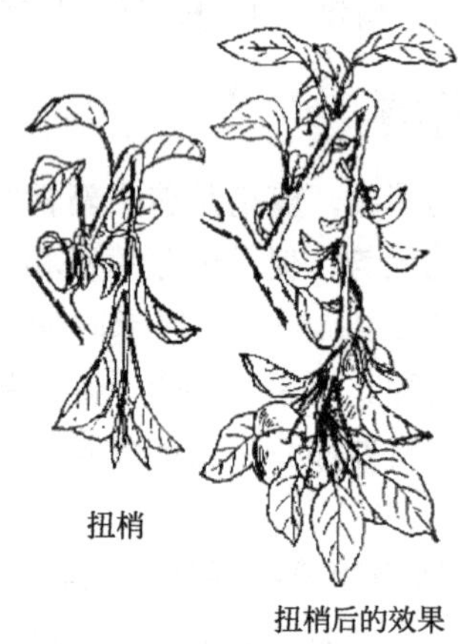

图3-7　扭梢

（九）环割、环剥和大扒皮

环割就是用刀在枝条上环状切断皮层，或用钢锯条环状摁入枝条皮层。环剥是将枝干上的韧皮部剥去一圈。大扒皮是将果树主干上一定宽度的树皮扒去。环状倒贴皮、绞缢也属于这一类，只是方法和作用程度有些差别（图3-8）。环割、环剥和大扒皮具有抑制营养生长、促进花芽分化和提高坐果率的作用。主干处理主要是针对生长过旺、不结果的树。大枝处理，主要是对辅养枝或临时枝进行环剥或环割，而对骨干枝一般不进行环剥。小枝处理，主要是针对旺长枝，尤其是背上直立旺枝。处理的部位不同，其作用范围不同。处理主干对整株均有作用，对大枝和小枝处理其作用范围仅限于处理枝的伤口以上部分。

环剥一般只剥一圈，而环割可以割数圈，大扒皮必须以不损伤木质部表面的黏膜（形成层）为前提。环剥和环割可以暂时切断部分输导组织，改变上下部的营养状况。环剥、环割、大扒皮多在五、六月份进行。目前，环剥在枣、苹果、梨、柿等果树上应用比较多。根据环割、环剥的特点，操作时应注意以下几点。

1. 处理的时间

处理的时间与处理的目的有关，为促进花芽分化，一般在花芽分化前进行；若是为提高坐果率可在花期前后进行。

2. 环剥的宽度与深度

环剥适宜的宽度为枝条处理处直径的1/8～1/10。过窄愈合早，达不到目的；过宽易出现长期不愈合的现象，抑制营养生长过重，甚至造成树体死亡。适宜的深度为切至木质部，过深易使环剥枝干死亡，过浅效果不明显。对于环剥敏感的树种和品种，可采用绞缢、环割等方法。

3. 处理的次数

一般一年处理一次，一次一圈。如果处理20～30天伤口愈合后，树势仍然较旺，可进行第二次处理。

4. 保护环剥伤口

为防止病虫对伤口的危害和促进愈合，对伤口可涂药保护，也可用塑料布或纸包扎。

5. 部分环剥

在不需要控制整株生长的情况下，可对部分旺枝进行环剥。

6. 处理对象

幼树、弱树不宜进行环剥。

7. 处理的部位

处理主干的适宜部位是距地面5厘米以上至第一主枝以下，处理大枝和小枝的部位可在其基部或计划回缩处。

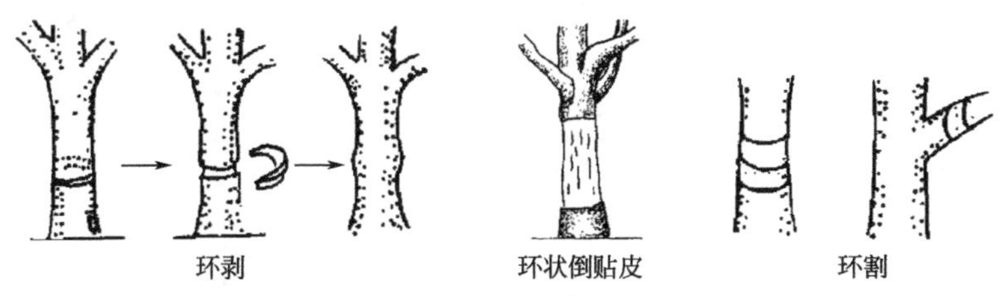

图3-8 环剥

（十）拉枝和拿枝

拉枝包括弯、拐、别、压、支、拉等方法，使枝条角度开张到要求的角度（图3-9）。拉枝后，削弱了顶端优势，提高了萌芽力，使营养物质和激素分配均衡，有利于形成花芽；拉枝也可以增大分枝角度，改善光合条件，提高叶片的光合效能。拿枝又称为捋枝，是用手使角度较小的旺枝自基部到顶端逐步弯曲，伤及木质部，伤而不断。拿枝有缓和生长势，促进营养积累，提高萌芽率，促进形成中、短枝和有利于花芽形成的作用，对幼树主、侧枝拿枝也有开张角度的作用（图3-10）。

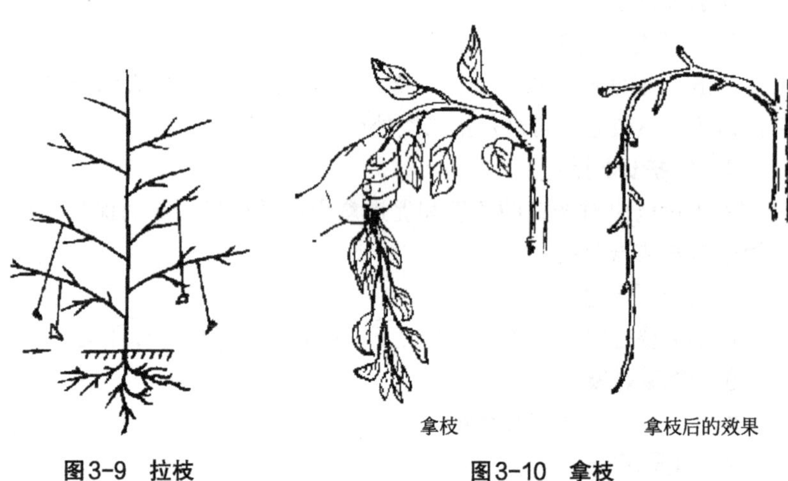

图3-9　拉枝　　图3-10　拿枝

第四章　果树树体结构与结果枝组培养

一、果树群体结构与树体结构

（一）果树群体结构

果树群体由果树个体组成，随着果树栽植密度的提高，果树群体特性的重要性越来越凸显，因此，在修剪中必须考虑果树群体的结构特点。

1. 果树群体类型

根据株间叶幕是否连续可分为不连续和连续两大类型（图4-1）。

（1）不连续型　植株密度小，树冠之间有一定间隔，其株间是相对独立的，叶幕是不连续的。对于这种类型，整形修剪应以单株为主，修剪时主要从树冠大小、形状和间隔考虑株间距对光照的影响。

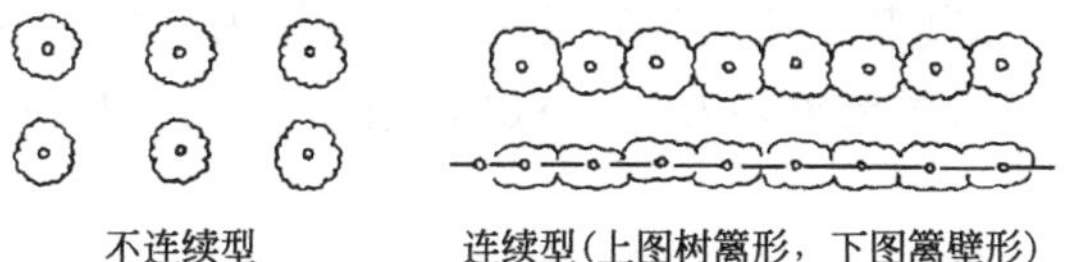

图4-1　果树的群体叶幕

（2）连续型　栽植密度大，株间叶幕相连。根据栽植方式不同又可分为5种情况。单行篱栽，株间叶幕相连，而行与行之间保持一定的距离，叶幕不相连，对于这种类型应以一行为单位进行修剪。双行篱栽，是以两行为一个树篱的宽窄行栽植，相邻两个窄行的行间和株间的叶幕相连，而相邻两个宽行间的叶幕不相连，修剪时应以两行为一个单位。多行篱栽，以数行为一个树篱进行栽植，在树篱内叶幕相连，修剪时应以一个树篱为单位。草地果园，即高密度果园，其叶幕相连性很强，多采用机械化修剪。多株穴栽，在一个穴内栽植数株，应以穴内的数株为一个单位进行修剪。

2. 果树群体的发展

果树群体的发展是一个动态变化过程，它与栽植密度、一年内不同时期的生长和树龄有关。

（1）密度增大后群体的发展　随着密度的增大，虽然早果性和早丰产性得到了增强，但叶幕的连续性也越来越强，在树体长至一定大小后，易出现果园群体郁闭、树冠内部受光量小、病虫害加重、果实品质差等问题，为解决这些问题，在整形修剪上应注意降低树高和骨干枝的比例，缩小树冠，减少枝叶量，减小叶幕厚度。

（2）不同树龄和不同季节群体叶幕的发展　幼树，冠小枝少，叶幕薄且小，株间空隙大，为尽早地多利用光能，应通过多留枝、促发枝、提高叶面积指数和树冠覆盖率，加速群体形成和提早结果。随着树龄的增长，树冠增高增大，枝叶量增多，虽然截获的有效光合辐射越来越多，但如果叶幕过厚，内膛和冠基的光照条件恶化，产量和果实品质都会下降。为保证足够的光照和方便操作，应注意控制树高和冠径，降低枝条密度，尤其是要减少外围枝量，保持适宜的冠间距和树冠覆盖率（果园整体树冠垂直投影面积与土地面积之比），如篱栽苹果树适宜的树冠覆盖率为50%～60%，长方形栽植的自然形苹果树为75%～90%，冠基受光强度为自然光强的40%以上。

一年内，果树的群体结构也随季节的不同而发生变化。从春季到秋季，叶幕逐渐形成和加厚，尤其是一年多次发枝的树种如桃等表现得更为明显。所谓的合理树冠间隔和果园覆盖率是指一年内果园群体叶幕形成后的指标，对于大多数北方落叶果树而言，果园群体叶幕的形成多在6～7月份，如果此时果园覆盖率过大、树冠间隔过小，则应通过夏季修剪给予及时控制。

3. 丰产果园的群体结构特点

单位面积的产量取决于植株的群体生产能力，因此，高产稳产要有良好的群体结构。丰产稳产优质果园的覆盖率在70%左右，行内株间树冠交叉率不超过10%，树高为行距的2/3左右，行间树冠间隔在0.6米左右。单位面积上的留枝量与产量和果实品质有着密切关系，在一定范围内，随着枝量的增加，产量和果实品质相应提高，但超过适宜范围后，树冠内枝叶相互密挤，遮风挡光，产量和品质反而会下降。调查结果表明，烟台地区优质丰产苹果园的适宜留枝量为87976～88872条/亩（1亩＝666.7平方米），枝组数量为1.9万～2.1万个，其中，小型枝组占46.5%～48.7%，中型枝组占25.4%～26.2%（路超等，2009）。在河南省伏南山区自然条件下，盛果期金冠苹果适宜留枝量为6万～8万条/亩，长枝、中枝和短枝分别占总枝量的10%～20%、10%～20%和60%以上（马绍伟等，1994）。棚架黄金梨的适宜留枝量为42.95万条/公顷，长枝、中枝和短枝比例分别为2.61%、6.59%和90.8%（岳玉玲等，2008）。大樱桃丰产园留枝量为6万条/亩，短枝和花束状果枝占总枝量的95%以上（王卫等，2001）。板栗丰产园单位冠幅面积强枝量为30条/米^2，强母枝量为28条/米^2，果枝量为17条/米^2（李冬生等，1994）。叶面积指数（单位土地面积上的总叶面积）与光能利用率和树体光合生产能力有关，多数果树适宜的叶面积指数为4～5，指数小，截获的有效光合辐射少，制造的光合产物少，产量低；指数过大，叶片过多相互遮阴，功能叶比率低，产量和果实品质下降。

（二）果树树体结构

乔木果树的地上部包括主干（树干）和树冠两部分。树冠由中心干、主枝、侧枝和枝组构成。中心干、主枝和侧枝是树冠的骨架，又称为骨干枝（图4-2）。

1. 主干

主干是指地面至第一主枝之间的树干部分。主干高度又称为干高。高干，果园通风好，地面管理方便，但易遭风害，根与树冠

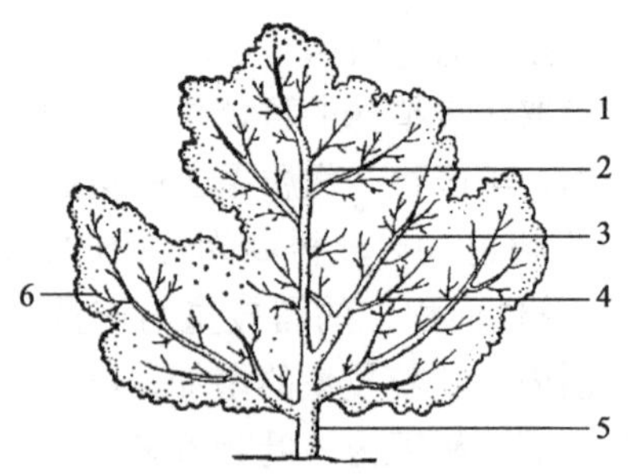

图4-2　果树树体结构（吴光林，1986）

1—树冠；2—中心干；3—主枝；4—侧枝；5—主干；6—枝组

的营养运输距离大，而且树干消耗的营养多，树势易弱，单位面积产量低。矮干，树干消耗的营养少，树冠形成快，树势强健，结果早，单位面积产量高，树冠管理方便，有利于防风、防积雪、保温、保湿，但不利于地面管理，果园通风差。随着矮密栽培的发展，目前多趋向于矮干，但情况不同也应有所区别。树性直立干应矮，树姿开张干应高；稀植树干应高，否则应矮；大陆性气候和风大的地区干应矮，海洋性气候干应高，有利于通风透光，减少病害的发生；山区干应低，平原可适当高些；进行果粮间作、实行机械化操作，干应高。丛状形果树和扇形整枝的葡萄则宜无主干。

2. 树冠

树干以上着生枝条的部分统称为树冠，是果树的主体部分。

（1）树冠的体积　树冠的体积由冠高和冠径决定。树冠高大，虽然可以充分利用空间，立体结果性好，单株产量高，经济寿命长，适应性强，但树形和群体叶幕形成慢，早期光能利用率低，结果晚，有效容积和叶面积指数小，叶片、果实与吸收根距离远，枝干所占比例大，非生产性消耗多，向经济器官分配的营养少，经济系数低，修剪、采果、打药等管理不便，费工，风大时也易引起落花落果。采用小树冠，进行矮化密植栽培，单位面积栽植植株多，达到适宜群体覆盖率的时间短，土地和光能经济利用率高，有效容积大，叶片曝光率高，骨干枝所占比例小，营养制造和向经济器官分配的营养多，进入结果期和盛果期早，单位面积产量高，果实成熟早且品质好，树冠管理方便，劳动效率高。因此，矮化密植栽培比稀植大冠栽培具有更多的优越性。

（2）树高、冠径和间隔　树高、冠径和间隔决定着劳动效率、机械化管理水平和对光能的利用，但重点考虑的应是对光能的利用，即：在生长期，使树冠每一部分的受光量都能达到自然光强的30%以上。由于在整个树冠中基部的受光量最少，因此，应以满足冠基光照为准。影响冠基光照条件的因素有树冠厚度和影射角。大多数研究者认为，在我国树冠厚度以2.5m左右较好。影射角是指树行冠顶和邻行冠基连线与水平面的夹角。在一个地区，纬度和影射角不变，树高、冠径和间隔之一的改变就会影响其他两方的改变，因此，必须对三者综合考虑。李正之（1976）提出，在我国北纬40°的果园，影射角应是51°，如果行距为4m，篱下宽应是2m，冠倾角应是77°～80°。

（3）树冠形状　树冠形状大体上可分为自然形（圆头形）、扁形（篱架形、树篱形）和水平形（棚架、盘状形、匍匐形）三类，群体有效体积、树冠表面积以扁形最大，在解决密植与光能利用、密植与操作的矛盾中也以扁形最好。其次是自然形。因此，扁形是当前推广的主要树冠形状。虽然水平形树冠产量低，但在树冠受光量和果实品质上以水平形最好，并适于密植，而且结果早，管理方便，效益高。目前，新西兰和美国在苹果、梨和树莓上水平形已获成功，我国一些果园在梨、李和杏树上已进行栽培试验。

（4）树冠结构和叶幕配置　叶片能明显减少光合辐射，如日光通过一张巨峰葡萄叶片光合辐射只剩下9%～9.5%，通过一张廿纪梨叶片只剩下3.2%，通过一张富有柿叶片剩下2.1%，通过一张核桃小叶剩下2.5%。叶的排列方式与叶幕配置方式与光的利用和可达到的叶面积指数有很大关系，如叶片水平排列时，叶面积指数最大为1，如果叶片均匀地垂直排列，叶面积指数可达到3，而若叶片呈丛状均匀地垂直分布，每丛中有3片叶，叶面积指数则可达到9。由于叶是在枝上着生的，而且着生的角度变化不大，因此，对光的利用率取决于枝在树冠中的分布和着生情况即树冠结构。树冠分层、枝呈圆锥形或三角形分布、叶片丛生可以提高对光能的利用率。

3. 中心干

中心干是指在树冠中主干的垂直向上延伸部分。有中心干的树形可使主枝在中心干上分层着生，有利于立体结果和通风透光。但有中心干的树形往往树高冠大，从产量分布来看，第一层主枝负担70％左右的产量，其上部分只负担30％左右的产量，同时上部对下部的光照也有一定的影响，不利于果实品质的提高，因此，应注意控制树高和冠径，必要时可采取延迟开心的方法改善下部的光照条件。目前市场上对果实品质的要求越来越高，为了生产出优质果品，一些国家如日本，在树龄达到10～12年时，去除中心干将树形改造为开心形，因为开心形树形，树冠矮，光照好，有利于生产高档优质果。

4. 骨干枝

（1）数量　由于骨干枝起着支撑枝、叶、果实和使树冠达到一定大小的作用，保留一定的骨干枝是有必要的，但骨干枝是非生产性枝，因此，在枝条能占满空间的情况下，骨干枝越少越短越好，以减少对养分的消耗，这就是在修剪中常说的“大枝稀、小枝密”的原因之一。在一株树上应配备多少骨干枝应根据具体情况来定，树冠大骨干枝应多，否则应少；植株发枝力弱，骨干枝应多，否则应少；幼树可多，成龄树应少；边行树以及坡地树和果粮间作的树可适当多些。

（2）延伸方式　直线延伸，树冠扩大快，生长势强，不易早衰，但容易出现上强下弱、前强后弱现象，树体下部和骨干枝的后部光照差，发枝力弱。弯曲延伸，骨干枝中后部发枝能力强、充实，不易出现光秃现象，但易早衰，修剪量大。对于生长势强、特别是易出现上强下弱的树种、品种，如苹果中的华冠、乔纳金等苹果品种，骨干枝易出现后部光腿，应让其弯曲延伸；生长势弱的，如短枝型品种应让其直线延伸。

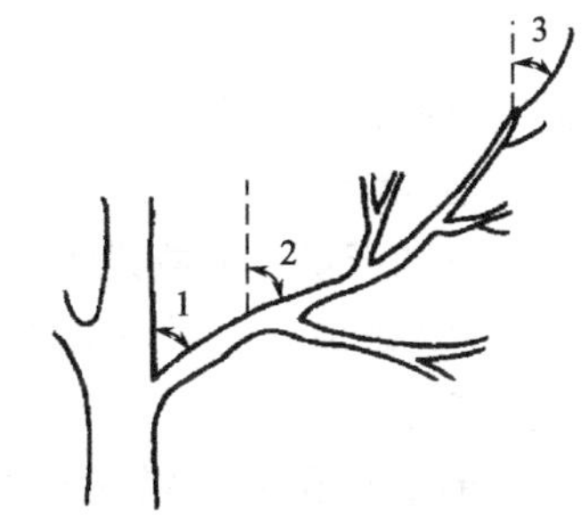

图4-3 主枝分枝角度（郗荣庭，2000）

1—基角；2—腰角；3—梢角

（3）主枝角度　包括基角、腰角和梢角（图4-3)。角度的大小对树体长势、结果早晚、负载量的大小都有很大影响。基角和腰角角度小，生长势强，枝条生长量大，寿命长，但树冠容易郁闭，花芽形成难，负载量小，产量低，后期树冠下部易光秃；角度大，树势缓和，有利于营养的积累，成花易，产量高，但易早衰，寿命短。梢角主要影响主枝的长势。角度小，有利于维持枝势；角度大易早衰。在整个主枝上，基角和腰角应大，如苹果可保持在60°～90°，梢角应小，可保持在45°～60°。

（4）尖削度　是指骨干枝基部与先端粗度的差异程度，差异程度越大，尖削度越大。一般来讲，尖削度越大，负载量越大。但尖削度与分枝的多少、分枝的长势和间距有关，如果分枝过多、过近、过旺，易出现“卡脖”现象，枝条的粗细出现陡变也会使陡变处前面部分的负载量下降。

5. 主从关系和树势均衡

所谓的主从关系是指各级各类枝条在长势、粗度和高度上不能强于、粗于和高于它所着生的母枝，从属关系分明，树体结构牢固，负载量大，一般来讲，骨干枝的直径与其着生母枝直径之比不宜超过0.6。密植果园，采用有中心干树形时，必须保持强中心干弱主枝，主枝与着生中心干处的直径之比可保持在1/3～1/2之间。

树势均衡是指同层次同级骨干枝之间的生长势、粗度和高度差别不大，保持相对平衡，如小冠疏层树冠中的基部三个主枝。

6. 辅养枝

是着生在中心干上的临时性枝。在幼树期应多留，以充分利用空间和光能，扩大树冠，增加结果部位，但应注意开张角度，缓和长势，利用其提早结果，增加产量。随着树体枝叶量的增多，影响骨干枝生长时，应及时压缩改造成枝组或逐年将其疏除。

7. 树形和树体结构的变化

（1）树形的变化　随着栽植密度的增大和“早、优、高、稳”目标的实现，果树的树体结构也发生了相应的变化。树冠形状由过去的“高、大、圆”变为了现在的“矮、小、扁”（图4-4），如在过去，疏散分层形是稀植大冠苹果的主要树形，树冠高大；随着栽植密度的增大，小冠疏层形、纺锤形、圆柱形得以应用，树高由过去的5米以上降至2.5～4米，冠幅由过去的5米左右降至2～3米。过去的稀植大冠栽培方式，株距与行距差别不明显，树冠形成后多呈圆形或圆头形；现在的矮密栽培方式，行距明显地大于株距，树冠向行间的扩展明显地大于向株间的扩展，树冠多呈扁形。

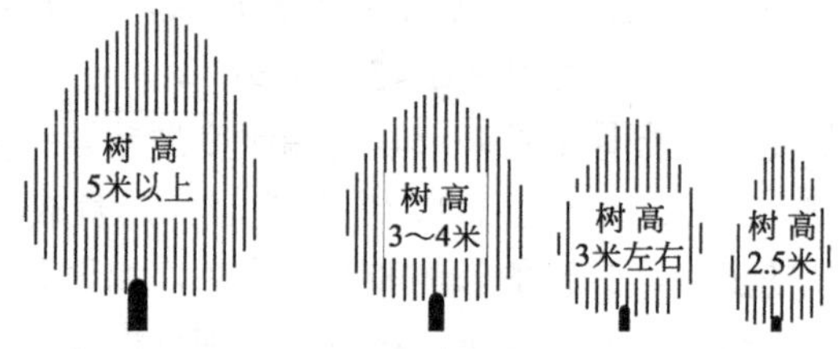

图4-4　树冠由大变小

（2）树体结构的变化　主要表现在骨干枝的级次和数量由多变少、由粗变细、由长变短。如稀植大冠下的疏散分层形具有1级和2级分枝，骨干枝数量多为21～25个，而且粗、长；密植条件下的小冠疏层形有1级和2级分枝，骨干枝数量则为12～13个，骨干枝明显变细变短；自由纺锤形只有1级分枝，骨干枝有10～15个，且均为小主枝；细长纺锤形和圆柱形的骨干枝分枝级次为0级，除具有1个中心干外，无主枝和侧枝。

二、结果枝组的培养

结果枝组又称为枝组、枝群或单位枝，是由骨干枝上分生出的着生叶片和开花结果的独立单位，起着制造营养和开花结果的重要作用。因此，合理培养、配置和更新复壮枝组是防止发生大小年和出现光秃现象、保证高产稳产优质的重要措施。生产上常说的“大枝稀，小枝密”中的小枝指的就是枝组，因此，在保证树冠通风透光良好的基础上，应多留枝组。

（一）结果枝组的类型

1. 按大小分

根据枝量的多少、枝组占据空间的大小，通常将其分为小型枝组、中型枝组和大型枝组三种类型（图4-5）。小型枝组是指分枝数量在2～5个之间，直径在30厘米以内的枝组；中型枝组是指分枝数量在6～15个之间，直径在30～60厘米之间的枝组；大型枝组是指分枝数量为16个及其以上，直径在60厘米以上的枝组。

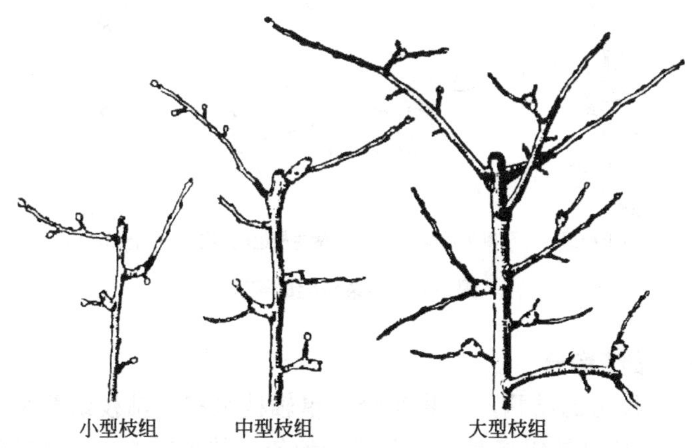

图4-5　结果枝组的类型（耿玉韬，1998）

小型枝组枝少体积小，形成快，易控制，结果早，有利于通风透光，可以见缝插针、填补空间，但有间歇结果、寿命短和不易更新等缺点；大型枝组分枝多，生长势强，易更新，寿命长，但形成慢，结果晚，体积大，不易控制；中型枝组的优缺点介于小型枝组和大型枝组之间。

2. 按着生位置和姿势分

根据枝组在骨干枝上着生的位置和姿势，可将其分为背上枝组、侧生枝组和背后枝组三种类型（图4-6）。背上枝组生长势强，寿命长，不易控制，结果晚，初果期和盛果前期不宜利用，应对其严加控制；在盛果后期及其以后是利用的主要对象，以保持植株有较强的结果能力。背后枝组生长势缓和，容易控制，结果早，是早期利用的主要对象，但其易衰老，寿命短，应注意及时更新，保持健壮状态，当生产能力下降且不易复壮时，应及时疏除，以减少营养消耗。背后枝组，尤其是背上枝组过长过大，树冠通风透光不良时，应注意给予控制。侧生枝组介于上述两类枝组之间，生长势稳健，生产能力强，宜多培养并应充分利用。

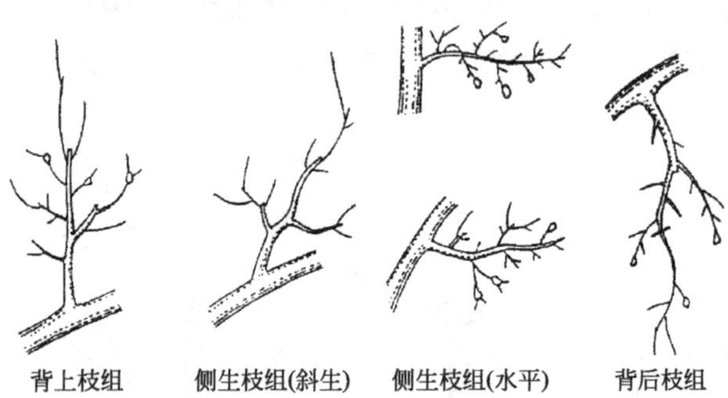

图4-6　结果枝组的姿势

3. 按结构分

根据枝组的结构，可将其分为单轴枝组和多轴枝组两种类型（图4-7）。单轴枝组多是对枝条进行连年长放形成的，这类枝组枝轴单一，分枝少，细长，生长势缓和，有利于幼树和旺树早结果，但这类枝组如连续长放过多，生长势容易衰弱，果实品质下降，因此，应适时回缩或通过短截利用后部枝更新。多轴枝组是在枝组培养过程中，经多次短截、长放或对枝组回缩后形成的。这类枝组外形呈圆形或椭圆形等，除有一个主轴外，还有多个支轴，其分枝多，结构紧凑牢固。但支轴过多，枝量大而且密，通风透光差，养分也易分散。

图4-7　单轴和多轴枝组

（二）结果枝组的配置

1. 枝组配置的原则

为充分发挥各类枝组的作用，确保高产稳产优质，在枝组的配置上要做到大、中、小相结合，背上、侧生和背后相结合，既要增加有效枝量，最大限度地利用有效空间，形成最大的结果体积，又要保证良好的通风透光条件，既有利于生长，又有利于结果，更有利于提高商品果率。

2. 枝组的布局

不同类型的枝组其大小、形成的快慢、结果的早晚和寿命的长短不同，因此，应根据栽植的密度、树龄和树冠大小合理配置。在较大树冠的情况下，枝组的分布应是树冠上部少而小，树冠下部多而大，基部三主枝上的枝组占全树枝组总数的60%～70%；在骨干枝的两侧和背上多，背后少，背上以小型枝组为主，大型和中型枝组主要安排在两侧和背后，两侧枝组占枝组总数的50%～60%，背上枝组占35%～40%，背后枝组占5%左右；在骨干枝的前部以配置小型枝组为主，中部以中型和大型枝组为主，后部以中型和小型枝组为主，枝组在骨干枝上的分布呈菱形。总之，枝组的分布应不稀不挤，枝组之间的距离如表4-1所示，大、中、小型枝组交错配置，不能齐头并进，以使其通风透光，生长结果正常。

表4-1　枝组之间的距离（耿玉韬，1998）　　单位：厘米

枝组类型	一般距离	同方向距离
小型枝组	15～20	30左右
中型枝组	20～30	50左右
大型枝组	30～50	60以上

随着栽植密度的增大、树冠的缩小，骨干枝的比例逐渐减少，枝组的比例逐渐增加。中等密度果园，如采用小冠疏层形树形，在骨干枝上以培养中、小型枝组和侧生枝组为主；高密度果园，如采用细长纺锤形和圆柱形树形，可在中心干上直接培养大、中、小型枝组；超高密度果园，如草地果园，一株树可由1～2个大型枝组构成。

植株的年龄时期不同，生长势不同，培养和利用的主要枝组各异。幼树生长旺，为缓和枝势，促使早结果早丰产，应以培养和利用背后、两侧斜下生和平生枝组为主；到盛果期，植株生长缓和，以平生和斜上生枝组为主，适当培养背上枝组，减少背后和斜下生枝组；到更新期，生长势逐渐衰弱，为延缓衰老，保持一定的结果能力，应以培养和利用背上和斜上生枝组为主。

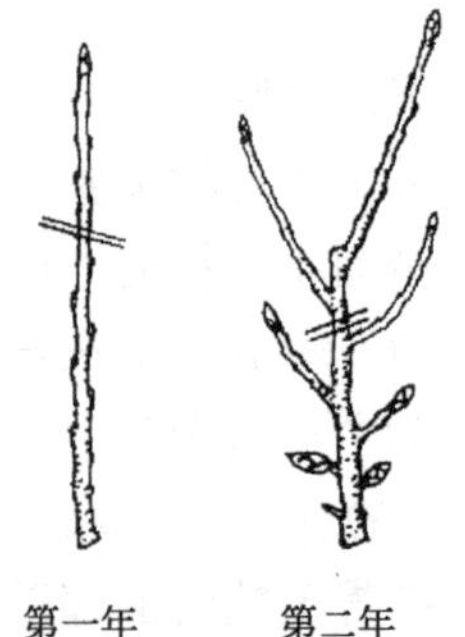

图4-8　先截后缩法培养小型枝组（汪景彦等，1994）

（三）结果枝组的培养

培养结果枝组应从幼树的整形期开始，边整形边培养，到盛果期之前基本结束。

1. 小型枝组的培养

一是先对枝条进行短截，再去强留中、留弱，然后回缩（图4-8），即“先截后缩”；二是对枝条先进行长放，等到有一定的分枝和结果后再进行回缩（图

4-9），即“先放后缩”；三是在夏季对长势较旺的新梢进行扭梢或摘心，再长放（图4-10）；四是由部分衰弱、较为密挤的中型枝组回缩改造而成。

图4-9　先放后缩法培养小型枝组

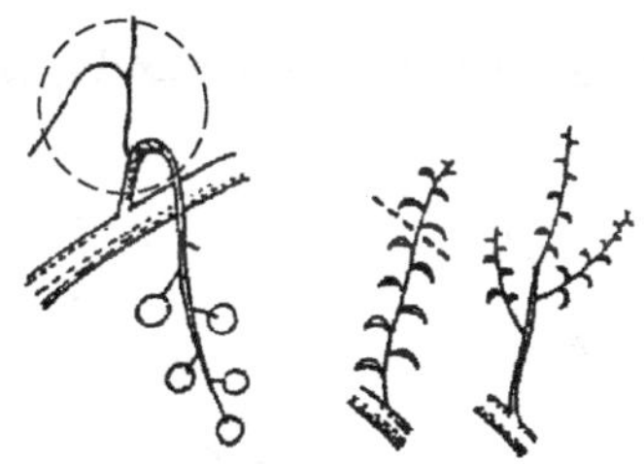

图4-10　夏季扭梢、摘心培养小型枝组

2. 中型枝组的培养

一是对健壮的发育枝进行中短截，然后去强留中、留弱，再经长放或短截培养而成（图4-11）；二是对枝条长放后再进行短截培养而成（图4-12）；三是对空间较大的小型枝组进行短截等，促其分枝形成；四是由生长较弱、空间较小的大型枝组回缩改造而成。

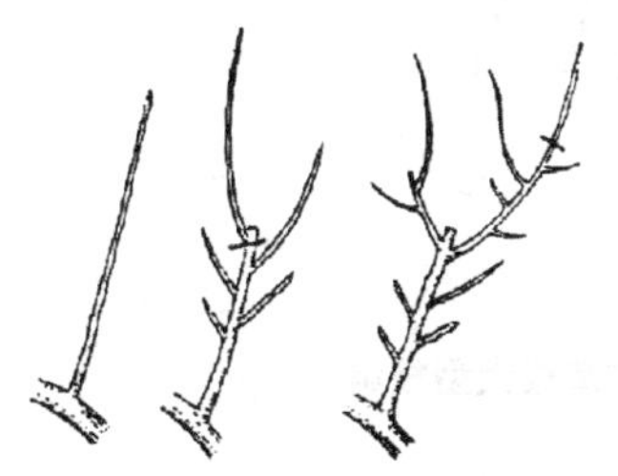

图4-11　发育枝中截培养中型枝组

图4-12　先放后截法培养中型枝组（刘永居，1997）

3. 大型枝组的培养

一是对强旺的发育枝进行连年短截培养而成（图4-13）；二是对有空间的中型枝组进行短截培养（图4-14）；三是对生长密挤处的辅养枝进行回缩改造而成（图4-15）。

图4-13　发育枝连年短截培养大型枝组

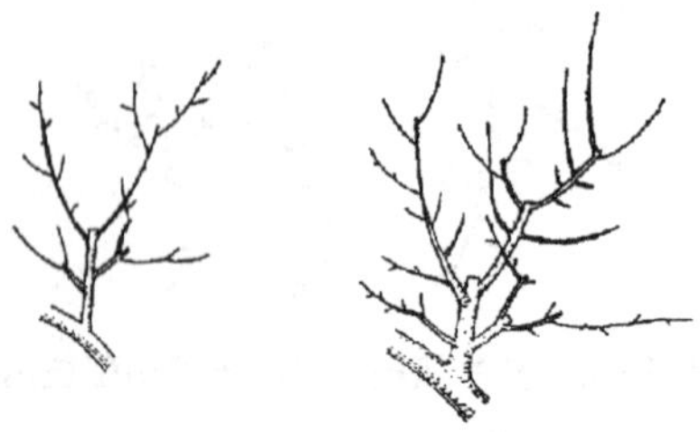

图4-14　由中型枝组发展成大型枝组

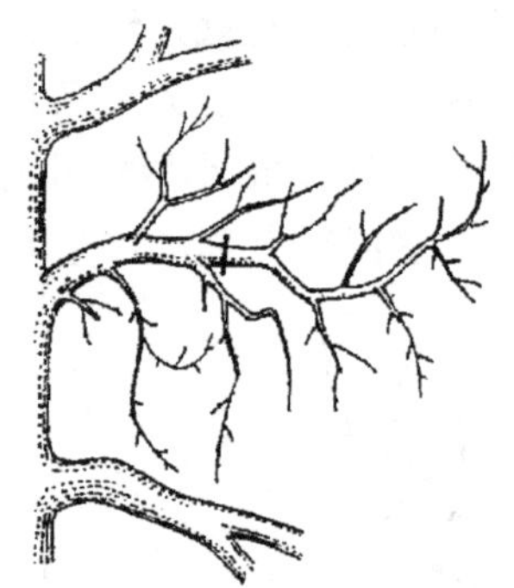

图4-15　辅养枝改造成大型枝组

第五章　果树修剪技术的综合运用

不同修剪方法和措施对果树的调节作用，有些是相似的，有些是不同的，这就要求在修剪中针对树体存在的主要问题采用不同的修剪方法和措施。由于果树树高冠大，立体性强，往往需要综合运用多种修剪技术才能起到应有的效果。通过修剪，最终应达到的效果是使果树在生长势上达到中庸健壮状态，在枝条密度上达到“上稀下密，外稀里密，南稀北密，大枝稀小枝密”的四稀四密，并保持结果与生长的平衡。

一、调节生长势

为使果树的植株达到中庸健壮的状态，对旺树应抑制生长，对弱树应促进生长，具体来讲可采取以下措施加以调控。

（一）修剪时期

促进生长，可提早冬剪，冬季适当重剪，生长期轻剪；抑制生长，应延迟冬剪，冬季轻剪，生长期重剪，如果树势过旺，也可不进行冬季修剪，于春季萌芽后再修剪。

（二）修剪量和修剪方式

对于旺树应轻剪缓放，多留枝，降低枝芽位置，以缓和生长势；对于弱树应适当重剪，少留或不留果枝，抬高枝芽位置。降低枝芽位置是将枝条压平或剪口留背后芽、背后枝，降低枝芽在树冠中的位置；抬高枝芽位置是将枝条扶直或剪口留背上芽、背上枝，抬高枝芽在树冠中的位置。

抑制树体某一部位的生长，可以促进其他部位的生长，如抑上可以促下，抑制强主枝的生长，可促进弱主枝的生长；相反，促进某一部位的生长则可抑制其他部位的生长。

（三）枝量和枝芽质量

促进生长应减少枝干，去弱枝留中庸枝和强枝，去下垂枝、平生枝和斜下生枝留斜上生枝和直立枝，剪口下留壮枝壮芽。抑制生长则应增加枝干（如采用高干），去强枝留中庸枝和弱枝，去斜上生枝和背上枝留背后枝、平生枝和斜下生枝，剪口下留弱枝弱芽。减少枝干就是在充分利用有效空间的前提下，尽量减少骨干枝数量或缩短骨干枝和主干的长度。

（四）枝条角度

缩小枝条角度可以促进生长，其方法有：短截时剪口芽留背上芽，用背上枝换头，对枝条进行顶枝、吊枝，枝条前部少留或不留果枝等。开张枝条角度可以抑制生长，其方法有：短截时剪口芽留背后芽或采用里芽、双芽外蹬，用背后枝换头，对枝条进行拉枝、弯枝，在枝条前部多留果枝等；也可在短截枝条时，在预利用的背后芽前部多留1～2个芽，待新梢长至30厘米左右时，对预利用的背后芽前部的新梢进行扭梢或拧梢处理。

（五）花果量

对于旺树和旺长部位促进花芽分化、多留花果可起到以果控长、缓和长势的作用。在花芽的生理分化期，疏除过密枝梢，开张枝条角度，改善通风透光条件，以及采取环割、环剥、缓放、弯枝、扭梢、拧梢等措施，均能增加营养积累，促进花芽分化，增加花芽数量；疏除过多的弱花芽、晚开的花和过多的幼果以及旺枝均可提高坐果率，增加花果量。对于弱树和生长衰弱的部位减少花芽形成量和结果量可以促进生长。冬剪时对枝条进行中、重程度的短截，冬季重剪夏季轻剪均可减少花芽形成量；花芽形成后疏除果枝或花芽，开花期和坐果期疏除花果均可减少结果量。

（六）枝条延伸方式

使枝轴保持直线延伸对生长具有促进作用；通过短截或回缩，变换带头枝、芽方位，使枝轴弯曲延伸可以抑制生长。

（七）修剪方法

不同的修剪方法对生长的抑促作用表现各异。在弱芽处短截，留弱枝回缩，以及采用拉枝、弯枝、摘心、扭梢、拧梢等对处理枝的生长具有抑制作用；萌芽前在枝条上进行刻芽，能增加分枝量，分散营养，减少新梢生长量，缓和长势；对主干、大枝基部实施环割、环剥、大扒皮、倒贴皮等处理可以相应地抑制整个植株、整个大枝的生长；疏枝造成的伤口以及对枝条进行造伤处理，对伤口处的上部生长具有抑制作用，对其下部具有促进作用，这就是通常所说的“抑上促下”，而且伤口越大，这种作用表现得越明显。但在饱满芽处短截或留壮旺枝、背上枝回缩有增强生长势的作用。

二、调节枝梢密度

枝组梢是着生叶片和花果的器官，起着制造营养和开花结果的重要作用。在一定范围内，随着枝梢数量的增加，光合生产总量和结果部位增多，有利于树体的健壮生长和丰产优质。但枝梢密度过大，尤其是外围枝梢密度过大，枝叶遮风挡光现象严重，有效叶面积减少，寄生叶增多，无效容积增大，产量和商品果率均会下降。因此，枝梢过密或过稀对光能利用、产量和果实品质都有很大影响，均应作相应调整。

（一）增大枝条密度

推迟冬季修剪，保留已有枝梢，通过拉枝、弯枝、别枝等利用徒长枝填空补缺，枝轴弯曲延伸，对枝条短截、刻芽、弯枝、环割、涂抹抽枝宝，喷布整形素、细胞分裂素、代剪灵，对新梢摘心、剪梢、扭梢等均可增大枝梢密度。

（二）降低枝条密度

疏枝、缓放、回缩、加大分枝角度均可降低枝梢密度，重点是疏除中、大枝。

枝梢数量和密度是两个不同的概念。枝梢数量的增减是指枝梢个数的增加和减少，而枝梢密度则是指单位范围内的枝梢数量。有些修剪措施既可增加枝梢数量，又能增大枝梢密度，如多留枝梢、不去枝梢，对新梢进行摘心、剪梢和扭梢；有些措施既可减少枝梢数量，也能降低枝梢密度，如疏枝和回缩。一些措施虽不能增加枝梢数量，但由于缩短了枝轴却使枝梢密度得到了增大，如短截；而有些措施虽能增加枝梢数量，但由于枝轴长度并未被缩短或拉大了枝梢间的距离，则使枝梢密度得以下降，如缓放和加大分枝角度。

有些措施能增加长枝的数量或增大其密度，如在饱满芽处短截、涂抹1号抽枝宝等；有些措施则会增加中、短枝的数量或增大其密度，如刻芽、枝条环割、涂抹2号抽枝宝、缓放、弯枝等。由于不同的措施、方法所增加的枝条类型不同，不同类型枝条的主要作用也有差别，如长枝有利于生长，对树体供应的营养多，但不易成花结果；短枝生长期短，停止生长早，营养积累早，易成花结果，但在制造营养和对树体的营养供应上不如长枝；中枝处于长枝和短枝之间。因此，在调节枝梢密度时，采用哪些措施、方法，应视不同枝条类型的稀密程度和需要来定。

三、调节生殖生长和营养生长

花芽的分化形成、开花、果实发育和枝叶根的生长建造需要消耗大量营养，这些营养除来自根系吸收的矿质营养外，还需要着生在枝条上的叶片通过光合作用提供有机营养，因此，为保证树体生长健壮和丰产稳产优质，一定的营养生长是十分必需的。但营养生长不能太旺，否则，大量营养会用于枝叶的建造，而用于花芽分化、开花和果实发育等生殖生长的营养则会减少，不利于丰产稳产优质。当然，花芽量和开花结果量也不能过多，否则，营养生长弱，易出现营养不良现象，同样不利于丰产稳产优质。此外，一年结果过多或过少易导致大小年的发生。因此，在营养生长过旺、过弱，开花结果过多、过少时，必须及时进行调节。调节生殖生长与营养生长，使两者均衡发展是整个修剪工作乃至整个管理工作的中心任务。在调节上应根据树龄、树势、花果量等具体情况进行。

（一）幼树、旺树

幼树和旺树的突出问题是营养生长旺、结果少，主导思想是：在保证足够枝叶量的基础上控长、促花、保果。在修剪上可采用拉枝开角的方法改善树体的光照条件，通过环割、环剥、扭梢、摘心、喷布生长抑制剂控制新梢的旺长，使营养多用于花芽的分化形成、开花和果实发育。

（二）弱树

对于弱树应减少花果量，促进营养生长，可采用疏除或在饱满芽处短截果枝，喷布赤霉素，疏花疏果，多留壮枝等措施来调节。

（三）小年树和大年树

小年树应注意保花保果，控制花芽形成量，适当疏除果枝和疏除花芽。大年树往往表现为营养生长弱、花芽形成不足，其主要原因是结果过多，树体营养不足，因此，主要任务是促进营养生长，增加花芽量。在修剪上关键性措施是疏花疏果。

第六章　整形修剪应注意的问题

一、正确判断树体的基本情况

不同的果园、不同的植株甚至同一植株的不同部位存在的问题往往不同，因此，修剪前应对树体进行认真细致的全面观察、分析并做出准确的判断，找出主要矛盾，提出解决问题的途径和措施，制定出综合修剪方案。一般来讲，先观察、分析整体，再观察、分析局部。观察分析的主要内容，一是树高、冠径、冠幅与栽植的株行距之间的关系是否合理。二是骨干枝和辅养枝着生的位置、角度、数量以及分布是否合理。三是结果枝组的配置、数量、分布是否适宜。四是枝条的密度，长、中、短枝之间的比例，结果枝与营养枝之间的比例，不同类型的枝条在树冠各部位的分布是否合理，叶幕厚度和叶面积指数是否适当，通风透光是否良好，如苹果和梨，各类枝条的适宜比例是长枝占总枝量的10%～30%，中、短枝占70%～90%，营养枝与结果枝之比为1∶2，叶幕厚度为0.8～1米，叶面积指数为4～5，在晴天中午树下的地面上有均匀的小光斑。五是树体总体生长势的强弱，局部之间的生长势是否均衡，目前，多以枝条的生长量、不同类型枝条的比例、枝条角度、副梢发生次数和数量等来衡量。对于苹果树而言，树冠外围一年生枝的平均生长量在30～50厘米之间，树冠内长枝与中短枝、结果枝与营养枝的比例适宜，说明树势中庸健壮；如果树冠外围一年生枝的平均生长量在50厘米以上，树冠内长枝多，中、短枝和结果枝少，说明树势旺；如果树冠外围一年生枝的平均生长量在30厘米以下，树冠内长枝少，中、短枝和结果枝多，说明树势弱。六是花芽数量是否适量，质量是否高，分布是否均匀等。对于桃树，如果枝条角度小、直立，徒长枝多，副梢分生级次和数量多，说明树势旺；如果枝条开张，长、中果枝多，花芽着生节位低、紧凑、饱满，说明树势中庸健壮；如果短果枝和花束状果枝过多，长、中果枝过少，说明树势衰弱。

二、不同修剪方法和不同修剪时期的综合反应

修剪反应是修剪后，树体在一定的立地条件和栽培措施下对修剪作用和效果的综合反映。应用各种修剪方法后，都会表现出一定的积极作用，也会表现出一定的消极作用，修剪的这种双重作用是普遍存在的。如在饱满芽处短截，会促进被处理枝的营养生长，但对母枝甚至整个树体有削弱作用，也不利于成花结果。缓放能缓和长势，有利于成花结果，但连年缓放树体容易早衰。疏枝能改善通风透光条件，促进果实着色，同时，可以促进母枝疏枝口以下部位枝条的生长，但对疏枝口以上部位的枝条生长具有抑制作用。控制树冠上部主枝的生长，会促进下部主枝的生长；加强骨干枝前部的生长，则会抑制其后部的生长。因此，观察修剪反应时，既要看修剪处的反应，又要看未修剪处的反应；既要观察修剪对局部的作用，又要观察对植株整体的作用效果。

在不同的修剪方法中，有些方法的作用是相同或相似的，有些是相反的。如留背上枝、壮枝回缩后，再在延长枝的饱满芽处短截，会进一步增强修剪处的生长势；开张枝条角度后再在枝上进行环割，萌芽率更高、削弱生长势的作用更强。在饱满芽处短截，再在其下部疏除壮枝，短截的促进作用和疏枝的抑上作用都会削弱。因此，对于一株树，往往不只是采用一种修剪方法，需要多种方法综合使用，这就要求在修剪时，应根据树体的基本情况和不同修剪方法的作用以及修剪的目的正确地综合运用不同的修剪方法。

休眠期修剪和生长期修剪的作用不能相互代替但可以相互补充。冬季修剪对局部生长的刺激作用可以通过生长期修剪来缓和，如冬季疏除背上的强旺枝后，春季疏枝口处易发出1至多个枝，甚至再发出强枝，该问题可以通过春季抹芽解决。在冬剪的基础上，采取摘心或剪梢可以加快幼树的整形和枝组的培养。夏剪及时合理，抹除过密芽和方位不当的芽，疏除过密枝、控制枝条的旺长还能减轻冬季的修剪量。

不同的树种、品种、树龄、枝条以及在不同的立地条件和栽培管理下，不论是单一的修剪方法还是不同修剪方法的综合应用，树体的反应不一定完全相同。某种修剪方法在此地此时应用适宜，但在彼地彼时就不一定适宜。如短截可以疏除过多的花芽，刺激枝条的生长，保证树势健壮。在山区和高海拔、高纬度地区，苹果树往往表现为枝条生长量小、成花量大，而在低海拔、低纬度的平原地区，枝条生长量大、成花难，因此，短截修剪在山区和高海拔、高纬度地区比在低海拔、低纬度的平原地区用得多，如果在低海拔、低纬度的平原地区，采用较多的短截修剪，则会造成树体生长过旺、花芽形成量更少。短截修剪的反应也因实施的枝条类型和部位而异。对壮、旺枝短截，刺激生长的作用明显，但对过弱的枝条短截，则会越截越弱，甚至造成枝条的死亡。在苹果一年生枝上部或在春秋梢交界处，以弱芽当头短截，形成的中、短枝多，有利于缓和枝势，而在春梢的饱满芽处短截，形成的中、长枝多，可以增强长势。

多年生木本果树是一个客观的“记录器”，能将各种修剪方法及其修剪反应记录下来，并能在树体上保留较长时间，因此，修剪前可以通过观察、分析，了解以前运用的修剪方法和修剪的反应程度，并判定以前的修剪方法哪些是可以借鉴的，哪些是需要修正和改进的，这有益于制定较为合理的修剪方案。

三、整形修剪与其他农业技术措施的配合

合理整形修剪是果树综合管理中一项不可缺少的重要技术措

施。在果树早果、优质、丰产、稳产的作用上，优良的品种和砧木是根本，良好的土肥水管理是基础，严格的病虫害防治是保证，合理的整形修剪是调节。修剪的重要作用是其他农业技术措施所不能代替的，但并不是唯一的，单靠整形修剪实现不了果树早果、优质、丰产、稳产的栽培目的，整形修剪作用的充分发挥也需要其他技术措施的合理配合。当然，整形修剪也代替不了其他农业技术措施，但运用合理，则能提高其他农业技术措施的作用和效果。因此，对果树的管理必须加强各项技术措施的综合运用，以起到相得益彰、相互促进和事半功倍的效果。

（一）整形修剪与土肥水管理相配合

修剪后的反应与修剪对树体内水分和养分分配的调节有关，但修剪方法不同，调节的作用各异。如短截，能增加处理处局部水分和氮素营养的含量，降低碳水化合物含量，因此，具有促进营养生长、增强长势的作用。环割、环剥、开张枝条角度等能增加枝梢内碳水化合物含量，提高C/N比值，有利于促进花芽的形成，提高产量。具有促进营养生长、增强长势作用的修剪方法又被称为助势修剪，而对营养生长有削弱作用的修剪方法则被称为缓势修剪，缓势修剪有利于成花结果。枝叶的健壮生长、花芽的形成和果实的发育是以营养和水分的供应为基础的，而修剪并不能在总体上提高树体的水分和营养水平，其对水分和营养的调节作用也是短期的，因此，修剪后如不加强土肥水管理，不论是助势修剪促进营养生长的效果，还是缓势修剪促进成花结果的效果都会逐渐减弱和消失，甚至会出现相反的效果。对于营养不良、长势过弱的植株和部位，通常所说的“先养再剪”，道理就在于此。

加强土肥水管理，给予肥水供应是提高树体营养水平、保证树体健壮生长和实现早果、优质、丰产、稳产的基础，其作用是修剪所代替不了的。而在良好的土肥水管理的基础上，合理的修剪却能起到合理调节和充分利用水分和养分的作用，更有利于树体的健壮生长，提高产量和果实品质。

修剪还必须与土肥水的管理水平相适应。对于土壤肥沃和肥水供应充足的果园，冬季修剪宜轻不宜重，并应加强夏剪。在修剪方法上以缓势修剪为主，适当多留花芽多留果，以果控长控冠，否则，易造成树体旺长。对于土壤贫瘠、肥水供应不足的果园，冬季适度重剪，适当少留花果，也能获得一定的产量和优质的果实。对于年降水量少又无灌溉条件的果园，还应重视根系修剪，以促使根系下扎，利用较深土层中的水分，提高抗旱能力。果粮间作和行间生草的果园，应高干整枝，保证果园的通风透光良好，以利行间间作物的生长发育。

（二）整形修剪与病虫害防治相配合

少雨干旱地区，光照充足，果园湿度小，病虫少，可适当多留枝。雨水充沛、灌溉条件好以及靠近大水体的果园，应通过整形修剪，形成“四稀四密”、通风透光的良好树体结构和群体结构，降低果园湿度，保证树体健壮生长，提高抗病能力，提高喷药质量和防治效果，减少病虫害的发生。结合修剪，剪除病虫为害的枝、叶、花、果，可以减小病虫基数，防止扩展蔓延，有直接防治作用。

（三）修剪与花果管理相结合

花果管理和合理修剪相互结合能较好地解决大小年问题和促进果树的优质丰产。如在花芽少的年份，冬季轻剪多留花芽、夏剪控制枝梢旺长、花期再促进授粉受精能更好地保证产量。在花芽多的年份，为减少次年因开花、坐果过多对营养的无效消耗，保证果实品质，减轻第二年疏花疏果量，可在冬季通过疏除和短截果枝，减少一部分花芽。在冬季寒冷的年份，为防花芽受冻减产，冬剪应轻剪或不剪，适当多留花芽，然后在第二年再通过花期复剪进行调整。

四、修剪中应注意的其他问题

（一）修剪前的准备工作

在修剪的果园面积大、参与人员多的情况下，为保证修剪质量，修剪前应统一修剪方案，必要时可对修剪人员进行技术培训。为方便操作，提高修剪效率，修剪人员的衣裤要紧身结实，提前整修磨利修枝剪和手锯；为避免上树后踏伤树皮造成伤口，引起病虫害的发生，修剪人员应穿软底鞋。准备好伤口保护剂及刷具，以便随时涂刷。

（二）修剪的顺序

1. 先大枝后小枝

对于幼树，应先考虑中心干和主枝的选留和修剪，然后在主枝上选留侧枝，最后考虑在骨干枝上配备大、中、小型枝组。对于成龄期树，尤其是多年放任生长和枝条过密的植株，应先调整中心干上的大枝，然后调整树冠内的中型枝，再修剪小枝。枝条过密的植株往往是由于中、大枝过多、过密造成的，因此，修剪时必须先调整中、大枝，再修剪小枝，这样容易达到“大枝稀，小枝密”的要求，既能解决树体通风透光问题，又能保留足够的结果部位。否则，先疏除小枝，一是往往会疏除小枝过多而出现光棒枝或骨干枝上的秃裸现象，结果部位大量减少，产量下降；二是不能从根本上解决通风透光问题，回过头来还得疏除或回缩过密处的中、大枝，不仅降低修剪效率，也会因修剪量过大而出现枝条过稀的现象。

2. 先外后内

不论是修剪主枝、侧枝还是枝组，均应从外向内修剪。一是可以纵观被剪枝的全局，有利于形成清晰、正确的修剪思路；二是从外向内逐枝依次进行，不会出现东一剪、西一剪无次序修剪而造成的漏剪现象。

3. 先上后下

对于整形期的幼树，应先根据下层主枝的分布情况，修剪中心干延长枝，确定上层主枝的部位和方位以及上、下层主枝的层间距，再修剪下层各级各类枝条。对于结果期大树，从上至下、由高到低修剪，一是有利于形成上稀下密、上小下大和开心分层的通风透光良好的树体结构；二是可以避免先下后上修剪后，因修剪人员上下树和剪落的上部大枝损坏枝芽而造成下部枝条过稀和留芽不当的现象。

4. 先拉再疏后截

幼树的枝条具有直立抱头生长的特性，容易出现树冠中、上部枝条过密而其他部位枝条不足的现象，在修剪结果期大树时也会遇到某一部位枝条密挤而其相邻部位枝条较稀的问题。在修剪时，应先通过拉枝改变枝条的角度、方位，用密挤处的枝条填补枝条较稀的部位，然后再根据不同部位空间大小、枝条的稀密程度进行修剪。这样可以避免因疏枝后再拉枝造成枝条空缺的失误。在疏枝和短截的顺序上，应先疏枝。疏枝的顺序依次是干枯枝、挡风遮光现象严重的明显不宜存在的直立旺枝、并生枝、重叠枝、交叉枝、密挤枝、病虫枝。先疏枝后短截，可以避免杂乱枝对视觉和判断上的干扰，理顺其与其他枝条间的关系，这对初学者尽快掌握修剪技术尤为重要。

（三）中、大枝过多植株的处理

对于枝条过密，需要疏除中、大枝较多的植株，不宜一年一次全部疏除，应分期分批逐年进行。否则，疏除过多，修剪过重，会刺激旺树长势更旺，或因伤口过多、过大使弱树更弱。秋季采果后是疏除和调整中、大枝的适宜时期，一是此期修剪对树体的刺激作用小，修剪后一般不会造成二次生长，疏除大枝后，伤口处当年不会发出旺枝，第二年的反应也弱；二是枝条已经停止生长，果实已经采收，树体处于营养积累期，有利于伤口的愈合；三是此期雨水少，伤口不易感病。

（四）剪锯口的处理

1. 短截

短截时，剪口的斜面应留在剪口芽的对面，上端略高于芽尖，下端与芽基相平（图6-1），这种剪法所形成的剪口既容易愈合，也不会使雨水流入芽子的基部而感病。但在寒冷的地区以及对于容易受冻的树种和品种，为避免剪口芽受冻，可在高于剪口芽0.5厘米处短截。葡萄枝条的髓部较大、组织疏松，为防止受冻、抽干和埋土防寒期间剪口芽出现腐烂现象，应在高于芽子的节间处短截。

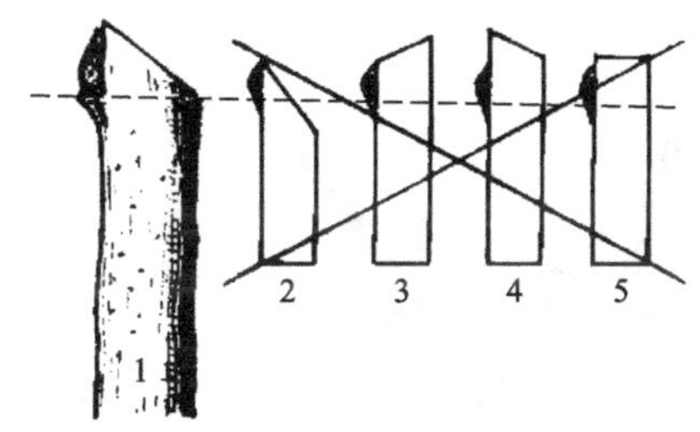

图6-1　剪口（耿玉韬，1998）

1—正确；2—过大；3—剪口在芽的同侧；4—过高；5—平面

2. 疏枝

疏枝伤口不宜大，而且不留桩。一是对幼龄枝留桩会刺激其上隐芽的萌发，出现“疏一长二”的现象，不仅不能降低枝条密度，反而会增大枝条密度；二是对多年生大枝，留下的短桩容易枯死，并会随着母枝的加粗生长逐渐陷入组织内，致使伤口不易愈合而引起病虫害的发生。粗放管理的桃树，有空间处的单芽枝可留桩修剪。单芽枝是指只有顶端一个叶芽、侧生部位均是盲节的枝，这种枝除顶端能抽生枝条外，侧生部位不发枝。留桩修剪可刺激其基部隐芽萌发出1～2个枝，在夏季再根据枝条抽生的情况保留一个角度、方位、长势适宜的枝加以培养，这样可以避免出现“光腿枝”，使枝条紧凑着生。

为了省力，提高修剪效率，避免出现劈伤现象，疏除或回缩较细的枝条，以及短截枝条时，应一只手拿修枝剪，另一只手向剪刃的方向推动枝条的前部。

在疏除或回缩时，对于用修枝剪不易剪断的大枝，为避免造成大枝劈裂或损坏修枝剪，可用锯锯除。为尽量减小伤口，回缩时，锯口应与回缩处的枝条相垂直；疏枝时，锯口的上边应紧贴母枝，下边稍向外倾斜，使锯口与枝条相垂直。正确的方法是先从大枝的下方向上锯入1/4～1/3，然后再从上向下锯（图6-2、图6-3）。刚开始从上向下锯时，一只手握住大枝向下轻压，锯入1/2后再沿大枝的生长方向向外拉，这样省力，既能提高修剪效率，也能防止大枝劈裂。

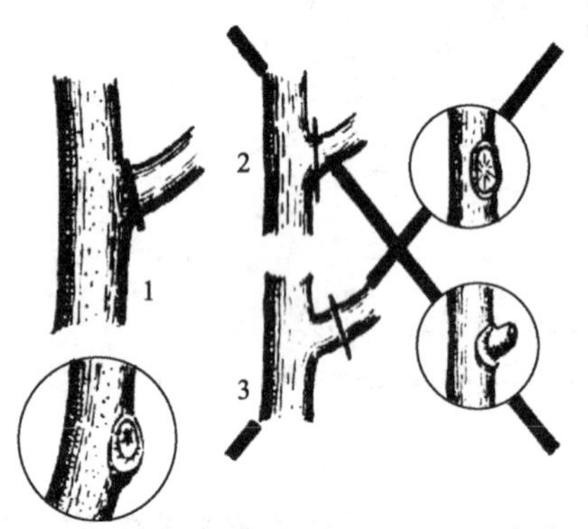

图6-2　锯大枝的部位（耿玉韬，1998）

1—正确、锯口易愈合；2—伤口过大；3—留有残桩

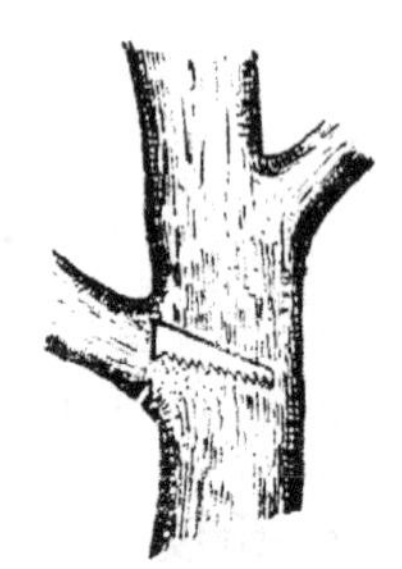

图6-3　大枝锯除法之一

（耿玉韬，1998）

第七章　北方主要果树整形修剪

一、苹果树的整形修剪

（一）生长结果习性

1. 芽及其类型

（1）按着生位置分　可分为顶芽和侧芽两类。顶芽着生在枝条顶端，侧芽着生在枝条的叶腋间。

（2）按性质分　可分为叶芽和花芽。叶芽的芽体瘦小，萌发后只抽生枝条和叶片。花芽为混合芽，芽体肥大、充实，萌发后抽生枝梢，在枝梢顶端开花结果。花芽可分为顶花芽和腋花芽，顶花芽着生在枝条顶端，坐果率高，而腋花芽着生在叶腋间，其形成和开花比较晚，坐果率低。

（3）按饱满程度分　可分为饱满芽、半饱满芽、瘪芽、轮痕芽。饱满芽的芽体肥大，充实饱满，发育健壮；瘪芽的芽体瘦小，发育不良。饱满芽多着生在枝条的顶端和春梢的中上部；瘪芽着生在枝条的基部和下部，以及春秋梢交界处；半饱满芽着生在枝条饱满芽与瘪芽之间。芽发育得越饱满充实，其萌芽力越强，抽生的枝条越健壮。因此，常用芽的饱满程度来调节树体或枝条的生长势，从而达到平衡树势的目的。

（4）按发生部位分　可分为定芽和不定芽。着生在枝条顶端或叶腋间的芽为定芽；不定芽的发生没有一定位置，多发生在剪锯口处。不定芽萌发后容易抽生徒长枝，可用于树体更新。

（5）按次年是否萌发分　可分为活动芽和潜伏芽。活动芽是指枝条上的芽形成后，在次年能萌芽的芽。一般花芽和顶芽多为活动芽；顶芽和枝条中上部的芽，具有顶端优势，也多为活动芽。枝条上的叶芽形成后，在第二年因营养不良或其他原因有些芽不萌发，但仍存活，这些芽称为潜伏芽或隐芽，这些芽多着生在枝条的下部。枝条着生在母枝处的基部，两侧各有1个副芽，其芽形很小，也属于潜伏芽。存活的潜伏芽受到刺激后多数萌发形成徒长枝。

苹果树芽的类型如图7-1所示。

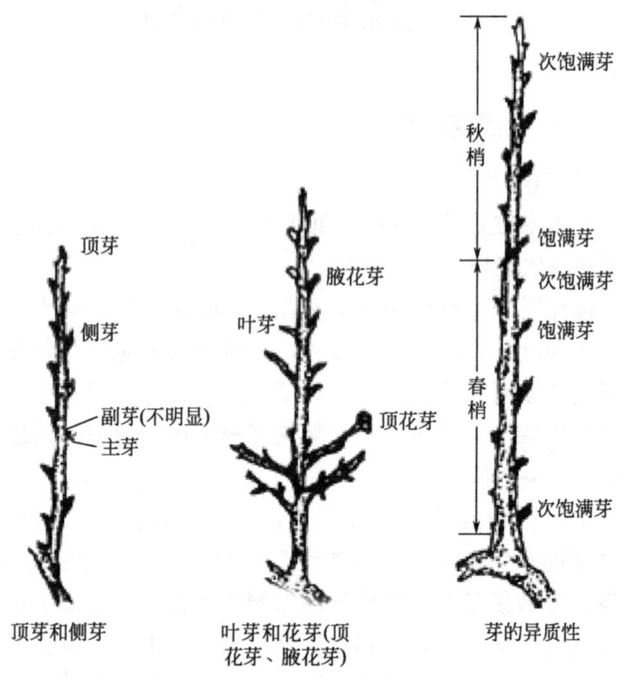

图7-1　苹果树芽的类型（张艳芬，1997）

2. 枝及其类型

（1）发育枝　根据发育枝的长度和生长势可将其分为长枝、中枝、短枝和徒长枝。

① 长枝。长枝节间长且明显，枝条生长量大，具有较强的营

养竞争能力，建造时消耗营养物质多，建造所需时间长（一般为90天，长的可达120天）。在年周期内常有1～2次生长，第一次生长形成的新梢称为春梢，第二次生长形成的新梢称为秋梢。长枝的光合强度前期低后期高，所制造的光合产物量最多，新梢停止生长后向外输出大量营养物质，其制造的光合产物可以运送到树体的枝、干、根中，起到养根、养干的作用，对树体生长具有整体调控作用。

当长枝过多时，由于长枝对营养竞争能力强，致使中、短枝得到的营养少，生长瘦弱，不易成花。当长枝过少或没有长枝时，由于树体营养总量少往往会导致树体衰老，影响新根发生。为保证树体营养合理分配，通常成年树树冠中长枝比例在3%～5%为宜。

② 中枝。节间较短，但较明显，有顶芽和侧芽，一般一年只有一次生长，但营养消耗明显多于短枝，所制造的营养既用于自身建造，又能输出一部分供应周围新梢生长、花芽形成和果实发育所需，有的中枝当年可以形成花芽而成为结果枝。

③ 短枝。短枝建造时间短，营养物质积累时间长，但后期光合生产量小于长枝和中枝，并且基本供给自身生长而不外运，无养根、养干的作用。短枝是苹果成花的主要枝条，凡具有4片以上大叶的短枝易成花，4片大叶以下的短枝顶芽瘦弱，多数不能成花。树冠中具有4片以上大叶的短枝维持在40%左右，是保持树体连续稳定结果的基础。

④ 徒长枝。这类枝条生长量大，叶片小，枝条不充实，不易形成花芽。除在大枝更新时利用外，多数情况下应及时疏除。

（2）结果枝　着生花果的枝称为结果枝，结果枝又可分为长果枝、中果枝、短果枝和短果枝群（图7-2）。长度在15厘米以上的称为长果枝，顶芽为花芽，腋芽具有一定的萌发能力；长度在5～15厘米的称为中果枝，顶芽为花芽，腋芽明显，但萌发力较差；长度在5厘米以下的称为短果枝，顶芽为花芽，腋芽小或不明显；结果枝结果后又连续分枝形成的群状短果枝称为短果枝群，其结果寿命为4～7年，修剪时要注意及时更新复壮，延长结果年限。此外，苹果花芽在萌发结果的同时，果柄着生部位膨大，称为果台，果台

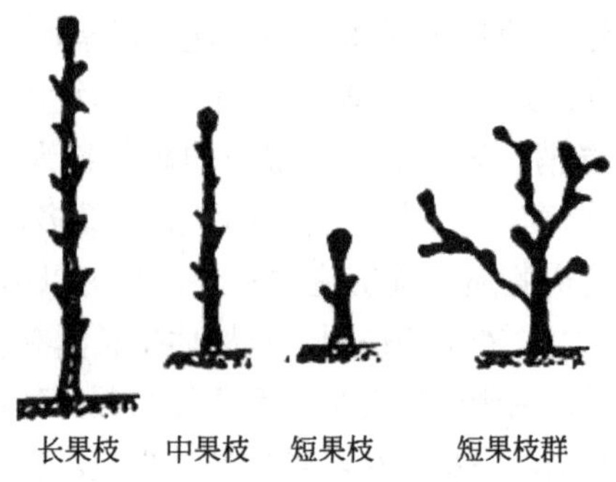

图7-2 结果枝类型（张艳芬，1997）

上发生的枝条称为果台枝或果台副梢，果台副梢形成的花芽称为副梢果枝。

3. 生长结果习性

（1）树体高大，寿命长　苹果属于乔木树种，自然生长条件下，树体高度可达8～14米，但在人工栽培条件下，可将树冠高度控制在4米以下，冠径控制在5米以内。在干旱、瘠薄的山区，树高仅有1～2米。采用矮化砧木和短枝型品种，在平地栽培树高也可控制在3米以内。苹果树的寿命与栽培条件、土壤状况、地下水位高低、病虫害、气候条件等因素有关，通常在适宜的栽培条件下，乔化砧木普通型品种苹果的植株寿命可长达60～70年，矮化砧木普通型品种苹果树寿命可达20～30年。

（2）不同品种的萌芽力和成枝力有差异　苹果树不同品种之间，萌芽力的强弱有明显差异（图7-3）。如华冠的萌芽力弱，而普通型富士的萌芽力强。短枝型品种比普通乔化型品种萌芽力强。不同类型的枝条、不同的树龄萌芽力的强弱也不同，如徒长枝萌芽力比长枝弱，长枝比中枝弱，直立枝比平斜枝和水平枝弱，幼树比成龄树弱。随着枝条结果数量的增加和开张角度的增大，萌芽力也增强。苹果树的萌芽力强弱与成花的早晚有较大关系。萌芽力强的品种，抽生中、短枝多，成花容易，结果早，早期产量高。但由于枝量较多，容易造成树冠郁闭，修剪时应加以注意。

图7-3　萌芽力和成枝力（张艳芬，1997）

成枝力的强弱与品种、树龄、树势等密切相关。成枝力强的品种，如普通型富士年生长量大，生长势强，容易整形，但中、短枝少，较难成花，结果相对晚，整形时可采用大冠型树形，骨干枝级次可多一些，以便于充分利用各类枝条，尽快培养树形，形成牢固的树体结构。成枝力弱的品种，如短枝型品种，年生长量较小，生长势缓和，树冠紧凑，光照条件好，成花容易，结果早，整形时可选用小冠型树形，骨干枝级次要少，以便早结果，早丰产。

（3）芽的异质性明显　苹果树枝条基部的芽较瘪，中部的芽饱满，近顶端的芽不充实。不同质量的芽，萌芽力和萌发后的生长势不同，如充实的顶芽容易萌发并且萌发后多发育成壮枝。修剪时剪口留在饱满的侧芽处，抽生的枝条最壮，其次是半饱满芽处，剪口留在瘪芽处，抽生的枝条短。短截时可以利用剪口芽的强弱来增强树势或缓和树势，以达到调节树势的目的。

（4）顶端优势受多种因素的影响　苹果树的顶端优势因品种、树龄、枝条着生角度以及枝芽质量而异，如乔纳金品种比长富2品种顶端优势强；幼树、旺树比老树和弱树顶端优势明显；直立枝比斜生枝顶端优势强；枝条生长强壮、剪口芽饱满时，顶端优势明显，反之不明显。利用和控制顶端优势，是果树整形修剪中经常应用的技术措施。利用顶端优势主要是抬高枝、芽的空间位置，或利用位于优势部位的壮枝、壮芽，以增强其生长势。控制顶端优势主要是压低枝、芽的空间位置，或加大枝条的开张角度，以缓和其生长势。

（5）层性和干性因品种而异　苹果树枝条上部的芽萌发为强枝，中部的芽萌发为较短小的枝条，基部瘪芽多数不萌发而成为隐芽。依此生长规律逐年向上生长，就会形成枝条的层状分布状态，即层性。一般成枝力强的品种，层性较弱；成枝力弱的品种，层性强。对层性较强的品种，如金冠品种，适宜采用有中心干的分层形，但层间距不宜过大，如小冠疏层形等；对层性较弱的，如短枝型品种，适宜采用自由纺锤形、开心形等。

苹果树干性的强弱除与品种有关外，也与自然条件以及管理水平有关。

（6）不同时期和品种主要结果枝类型不同　大多数苹果品种以短果枝结果为主，尤其是短枝型品种，短果枝比例约占90%以上。部分苹果品种如金冠、红富士等，幼树和初果期树以中、长果枝结果为主；进入盛果期的树和弱树，以短果枝结果为主，因此，在修剪时应注意根据树龄的大小，保护和使其有利于形成主要的结果枝类型。有的苹果品种有腋花芽结果的能力，在初果期尤为突出，如红富士苹果的幼树腋花芽主要着生在30厘米以上的长枝的中上部，因此，在修剪时要注意短截部位。

（7）连续结果能力的强弱与品种、树龄、果枝类型等有关　通常情况下，随着结果枝枝龄的增长和果台坐果率的提高，结果枝连续结果能力降低。因此，需要每年对结果枝进行更新修剪，在开花结果过多的年份还应疏花疏果，以维持结果枝较强的结果能力。另外，不同品种之间连续结果能力的差异较大，如金冠品种健壮树的中、长果枝可连续2～3年结果，元帅系品种的结果枝可连续2年结果，红富士品种的结果枝几乎不能连续结果，尤其在营养条件不足时，红富士品种的结果枝需隔1～2年才能结一次果。大多数苹果品种的结果枝连续结果3～4年以后其结果能力会明显下降，因此，应有计划地轮流更新结果枝，每3～5年应使全树的结果枝更新一次，以保持结果枝健壮，结果正常。

（二）主要树形

1. 小冠疏层形

树高2.5～3米，干高30～40厘米，冠径2.5米左右。全树主枝5～6个，分层排列。第一层3个主枝，邻接或邻近，开张角度60°～70°，每个主枝上各配备1～2个侧枝；第二层1～2个主枝，插在第一层主枝空间中，开张角度50°～60°，其上直接着生中、小枝型结果枝组；第三层1个主枝，其上直接着生小型结果枝组。第一、二层层间距70～80厘米，第二、三层层间距50～60厘米。各层的层内间距10～20厘米或者邻接（图7-4）。

该树形主枝少，枝组多，角度开张，骨干枝级次少，光照条件良好，树势稳定，产量高，适于中密度栽培方式。

2. 自由纺锤形

树高2.5～3米，干高60～70厘米，冠径2.5～3米。中心干直立，全树共10～12个小主枝，主枝向四周均衡分布，插空排列，不分层次。下层主枝长1～2米，上层主枝依次递减，相邻两主枝间隔15～20厘米，同一方向主枝间隔50厘米左右。主枝角度80°～90°，主枝的粗度以不超过着生处中心干的1/2为宜。主枝单轴延伸，其上直接着生短果枝和中、小型结果枝组（图7-5）。

图7-4　小冠疏层形

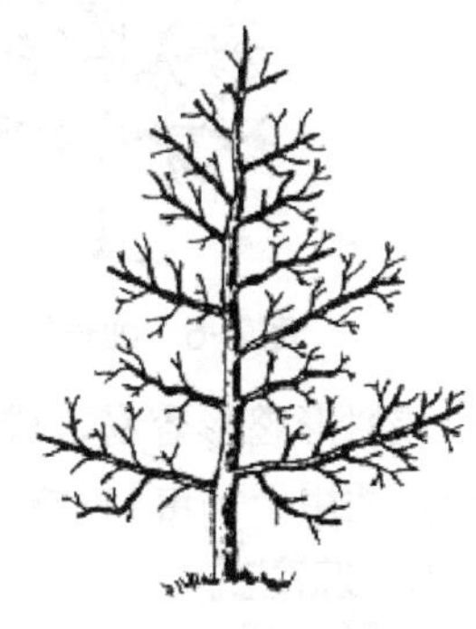

图7-5　自由纺锤形

该树形结构简单，成形容易，易于修剪，树冠紧凑丰满，通风透光良好，有利于生产优质果，适于株距2～3米、行距3～4米栽植密度的半矮化和短枝型苹果品种。

3. 细长纺锤形

树高2.5～3.0米，干高90～100厘米，冠径1.5～2米。中心干直立健壮，其上均匀配备15～17个小主枝，主枝间距15～20厘米，下部4个小主枝斜向行间，呈南低北高分布，小主枝插空排列，螺旋上升，开张角度85°～90°。中心干与主枝粗度比（4～5）：1。小主枝两侧每间隔15～20厘米配备一个单轴呈下垂状的小型结果枝组或结果枝（图7-6）。

该树形比自由纺锤形细小，更适于矮化密植栽培，适宜株行距为1.5～2米×2.5～4米的栽植密度。

4. 圆柱形

树高3米左右，中心干直立，无主枝，结果枝组直接着生在中心干上，不分层次，水平方向延伸，树冠更小更细，上下大小相近，似圆柱体状（图7-7）。

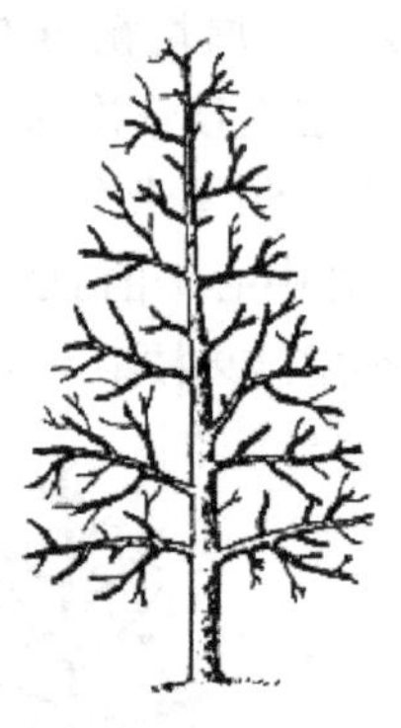

图7-6 细长纺锤形

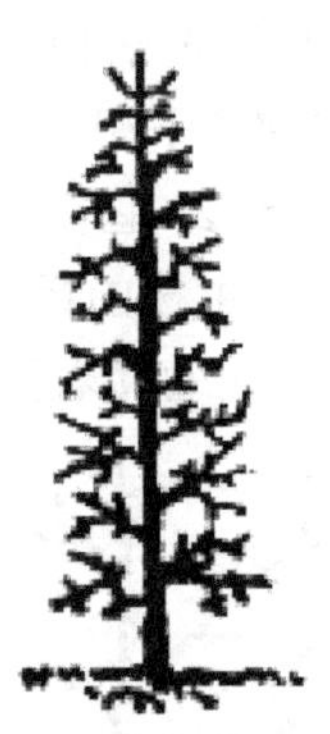

图7-7 圆柱形

该树形整形容易，成形快，早果性强，在生产上更利于更新和密植，适用于每亩111株的栽植密度。

5. 珠帘式

树高3米左右，干高70厘米左右，主枝角度80°左右，呈高干矮冠垂柳形。4个主枝十字开心，分两层。第一层3个主枝，层内距50厘米左右；第二层1个主枝，第一、二层层间距80～100厘米。或者第一层2个主枝，层内距30厘米；第二层2个主枝，第一、二层层间距80厘米左右。

该树形修剪量小，树体各个部位通风透光良好，果实品质好。

6. 扇形

（1）直立扇形　树高2.5～3米，主枝6～7个，中心干居中，主枝在中心干上分层或不分层，直接着生小主枝，主枝伸向行内或略有偏斜，主枝上直接着生结果枝组，使树冠形成厚度小于2米的扁平扇状。

（2）折叠扇形　树高2～2.5米，宽1.5～2.5米，冠径1.5米左右，树冠呈扁平形，无明显中心干，有4个水平主枝向两侧延伸，水平主枝上着生中、小型结果枝组，叶幕成层，株间连成树墙（图7-8）。

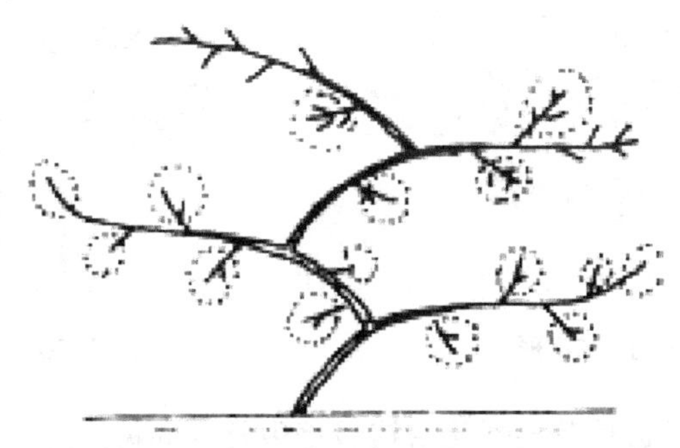

图7-8　折叠扇形（张艳芬，1997）

该树形属垂直扁平的小冠型，树形简单，结果早，产量高，树冠两面通风透光良好，适用范围较广，既可用于短枝型品种，又可用于乔化砧木普通型品种，适于株距1.5～2米、行距2.5～3米的栽植密度。最适于干性强、容易上强的普通型品种。

7. Y字形

树高2～2.5米，冠幅1.5～2米，行间冠幅不超过3米。干高40～60厘米，无中心干，在主干上分生两个较大的主枝，斜向行间，两主枝开张角度为50°左右，形似Y字。主枝直线或小弯曲延伸，基部20厘米处可留一背下平生或稍有下垂的大型结果枝组，中上部以侧生中、小型结果枝组为主，拉平或略下垂，背上留少数小型结果枝组（图7-9）。

该树形为苹果矮化密植栽培树形之一，通风透光好，果实品质佳，便于机械化操作，适于宽行密植栽培。

8. 篱壁形

树高1.7～2米，干高70厘米左右，全树共分3层6个主枝，各层的间距为50厘米左右（图7-10）。幼树定植时，在每个穴内顺行向栽植双株，两株间相距20厘米，两棵树的上部枝条互相交叉构成树冠，成为一冠双干。

图7-9　Y字形

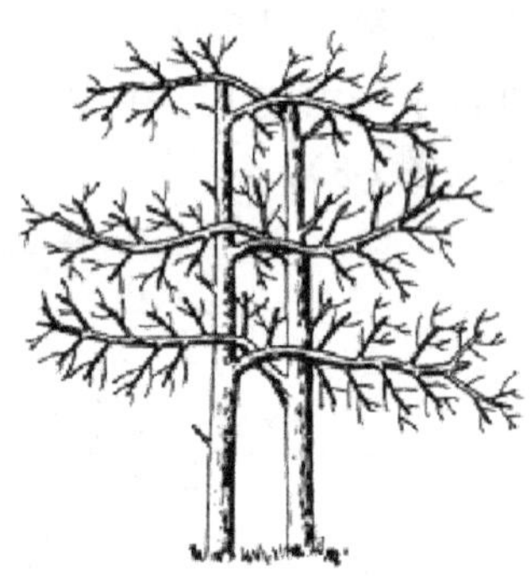

图7-10　篱壁形

该树形是近代苹果矮化密植栽培中常用的树形之一。后来，各地根据砧穗组合的不同和栽植密度的差异，在篱壁形的基础上，演变出棕榈叶扇形、水平扇形等，它们的基本特点都是光照好，结果早，果实质量高。

9. 开心形

树高2.5～3米，树冠不超过3米。无中心干，干高50～60厘米，上方20～30厘米间着生均衡的三大主枝，三主枝间的平面夹角互为120°左右，一般东南和正南方向不安排主枝。每个主枝上选留4～5个侧枝，以背斜侧枝为主，背后侧枝为辅，背上只留少量小型结果枝组。该树形也可由小冠疏层形落头开心改造而成。

（三）不同年龄时期的整形修剪

1. 幼树期树的整形修剪

幼树期生长特点是树冠小，枝叶量少，生长势旺盛，发育枝多，枝条生长量一般在1米以上，树冠扩大迅速，并形成少量花芽。

此期的修剪任务是：促进树体生长发育，选好主、侧枝，开张主枝角度，培养结果枝组，扩大树冠，充分利用辅养枝早结果，为幼树早丰产创造条件，并采用多截少疏的方法，增加枝叶量。

（1）定干　定植后至春季萌芽前，根据树形、品种、栽培条件和自然条件等要求，在适宜的高度定干。如根据树形定干，自由纺锤形为60～70厘米，细长纺锤形为90～100厘米，小冠疏层形为30～40厘米，而折叠扇形不定干；如依据品种定干，枝条长而软的品种定干高度60～90厘米，枝条短而直立的品种定干高度50～80厘米；土肥水条件好的地区定干高度通常在60～90厘米，而土肥水条件较差的地区定干高度适当降低，为50～80厘米；在风大的地方，定干高度适宜控制在50～80厘米，而霜冻多的地区定干高度在60～90厘米为宜。

（2）培养骨干枝　定干后结合刻芽促发枝条，增加枝叶量。根据整形的要求选留配备骨干枝，骨干枝要尽量长留，并选留壮芽。对于竞争枝一般情况下应将其疏除。当冠径基本达到要求的大小时，对骨干枝的延长枝进行缓放，以减缓其生长势，增加中、短枝数量。修剪时要注意防止主、辅不分，辅养枝要为骨干枝让路，可通过夏季修剪措施，如轻剪、缓放、拉枝、刻芽、摘心、扭梢、环剥、拿枝等方法，减缓枝条生长势，促进花芽形成，使其早结果。

（3）充分利用辅养枝　辅养枝除疏除过密部分外，其余的一般长放不剪，并通过拉枝开张角度，给骨干枝让路，待其结果后按实际情况再采用疏、放、缩等方法及时处理。

（4）开张枝条角度　主枝角度开张，可以保证中心干的优势，缓和树体长势，既有利于通风通光，也有利于成花结果。调整主枝角度的方法主要有以下几种。

① 苗木定干时，选择角度好的枝、芽作为骨干枝培养。

② 人工开张主枝角度，如采用拉枝、坠枝、撑枝、拿枝、别枝等方法。

③ 留外芽或留侧芽短截，可稍加大主枝角度或沿原主枝方向延伸。留外芽短截适用于短枝型品种，由于短枝型品种成枝力弱，扩冠年限短，因此，特别适合采用留外芽短截。此外，这种方法也可用于开张稀植乔化砧木苹果树的主枝角度。

2. 结果初期树的整形修剪

生长特点是树势健壮，新梢生长旺盛，枝条年生长量仍然较大，枝叶量迅速增加，树冠骨架基本形成，但树冠仍在继续扩大，结果部位逐渐增多，产量逐年提高。

此期修剪的主要任务是：首先继续培养各级骨干枝，扩大树冠，调整主、侧枝的角度和间距，控制、改造和利用辅养枝结果，完成整形任务；其次是打开光路，解决树冠内通风透光问题；第三是培养好结果枝组，调整结果枝组的密度，做好结果部位的过渡和转移，把结果部位逐渐移至骨干枝和其他永久性枝上。此时树势刚开始稳定，产量增加，修剪应稳妥，修剪量要适中，若修剪过重，会使树势过旺，产量下降；修剪过轻，容易造成树冠郁闭，影响树冠内膛的通风透光。

（1）解决光照的方法

① 侧光。通过减少外围发育枝，处理层间辅养枝的方法来增加树体侧光。对于树冠外围和第二层以上的枝条，除主枝延长枝留30～40厘米短截外，其他枝条有空间的长放，没有空间的疏除。在不影响光照、不扰乱树形的前提下辅养枝要尽量保留；对于影响骨干枝生长的辅养枝，疏除上面的强旺枝条，使其单轴延伸，或者轻回缩，控制其长势；通过疏枝和回缩仍不能解决光照时，要把辅养枝从基部疏除，但一次不能疏除太多较大的辅养枝，应逐年分期分批疏除，通常一年以1～2个为宜。

② 上光。对中心干的延长枝长放不剪，或者通过拉枝使其开张

角度呈70°～80°，待结果后落头开心，以增加树冠上部的透光量。

③ 下光。通过疏除部分密挤的裙枝来解决树冠下部光照。

（2）结果枝组的培养　枝组是结果的基本单位。结果初期树的果枝，前期主要着生在辅养枝上，后期随着树冠的扩大和树龄的增长，结果枝逐步转移到了各级骨干枝的枝组上。在整形修剪中，前期应重点利用辅养枝，同时，还应通过放、缩、截的方法，在骨干枝上培养结果枝组，为丰产打下基础。

① 小型结果枝组的培养。小型结果枝组多是由中、短枝和细小枝缓放后单轴延伸形成短果枝，结果后缩剪分生短枝而形成的；或由果台上萌发的短枝，再修剪成为小型结果枝组。此外，对于细长的中庸枝，可通过短截培养结果枝组；背上直立旺枝，留3～5个芽剪截，促其抽生生长势缓和的枝条，再疏除中心强枝留下部平斜枝，对留下的分枝轻截或缓放使其形成结果枝组。

② 中型结果枝组的培养。中型结果枝组可由强壮的小型结果枝组短截后促发分枝形成，也可由大型结果枝组或衰弱枝条通过重剪回缩改造而成。一般情况下，健壮的营养枝在中间饱满芽处短截后，先端发生营养枝，下部形成短枝，第二年再对先端营养枝短截促发分枝，即可培养成中型结果枝组。此外，也可通过长放生长势中等的斜生枝，促发形成短枝成花后，留3～5个短果枝回缩，再利用果台副梢或下部枝形成结果枝组。

③ 大型结果枝组的培养。可对中型结果枝组上的发育枝短截促发分枝，扩大后形成大型结果枝组；回缩大型辅养枝改造成为大型结果枝组；连续短截旺盛的一年生营养枝，促其抽生分枝，形成大型结果枝组。

④ 冬夏季修剪相结合培养结果枝组。冬季修剪时，短截健壮的营养枝，促其前部继续抽生营养枝，后部形成中短枝，夏季对前部营养枝摘心，促其抽生各类副梢，便成为一个中型结果枝组。或在冬季短截，夏季再对生长的枝条极重短截，促发短枝，形成中、小型结果枝组。或利用冬季极重短截，促发长枝后，夏季再重短截形成小型结果枝组。或在5月下旬对新梢留6～8片叶摘心，以后每长

至15厘米以上时摘心一次，连续摘心2～3次，当年即可形成结果枝组。总之，通过冬剪和夏剪相结合的方式处理，可提前1～2年培养成理想的结果枝组。

⑤ 结果枝组的配置。树冠上部枝组数量要少，并以小型结果枝组为主；树冠下部枝组数量要多，并以大、中型结果枝组为主；树冠中部以中型结果枝组为主。树冠外围枝组要稀少，并以小型结果枝组为主；中部以中型结果枝组为主；内膛枝组密，并以大、中型结果枝组为主。主枝上结果枝组的配置原则是里大外小、中间中。背上枝组要以斜生或平生为主，防止背上枝组生长过旺，削弱骨干枝生长势。同时，要避免层间叶幕距离过小，影响树冠内部和下部受光。

总之，枝组配置的总体要求是：既要增加有效枝叶量，又要保证通风透光良好；既有利于营养生长，又有利于结果；互不遮光，结构紧凑，最大限度地利用树体有效空间，形成合理的结果面积。

3. 盛果期树的整形修剪

进入盛果期后，树势逐渐缓和，树冠骨架基本牢固，树姿逐渐开张，发育枝与中、长果枝逐年减少，短果枝数量增多，结果量增加，后期长势随着结果量的增加而减弱，内膛小枝不断枯衰，容易出现树冠郁闭、通风透光不良以及大小年结果等现象。

此期修剪的主要任务是：调节生长与结果的关系，维持健壮的树势，保持丰产稳产，延长盛果期年限。通过修剪改善树冠内的通风透光条件，促发营养枝，控制花果数量，复壮结果枝组，及时疏弱留壮，抑前促后，更新复壮，保持枝组的健壮和高产稳产，做到见长短截或回缩，以提高坐果率，增大果个。

（1）平衡树势，控制骨干枝　果园的覆盖率宜为75%左右，密植果园行间至少保留0.8米的作业道。修剪时外围枝不再短截，同时应避免外围疏枝过多，要多用拉枝、拿枝的方法处理枝头，让其既保持优势又不生长过旺。

① 中心干的修剪。盛果期苹果树需控制树冠纵向生长，保持树体不超过所要求的高度，改善上层通风透光条件。具体方法是对原

中心干枝轻剪缓放多结果；或疏除竞争枝削弱其生长势；或将竞争枝扭弯下垂，使其结果，逐年回缩，最后从基部疏除。

② 主枝的修剪。该时期主枝的修剪主要是对延长枝进行处理。对于强旺树，疏除主枝先端的直立旺枝和竞争枝，减少外围枝量；戴帽（在春秋梢交界处或一、二生枝交界处剪截）修剪延长枝，缓和树势，促进树冠内膛枝条生长，改善光照条件。对于生长势较弱的主枝，抬高枝头，减少主枝先端花量，以恢复生长势，这时中心干要落头，防止出现上强现象，即抑上促下。对于树冠交接的树，用先端侧枝代替原头加以调整，或采用放、缩结合的方法，防止因回缩造成枝条旺长。控制下层主枝生长势，第二层以上的主枝容易出现旺长，造成上强现象，影响下层光照，因此，此时要注意控制其发展，避免上强现象的出现。

（2）调整辅养枝，保持树冠通风透光 进入盛果期后，骨干枝上的枝量逐渐增加，在结果部位上，由以辅养枝为主，变为以骨干枝为主，因此，在该期当辅养枝影响骨干枝生长时，应采用回缩、疏除的方法逐渐压缩和去除辅养枝，以解决树冠通风透光问题。

（3）结果枝组的修剪 盛果期树结果枝组的修剪是否合理关系到苹果树的产量和果实品质。该时期对结果枝组的修剪以细致修剪为主，对不同生长势的结果枝组采用不同的修剪方法，最终目的是使强旺的结果枝组或衰弱的结果枝组均向中庸健壮状态的结果枝组转化，维持较好的生长结果能力。

① 强旺结果枝组的修剪。此类结果枝组旺枝比例大，直立徒长枝多，中、短果枝少，花芽少，成花难。修剪时应注意调整其过旺的生长势，促发形成中、短枝和果枝。对于着生在强旺枝组内的直立旺条，疏除过密的，其余的留橛重短截或者压平，促生中、短枝，第二年从中选留生长势较弱的缓放；对于生长势较旺但比较松散的枝组，可以在其春秋梢盲节处短截，促发短枝。对枝组内中庸斜生的枝条进行缓放，促发短枝；缓放枝组内的中、长果枝，使其结果，以果控势；对枝组内具有串花枝的果枝，结果后回缩；对于生长势较弱的结果枝及时回缩更新。

② 中庸结果枝组的修剪。看花修剪，抑顶促萌，中枝带头，抑制枝组的顶端优势，促使枝条下部的芽子萌发抽枝。疏除枝组上部的直立旺枝，对下部水平、斜生枝条进行缓放；或将直立旺枝留橛重短截，萌发新梢后通过摘心促发短枝。

③ 衰弱结果枝组的修剪。此类结果枝组旺枝少，短枝多，花芽量大，生长势弱。对于极度衰弱的结果枝组留壮枝、壮芽回缩，第二年抽生新梢后，选较强的枝条短截，促发分枝；疏除过多的花芽，减少结果量，促使其向中庸结果枝组转化；及时疏除没有复壮能力的结果枝组；及时疏除衰弱结果枝组中的弱枝，以集中营养促发新的营养枝，同时，短截其上的中、长果枝；对鸡爪状枝组，应细致修剪，留壮芽缩剪，促发新枝。

④ 长鞭杆形结果枝组的修剪。这类枝组是由中壮枝连续长放，中上部结果压成弓形下垂，在弓背上发枝，并进行缓放而成的。

中庸鞭杆枝，如果上部刚形成花芽且较多时，为促进坐果，可疏除中、长果枝，留短果枝结果；缓放多年的中壮长鞭杆枝组，前后都有花芽时，留前部结果，促进中后部枝条生长，之后短截培养为结果枝组；对长而弱的鞭杆枝组，可逐步回缩成中、小型结果枝组。

⑤ 大小年树结果枝组的修剪。对于小年树的结果枝组，应轻回缩或不回缩，中、长果枝不打头，以保证足够的花量结果；同时适当剪截一年生营养枝，促发新枝，减少第二年的花量。对于大年树的结果枝组要及时回缩，更新复壮，疏除过密枝，多短截中、长果枝，减少当年花量，对营养枝缓放促花。

（4）精细修剪，克服大小年现象　盛果期树的修剪要处理好各部位的枝梢，剪除生长细弱、连年不能成花的无效枝，对交叉、重叠、并生枝适当压缩或疏除，尽量使结果枝靠近骨干枝。花芽多的年份多疏除花芽，保留一些有顶芽的中、短枝，促使其当年成花，防止开花过多消耗营养，防止大小年现象出现。

4. 衰老期树的整形修剪

此期树势衰弱，新梢生长量小，骨干枝延长枝生长缓慢，树冠体积缩小，内膛枝组易枯死，结果部位明显外移，落花落果严重，果实变小，品质下降，产量显著降低；主干和根颈部发生萌蘖，主枝基部抽生大量徒长枝；对修剪反应迟钝，伤口难愈合。

此期修剪的主要任务是：在加强肥水管理的基础上，更新复壮，恢复树冠，延长结果年限。

（1）轻度更新　在骨干枝的先端已开始枯死时进行。具体方法是疏除已枯死或即将枯死的部分，选方向、位置适中的大侧枝或徒长枝代替，以增大枝条角度。也可采用回老枝、放新枝的方法，即逐年把老枝缩回去，把新培养的枝头放出来。采用该方法时必须处理好“回”和“放”的关系，否则，回重了影响产量，回轻了新头出不来，达不到更新的目的。衰老树一般回缩到2～3年生枝或3～4年生枝上。回缩过重易破坏地上部和地下部的关系，影响树势。

在树体结构上，要尽量减少层次，逐步去掉上层主枝，降低树高；主枝上的侧枝要少留或不留，根据树体生长势，逐步回缩侧枝，改造成为各类枝组。

充分利用徒长枝占据空间，如主、侧枝衰老严重或已枯死，可培养缺枝处萌发的徒长枝向原主、侧枝方向发展。对需要培养成骨干枝的徒长枝进行中短截，并在相当长的时间内以强枝带头。

（2）重度更新　当树体有一半甚至全部大侧枝枯死，部分主枝枯死，大量抽生徒长枝，并且失去结果能力时，轻度更新无法使树势复壮，此时需采取重度更新。即剪去主枝的1/2～2/3，刺激潜伏芽抽生徒长枝，然后从中选留一部分方向和位置适当的短截，促发分枝，加以培养。这些徒长枝由于输导组织通直，距离根系近，输导能力强，因此，经过3～4年即可形成一个新的树冠，并恢复正常结果。

在对骨干枝进行更新的同时还应对结果枝组进行更新。更新时必须严格限制结果枝和营养枝的比例，一般以1∶（3～4）为宜。树冠更新后，通常会出现很多徒长枝，可从中选择一部分培养成为新的结果枝组。此外，衰老树伤口不容易愈合，要注意进行保护。衰老期苹果树的修剪，要结合土肥水的管理和严格的疏花疏果，控制负载量，再加上细致修剪，更新复壮，以期达到延长结果年限的目的。

二、梨树的整形修剪

（一）生长结果习性

1. 芽及其类型

（1）叶芽　根据其在枝条上的着生位置分为顶芽和侧芽，一般顶芽较大而圆，侧芽较小而尖。当年形成的叶芽，无论是顶芽还是侧芽，第二年绝大部分能萌发，只有基部几节上的芽不萌发而成为隐芽，这类芽对于以后树冠更新有重要作用。梨树的叶芽萌芽力强，而成枝力较弱，即只有少数芽能长成长枝，大多形成短枝。不同品种其萌芽力和成枝力各有差异。梨的隐芽潜伏能力很强，寿命长，受到刺激后容易萌发形成徒长枝，这对树冠的更新复壮有重要意义。叶芽形成后当年一般不萌发，翌年才能萌发。

（2）花芽　梨树的花芽是混合花芽，既能开花结果又能抽生枝叶，花芽的数量和质量是决定梨树高产、稳产、优质的关键。花芽依其着生的位置分为顶花芽和腋花芽。着生在枝条顶端的花芽为顶花芽，是梨树主要结果的花芽，着生在枝条叶腋间的花芽为腋花芽，其结果能力因品种而异。花芽萌发后抽生枝条，在枝条顶端着生花序，开花结果。

梨树花芽分化一般在枝条生长趋于缓和时开始，短枝较早而中、长枝较迟。良好的栽培管理、适宜的外界条件有利于花芽的形成。

2. 枝及其类型

（1）营养枝　不开花结果的枝称为营养枝。根据枝龄的不同可分为新梢、一年生枝、二年生枝和多年生枝。春季叶芽萌发的新枝，落叶前称为新梢；新梢落叶后至第二年萌芽前称为一年生枝；一年生枝萌芽后至下一年萌芽前称为二年生枝；三年生及其以上的枝统称为多年生枝。

按照长度枝可将一年生枝分为叶丛枝、短枝、中枝和长枝。长度在1厘米以下的称为叶丛枝；长度在1～5厘米之间的称为短枝，短枝只有一个充实的顶芽，节间很短，生长季叶片呈莲座状，叶腋内无侧芽或只有芽体很小的侧芽；长度在5～15厘米之间的称为中枝，中枝有充实的顶芽，除基部3～5节叶腋间无侧芽为盲节外，以上各叶腋间均有充实的侧芽；长度在15厘米以上的称为长枝，长枝顶端也有顶芽，但充实程度不如短枝和中枝。

（2）结果枝　能开花结果的枝。结果枝按长度可分为短果枝、中果枝和长果枝。长度在5厘米以下的称为短果枝；长度在5～15厘米之间的称为中果枝；长度在15厘米以上的称为长果枝。梨树结果枝结果后，果柄着生处膨大的部分称为果台，果台上还能抽生1～2个枝条称为果台副梢或果台枝。短果枝结果后，果台连续分生较短的果台枝，3年后多个短果枝聚生成枝群，称为短果枝群，很多梨树品种以短果枝群结果为主。短果枝群又分为单轴短果枝群和鸡爪状枝（图7-11）。果台上常抽生一个果台枝的，由于连续结果形成短果枝群；果台上左右两侧抽生两个果台枝的，由于连续结果而形成鸡爪状枝。

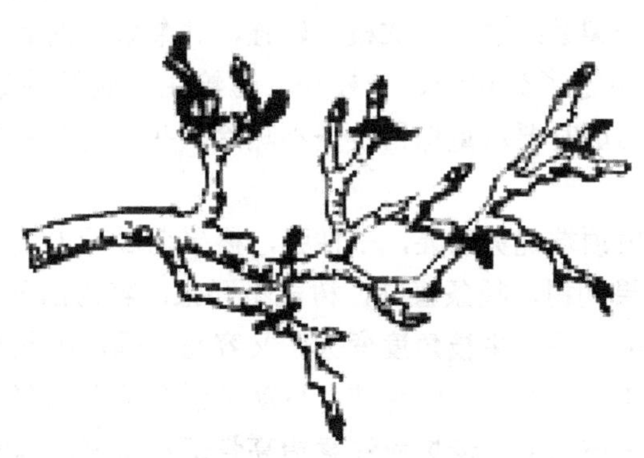

图7-11　梨树短果枝群

（3）枝条生长特性　新梢的加长生长在萌芽后7～10天开始，但生长缓慢，此期新梢的生长主要依赖于树体内的贮藏营养。随着叶片的增大和外界温度的升高、光照的增强，叶片光合能力增强，新梢生长开始利用当年叶片制造的营养，节间延长很快，出现新梢的旺盛生长期。此后，新梢加长生长逐渐停止。除幼树、旺树、旺枝或其他特殊原因（病虫、旱、涝等引起的落叶以及热带气候条件等）外，梨树的新梢一年只有一次生长，一般很少发生二次生长。

3. 生长结果习性

（1）树体高大，树势健壮，生长较慢，寿命较长　秋子梨和白梨系统中的大多数品种，在幼树期生长比苹果缓慢，因此，在同样的环境条件下，幼龄梨树的树冠往往小于苹果树，因其寿命较长，因此，后期树体高大。对幼龄梨树的修剪，要比苹果树轻，否则，树体生长慢，结果晚，盛果期延迟。同时，在整形修剪时，要有比苹果树更长远的考虑。既要培养好树体骨干，又要注意树冠的扩大；既要促其早结果、早丰产和长期高产、优质，又要注意防止结果部位过快外移，造成主、侧枝后部光秃，影响产量和品质。

（2）萌芽率高，成枝力弱　梨树的大部分品种萌芽率都很高，但成枝力较弱，枝条除先端1～3个芽萌发为新梢和基部盲节不萌发外，其余芽大都能萌发为短枝。但不同品种间成枝力有差别。一般来说，秋子梨系统的品种成枝力较强，砂梨系统的品种成枝力较弱。此特性决定了梨树中、长枝少，这给主、侧枝的选配带来困难，因此，修剪时要尽量保留枝条不疏除，并采用多种办法改造利用枝条。

（3）幼树顶端优势明显，干性强，盛果期后骨干枝易开张　梨树幼树和初果期树，枝条直立，树冠不开张，容易出现上强下弱；而进入盛果期以后，主枝角度变大，又容易下垂，因此有“幼树锯口在上，老树锯口在下”的说法，也就是说在整形修剪时，幼树应注意开张骨干枝角度，老树应注意抬高骨干枝角度。同时，要注意控制顶端优势，特别是幼树；进入盛果期后，需要及时地进行更新修剪，以维持和复壮内膛枝的生长结果能力。

（4）顶芽、侧芽发育良好　梨树的新梢一年只有一次生长，其生长期主要集中在春季，很少发生秋梢，因此，新梢停止生长较早，顶芽、侧芽发育良好。梨树短枝多，发育健壮，叶片大，芽饱满，是梨树结果早的生物学基础。

（5）梨树开始结果年龄与品种、气候、土壤条件和栽培管理水平等因素相关　大部分品种3～4年开始结果，有的品种2年即开始结果，尤其是沙梨系统和白梨系统结果较早。同一品种在良好的营养条件下结果可以提前，反之开始结果年龄则延迟2～5年。

（6）以短果枝结果为主，短果枝连续结果能力强　梨树枝条的长短枝分化明显，转化力弱，枝组类型差异较大。一般初果期树常见中、长果枝结果，盛果期以短果枝结果为主，老年树以短果枝群结果为主，修剪时，要注意更新复壮。

有些梨树在年周期中出现多次开花，多次结果现象，称为“头水花”、“二水花”、“三水花”，所结果实越来越小。该现象除与品种特性有关外，主要与外界因素有关，如秋季干旱、病虫害等原因造成树叶早落，会导致多次开花、多次结果现象的出现，这种现象属于不正常现象。

（7）成花易，坐果率高　梨树容易形成花芽，且花量大，坐果率高，落花落果轻，因此，梨树产量高，修剪时要适当控制花量。梨树自花结实率低，大多为异花授粉，并且有花粉直感现象，因此，生产上要注意配置充足的优良授粉树。

（二）主要树形

1. 单层高位开心形

树高3米以下，干高60～80厘米，在中心干上均匀排列伸向四周的枝组基轴和大枝组。基轴长30厘米左右，前端分生两个长放枝组。全树共有10～12个长放枝组，在距离地面1.6～1.8米处“落头开心”，故称为单层高位开心形。最上部（落头开心后）的2个枝组，拉成“反弓形”伸向行间，下部枝组及基轴与中心干开张角度以70°为宜。叶幕厚度约2米左右（图7-12）。

该树形结构简单，整形容易，骨干枝级次少，早结果，早丰产，适合亩栽55～111株的密植梨园选用。

2. 多主枝自然形

有明显的中心干，干高60～80厘米，主枝自然分层排列。第一层主枝3～4个，第二层主枝1～2个，有的还可形成第三层，有主枝1～2个。各层主枝自然分布，上下错落，互不重叠。各主枝上再着生侧枝，形成圆头形树冠（图7-13）。

图7-12 单层高位开心形
（傅玉瑚，1998）

图7-13 多主枝自然形
（王淑贞，1997）

该树形修剪量轻，成形快，结果早，利于幼树早期丰产。但进入盛果期以后，枝条比较密挤，树冠内光照条件较差，影响结果。因此，在有的梨区，进入盛果期后，去除中心干，改造为类似开心形的树形。该树形适用于直立性强、成枝力弱、树冠较小的品种，如多数日本梨品种。

3. 开心疏层形

树高4～5米，冠径5米左右，干高40～50厘米。树干以上分成三个势力均衡、与中心干延伸线呈30°角斜伸的主枝，因此，又称为三挺身树形。三个主枝基角为30°～35°，每个主枝上，从基部起培养背后或背斜侧枝1个，作为第一层侧枝，每个主枝上有侧枝6～7个，分层排列，共4～5层，侧枝上着生结果枝组，错落排列，但里侧仅能留中、小型结果枝组（图7-14）。

该树形骨架牢固，通风透光，适于密植，易于丰产，多用于生长旺盛、直立、主枝不开张的品种。但缺点是幼树整形期修剪较重，结果较晚，不利于早期丰产。

4. 双层开心形

树高和冠径各为3米左右，树冠半圆形。干高50厘米左右，中心干上有2层主枝，共5～7个，第一层3～4个，第二层2～3个。第一层主枝的开张角度较大，为70°左右；第二层主枝的开张角度稍小，为50°左右。两层主枝间的距离为100厘米左右，主枝上适当配置结果枝组。进入盛果期以后，逐步缩剪第二层主枝以上的中心干，使其逐渐演变为双层延迟开心形（图7-15）。

该树形整形容易，成形快，光照好，结果早，产量高，果实品质好。

图7-14　开心疏层形

图7-15　双层开心形

5. 纺锤形

树高2～3米，冠径2～2.5米，干高50厘米。中心干较直立，中心干延长枝每年选用长势适宜的枝条带头，其上直接着生10～15个小主枝，在中心干上每隔为20厘米左右一个，插空排列，无明显层次。主枝角度70°～80°，结果枝组直接着生在主枝上，以短果枝和中、小型枝组为主，一般不配置大型枝组。主枝基部直径一般不超过其着生处中心干直径的1/3。最下层主枝长1.5米左右（图7-16）。

图7-16　纺锤形

该树形只有一级骨干枝，树冠紧凑，通风

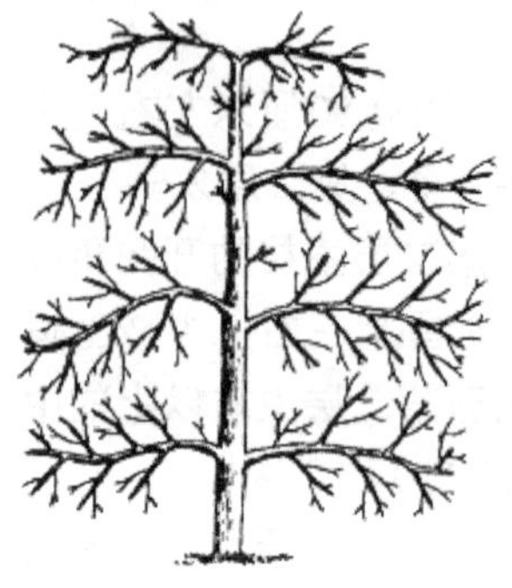

图7-17　篱壁形

透光好，成形快，结构简单，修剪量轻，丰产早，结果质量好。适于行距4米或小于4米、株距2～3米的密植梨园。

6. 篱壁形

树高3米左右，干高50厘米左右，全树6～8个主枝，分为3～4层，每层2个，对生。层间距100厘米左右，层间可适当配置辅养枝。主枝的延伸方向与行向相一致，开张角度为50°～60°（图7-17）。

该树形通风透光性好，丰产性强，果品质量好。但整形要求严格，需要支架材料，建园投资较大。适宜于密植梨园。

7. 棚架式树形

按10米×10米的间距顺行平行设立支柱，其上依支柱平行纵横交错拉紧围绳、围线、副线，棚架高度1.8米左右，棚面用副线以70厘米×80厘米的距离一上一下穿梭编织拉成网格，四周用支撑柱、拉锚等将棚面支柱固定牢。全棚架式梨树定干高度80厘米，主枝3～4个，主枝基角40°～50°。全树6个侧枝，12个副侧枝。枝条在棚架上的相互距离为20厘米（图7-18）。

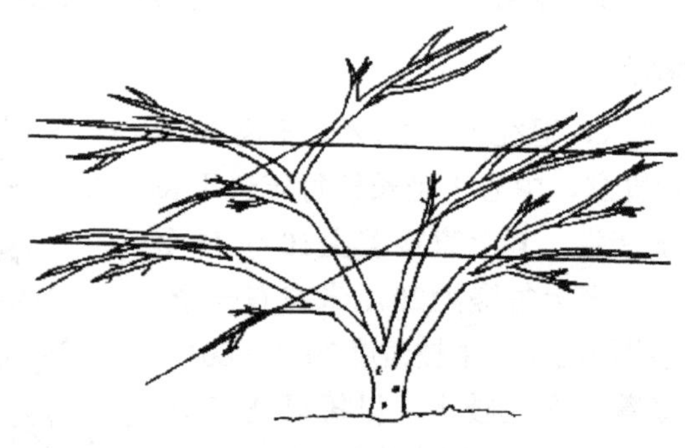

图7-18　棚架式树形

8. V字形

没有中心干，干高50～60厘米，两主枝呈V字形延伸生长，夹角为80°～90°。主枝上没有大侧枝，其上直接培养小型侧枝和结果枝组。

该树形通风透光好，果实品质佳，适于宽行密植梨园。

9. 中冠改良扇形

干高70厘米左右，树高3.5米左右。全树有6个主枝，分3层排列，每层2个主枝，对生或稍有距离。第一层和第二层主枝顺行向或斜行向延伸，忌垂直伸向行间。第三层2个主枝，要求垂直伸向行间，不遮下层主枝。第一层和第二层主枝间距1米左右，第二层和第三层间距60厘米左右。每层主枝上的侧枝要上少下多，一般上层1个侧枝、中层2个、下层3个。下部和层间前期多留辅养枝，促其结果，后期逐步减少或疏除，使树呈先圆后扁的树冠。

（三）不同年龄时期的整形修剪

1. 幼树期树的整形修剪

幼龄梨树枝条直立，生长旺盛，顶端优势强，很容易出现中心干过强、主枝偏弱的现象，修剪的重点是培养骨架、合理整形、迅速扩大树冠占领的空间，在整形的同时兼顾结果。

幼树整形修剪的主要任务是：控制中心干过旺生长，平衡树体生长势，开张主枝角度，扶持培养主、侧枝，充分利用树体中的各类枝条，培养紧凑健壮的结果枝组，早期结果。

（1）幼树整形

① 定干。栽植后至春季萌芽前，根据树形要求，对新植的一年生苗在适宜的高度进行定干。树冠大、主枝角度开张的品种定干可高一些，树冠小、主枝角度小的品种定干可稍低一些。

定干时剪口下应留7个以上的饱满芽，饱满芽将来发出来的枝条比较粗壮，以便选留主枝。梨树成枝力较弱，定干后发出的长枝通常较少，可以不抹芽。定干后要注意按所采用的树形方位留芽。一般定干后，剪口下第一、二芽能发出较好的枝条，第三至五芽发枝较差，多形成中短枝，甚至不萌发。为了促使第三至五芽的萌发且发出好枝以便选留，在萌芽前可在芽上方刻芽或在芽上涂抹抽枝宝、发芽素，促其抽生长枝。鸭梨、早酥梨及日本梨品种萌芽力较弱，如不对芽做上述处理则当年发出的枝条满足不了整形要求。

② 中心干的选留。定干后选剪口下第一芽发出的直立枝条作中心干培养，冬季修剪时进行短截，一般剪留长度为50～60厘米，如果枝条弱可适当再短些。但在剪口下必须留数个饱满芽，以利于发出壮枝和保持顶端优势。

如果剪口下第一枝生长过强，也可选择第二或第三枝作中心干。这些枝条生长略有弯曲，而且生长势较缓和，容易平衡树势。如选第二或第三枝作中心干，应在生长季将顶端的第一枝或第二枝向发枝方向的对面拉至80°～90°，使其转化为结果枝，可以起到以果压顶缓和生长势的作用。

③ 主枝的选留。梨树定干后，发枝情况有时不理想，很难在定干后的当年选出满意的主枝。应根据梨树生长情况，酌情选留主枝。一种情况是定干后经过刻芽或涂抹抽枝宝、发芽素，能发出良好的枝条，选方位好、位置适当、角度比较开张的3～4个枝作为第一层主枝。另一种情况是如果定干后当年发枝不理想，剪口下第二枝是竞争枝，这种枝条角度小，开张角度时容易劈裂，不适宜选作主枝，剪口下第三枝是短枝，长度不够，此时，可以将其顶芽破顶，剪去1/3，刺激长枝的萌发。

④ 侧枝的选留。侧枝是填补空间和着生结果枝组的枝干，不能强于主枝。一般不要选背上斜侧枝、把门侧枝、对生侧枝，而应选背斜侧枝。为选出理想的侧枝，应在短截主枝延长枝时，注意将剪口下第三芽留在要求发枝的方位。如果没有理想的侧枝，可选用角度较高的枝，然后通过拉枝进行改造。

⑤ 辅养枝的利用。辅养枝可以辅助骨干枝加快生长，扩大树冠和增加骨干枝粗度；可以充分占据空间，早结果，而且可以控制上强。辅养枝选留的数量、大小和年限，以不影响骨干枝生长为原则。幼树期间骨干枝较小较短，占有范围小，空间较大，应多留辅养枝，基本不疏除。

辅养枝选留后要采取促花措施，如加大辅养枝的角度、通过夏季环割或环剥促进花芽分化；用弯、别、压、拿等方法改变方向，多形成短果枝；连年缓放，疏除旺枝少短截，形成花芽结果后再回缩。

（2）幼树修剪

① 增加枝叶量。梨幼树枝条生长缓慢，可运用各种修剪方法尽量增加枝叶量，满足幼树生长需要。主、侧枝上的各种枝条，不作延长枝的，一般不疏除。空间小的在缓放成花结果后，再缩成枝组；空间大的先短截促生分枝，再缓放成花结果，形成枝组；旺长的直立枝、徒长枝和直立的竞争枝一般也不疏除，可在5月份枝较软的时候拿枝，使其填充空间，改造后用于结果。增加枝叶量除可增加早期产量外，还可促进主、侧枝增粗。

② 开张骨干枝角度。梨树生产上多年来总结出的一条经验是"丰产不丰产，干角是关键"。角度小、极性强是梨树的特性之一。由于枝条角度小，极性强，生长过旺，只长树不结果；角度小树冠抱合生长，树冠狭窄；枝条密挤，通风透光不良，难以形成花芽，影响早结果。因此，开张角度，特别是开张第一层三大枝的角度，是整形修剪中的重要措施。

开张枝条角度的方法有多种。一是定植当年夏季新梢还未完全硬化之前，通过拉枝开张新梢角度（60°～70°）。开张枝条基角，不仅有利于选留侧枝，而且可以提高枝条的负载能力。3～4年生梨树，主枝尚未明显加粗，容易拉开，在萌芽后枝干柔软时，用绳子一次拉开，1～2年后主枝角度即可固定。运用这种方法的前提是幼树新梢生长量大，每年主枝剪留长度不少于70～80厘米。梨树的枝干比较脆硬，一年中适宜拉枝的时间短，最适宜的时期是5月份。一般品种开张角度为60°～70°，软干品种如巴梨等主枝开张角度45°～50°。

二是利用里芽外蹬法，即冬剪时在主枝延长枝剪口芽处留里芽，以第二个向外的芽作为延长枝的芽，生长季再对剪口下第一芽进行扭梢或拧梢处理，或于冬剪时疏除剪口下第一枝。这种方法适宜于自然生长较开张的品种如鸭梨等。

三是先轻剪缓放，再逐年对背后枝换头，并将换头的时间推迟到结果期进行，使开张角度和结果两不误。具体做法是：幼树期为多保留枝条，促进树体生长，对直立不开张的主枝先轻剪缓放，并注意选留背后枝，并年年短截培养。待进入初盛果期后，再缩剪原直立的枝条，进行背后枝换头。但换头时注意留辅养橛，防止一次从基部疏除，使主枝劈裂。

四是对枝干较软的品种如巴梨，可用果实负荷，特别是腋花芽的梢头果压开主枝角度。到盛果后期，枝干开张时，再不断选背上枝抬高角度。

③ 控制中心干过强生长。梨极性强容易造成中心干过强，其粗度明显大于基部三大主枝的粗度，向高处生长过快，树冠高窄；第二、三层主枝的枝叶量大，枝展接近第一层主枝。为控制这一现象，对于成枝力强的品种可以每年小换头或每隔1～2年换一次头，使中心干弯曲向上生长；对于成枝力差的品种，可以把原头压倒，另培养新头。第二层主枝以上部位不留大辅养枝，第二层主枝以下部位多结果以缓和生长势。

④ 培养稳定的结果枝组。梨树大型结果枝组较少，应多利用长枝短截再缓放以及改造辅养枝的办法，培养大型结果枝组，特别是主枝下部应多培养大型结果枝组。梨树短果枝群较多，有些品种以短果枝群结果为主，对于短果枝群应及时细致修剪，防止分枝过多，密挤老化。梨幼树和初结果树要多利用长枝缓放形成花芽结果。梨树背上枝生长势强，背上不宜留大型结果枝组，应多留两侧结果枝组，防止形成树上树。

⑤ 促花措施。梨树结果晚的一个重要原因是修剪过重，尤其是幼树只重整形，短截多，造成全树旺长，很少形成短枝。因此，在修剪上要注意以下几方面。

轻剪缓放。试验证明，对鸭梨35～130厘米的长枝进行缓放，当年有66%～70%的中短枝形成花芽，有的甚至有腋花芽。强旺枝缓放时要注意角度和位置，使其与主枝延长枝、平行枝、竞争枝等的生长互不影响，对影响整形的强旺枝要从基部疏除或重回缩。雪花梨、巴梨应缓放两年，中短枝再分枝，经两年才成花，因此，不要急于回缩。

拉枝促花。梨树枝干比较脆，拿枝不如拉枝效果好，拉枝要在轻剪缓放的基础上进行。通过拉枝可增加枝量，改变枝类组成，提高中、短枝比例，增大叶面积，提高成花比例。苹果梨、早酥梨、晚三吉梨拉枝效果好，锦丰梨效果差。拉枝的适宜时期是芽萌发后至初展叶时。拉枝过早枝条脆硬易折断，拉枝过晚对已成形的短枝叶片没有促进生长作用，有时会刺激再萌发，反而不利于成花。

环割、环剥。一般在新梢停止生长后，雨季到来前的5月下旬至6月上中旬进行。鸭梨第一次环剥的干周粗度应在13厘米以上。环剥宽度为干周的1/15～1/10，例如3～4生年的幼旺树，干周15厘米，环剥宽度可在1厘米左右。环割是用钢锯条在主干上环状摁入一圈，可根据树势和结果量环割1～2圈，两圈间隔应为5～10厘米。

⑥ 竞争枝的处理。梨幼树生长旺盛，对各级骨干枝的延长枝短截后，剪口下发生的第二枝常与第一枝生长强弱相似，与第一枝产生竞争。如果对竞争枝重短截，使顶端高度降低，而对第一枝剪留的长，使顶端明显高于竞争枝的剪留高度，则以后由竞争枝发生的新梢其生长就有可能相对减弱，而由延长枝发出的新梢可能相对增强。

但如果修剪不当，也会造成主枝或主枝延长枝与竞争枝齐头并进，出现主从不明的现象，因此，应及早处理。处理的方法可根据具体情况，采取重回缩竞争枝，或疏除竞争枝，或对竞争枝在生长季进行拿枝，或将原头压倒，以竞争枝当头等方法。

2. 初果期树的整形修剪

梨树经过3～4年的整形期，已经开始结果，树体的骨架结构已基本形成。进入初结果期后，营养生长逐渐缓和，生殖生长逐渐增强，结果能力逐渐提高。

初果期梨树的修剪任务是：对尚有发展空间的主枝或侧枝，轻剪长放，促发分枝，以“先放后缩”的方法继续培养结果枝组，促进结果部位的转化，充分利用辅养枝结果，提高早期产量。

修剪时首先对已经选定的骨干枝继续培养，调节生长势和角度。带头枝仍通过中短截向外延伸，中心干延长枝不再中截，缓势结果，均衡树势。辅养枝的任务由扩大枝叶量、辅养树体，变为成花结果、实现早期丰产。此时梨树已经具备转化结果的生理基础，只要生长势缓和就可以成花结果。因此，可对辅养枝采取轻剪缓放、拉枝转换生长角度、环剥、环割等手段，缓和生长势，促进成花。

培养结果枝组，为梨树丰产打好基础，是该时期的重要工作。长枝周围空间大时，先短截，促生分枝，分枝再继续短截，继续扩大，培养成大型结果枝组；周围空间小时，可以连续缓放，促生短枝，成花结果，待枝势转弱时再回缩，培养成中、小型结果枝组。中枝一般不短截，成花结果后再回缩定型。大、中、小型结果枝组要合理搭配，均匀分布，使整个树冠圆满紧凑，枝枝见光，立体结果。

3. 盛果期树的整形修剪

梨树进入盛果期，树体结构基本稳定，骨架已经形成，具备了大量结果和稳产优质的条件。但由于枝叶量的不断增加，树冠容易郁闭，造成内膛枝衰弱死亡，结果部位外移；由于树势衰弱，短枝量增加，易因花芽过多、结果超量造成大小年现象，使果实品质明显下降。

盛果期梨树修剪的主要任务是：维持中庸健壮的树势和良好的树体结构，改善通风光照条件，及时更新复壮结果枝组，调节生长与结果的矛盾，防止大小年结果现象的发生，尽量延长盛果年限。中庸树势的标准是：外围新梢生长量30～50厘米，长枝占总枝量的10%～15%，中、短枝占85%～90%，短枝花芽量占总枝量的30%～40%；叶片肥厚，芽体饱满，枝组健壮，布局合理。

（1）因势修剪，维持中庸健壮　树势偏旺时，采用缓势修剪法，即多疏少截，只疏不堵。去直立留平斜，开张角度，弱枝带头，多留花果，以果压势。如果树势过强，只靠冬季修剪还不能调节时，可用晚剪或二次修剪，采用对强枝环剥、环割、绞缢等夏剪方法，使枝条多成花多结果，以果控势，尽快减缓树势。树势偏弱时，与强树相反，采用助势修剪法，即多截少放，重缩轻疏。去弱留强，保留改造徒长枝，抬高枝条角度，以壮枝壮芽带头，加强回缩与短截，少留花果，集中营养，复壮树势。中庸树的修剪则采用保势修剪法，不要忽轻忽重，各种修剪手法并用，及时更新复壮结果枝组，维持树势的中庸健壮。即控制在当年修剪掉的枝量与下年新生的枝量相等或略多的程度，不动或少动大枝，保持树上树下枝量与根量总体平衡，着重使每年枝组内部花、果、枝各占1/3。

（2）改善内膛光照　在盛果期，树体结构已基本形成，但由于梨树极性和顶端优势较强等原因，容易出现“上遮下，外包内，前抢后”的争光夺养、内膛光照恶化等现象。如果不及时解决，将会造成下层内膛小枝变弱，失去结果和更新能力，最后干枯死亡，内膛中空，外部旺盛，结果部位外移，缩短结果寿命。因此，必须通过稳住“上头、外头和前头”的修剪方法，打开光路，及时回缩或疏除中心干上部的大枝和强枝，最后落头开心抑制“上头”；疏除外围过密的旺枝，对主枝延长枝“抱头”生长的，通过拉枝、换头等措施开张角度，抑制“外头”；去掉主枝前部背上的多年生大枝组，去掉“树上树”，打开前部光路。修剪后要做到上下、内外和前后光照均匀，枝枝见光，立体结果。

（3）更新复壮结果枝组　结果枝组是结果的基本单位，要做到树稳、产稳，就必须做到结果枝组稳。对于结果枝组应采取变化修剪法。盛果期的梨树枝组容易出现长、大、弱、密或组间、组内生长势不均匀的现象。因此，对长放过久、延伸过长、长势衰弱的大、中型结果枝组应及时回缩至壮枝处。短截时以壮芽带头，以增强长势，维持良好的结果能力。在大、中型结果枝组健壮的前提下，修剪重点应放在对小型结果枝组上，以维持树体结果稳定和树势均衡。总的修剪原则是留壮枝、壮芽，确保良好的生长势，以有利于果实品质的提高；对短果枝群抽生的果台副梢，应去弱留强，并遵循“逢三去一”的原则，即疏除中间枝，以免造成重叠、交叉；对于上下重叠的结果枝组，要用上抬高、下压低的剪法，拉开枝组间的距离层次；及时回缩结果过多、长势衰弱、不能形成良好花芽的枝条，下垂枝要用上芽带头、回缩复壮。一般每个短果枝群留4～6个壮枝，用截、缩、放同时运用的办法，即截、缩、放各占1/3，做到每年有当年结果的，当年成花和下年结果的，当年发条、下年成花、第三年结果的，如此交替结果，避免出现大小年现象。对单轴延伸的枝组可采用“齐花剪”的方式，防止其过度伸长，以保持健壮的生长势；当果枝不能再形成花芽或花芽质量不高时，应回缩至壮芽处，如果果枝上已无壮芽可用，则将果枝从基部疏除，促发新梢，然后用先放后缩的方法，培养新的结果枝组。小型结果枝组虽然数量大、易成花、好管理，但容易衰老。在不影响当年产量的基础上小型结果枝组修剪量可适当大些。同时，在小型结果枝组的培养上要遵循“有空就留”的修剪原则，充实树冠内膛，防止结果部位外移。

4. 衰老期树的修剪

梨树进入衰老期，生长衰弱，外围新梢生长量小，主枝后部易光秃，骨干枝先端下垂枯死，结果枝组衰弱而失去结果能力，果个小，品质差，产量低。

衰老期梨树修剪的主要任务是：更新复壮，恢复树势，以延长盛果年限。梨树的潜伏芽寿命长，通过重剪刺激，可以萌发较多的新枝用来重建骨干枝和结果枝组。更新复壮的首要措施是加强土肥水管理，促使根系更新，提高根系活力，在此基础上通过修剪更新复壮地上部。

（1）大枝更新　对于进入衰老期的梨树，不能只注重结果，更应注意树势的变化，做到及早更新，减小损失。生产上通常根据所遇到的两种情况分别进行不同的处理。一是当发现后部小枝稍有衰弱，但仍有更新反应时，及早采用“前堵后截”的局部小更新方法。前堵，就是在大枝前面2～3年生的分枝处轻回缩，把前端优势压到后部枝上；后截，就是对后部分枝采用多截少放，或先养后截的方法，即使枝的前部有花也不能留，以免造成以后枝组更新困难。二是当以往未做小枝组更新，现在小更新已无济于事，全树大更新会损失产量时，如果梨园亩产仍在1000千克以上，可采用分年大更新法，即每年大更新1～2个大枝，三年更新完整树的大枝。更新大枝要遵循“先大后小”的原则，即第一年先更新中心干或最粗最大的主枝，回缩部位按骨架要求和有无分枝而定，尽量重一些，产生较大的刺激，从而抽生强旺的徒长枝，其他大枝基本不动，尽量使其多结果。后两年也是先回缩大枝，后回缩小枝。这样，每年都既有回缩的又有结果的，产量不至于大起大落，同时也可起到更新的作用。对于亩产不足500千克的衰老梨园，应进行全园伐树，重新栽苗建园。

（2）小枝更新　衰老期梨树只有在大枝更新的基础上，小枝更新才有效果，否则只动小不动大，小枝无反应，越回缩越弱越光秃。因此，在改造大枝的同时，要注意小枝的更新和新发徒长枝的管理。对小更新抽生的徒长枝，选出一部分作新的骨干枝培养，另一部分作结果枝组培养。对大更新抽生的大量徒长枝，先选出新的骨架枝，拉开角度和方位，连年中截促长扩大树冠；其余的徒长枝，除疏除几个过多的外，其他的要尽量保留，通过拉、别、压等方法，将其培养成长放枝组。需要注意的是，徒长枝角度小，如果顺其自然角度拉枝，则十有九裂，采用反弓弯拉倒的方法最为可靠。空间大的地方，也可通过多次短截，刺激其分生成大枝组，尽早形成新树冠。

三、山楂的整形修剪

（一）生长结果习性

1. 芽及其类型

（1）叶芽　芽体较小，着生在营养枝的顶端及叶腋间或结果母枝的下部，萌发后抽生营养枝。同一新梢上的侧芽上下差异较大，顶芽饱满，靠近顶芽的1～2个侧芽也较饱满，而中、下部的侧芽显著变小，甚至为瘪芽。枝条中、下部较小的芽，一般都不萌发，呈休眠状态，称为潜伏芽，其寿命可达数十年之久，一旦受到刺激则形成徒长枝。

（2）花芽　山楂的花芽为混合芽，花芽呈奶头状，肥大而饱满，先端较圆，着生在结果母枝顶端及其以下1～4个叶腋内。春季萌发后，抽生结果新梢，顶端着生花序。

2. 枝及其类型

（1）营养枝　根据长度可将山楂的营养枝分为徒长枝、长枝、中枝、短枝和叶丛枝，各种枝条的分类标准与苹果相同。在一般情况下，山楂枝条没有二次生长的习性。进入结果年龄的树上，发育健壮、充实的营养枝顶芽和以下数个腋芽，当年能够形成混合花芽，来年抽生结果枝。

（2）结果枝　凡是当年抽枝开花结果的新梢称为结果枝，也叫结果新梢（图7-19）。其长度在6～14厘米之间，少数可达20厘米。

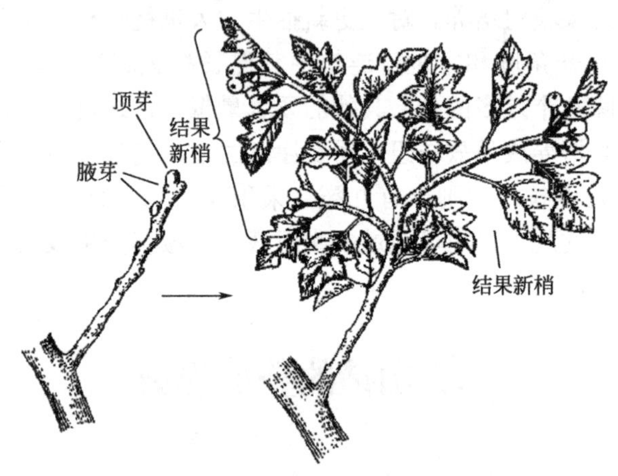

图7-19　山楂结果新梢

（3）结果母枝　着生混合花芽的一年生枝或着生结果新梢的二年生枝都叫结果母枝。按长度可将结果母枝分为长、中、短三类，分类的标准与苹果相同。如果按照山楂自身的特点，可将结果母枝分为两大类。

① 具有顶芽的结果母枝。由上一年的营养枝转化而来，这类结果母枝又可分为顶芽为混合花芽的结果母枝和顶芽为叶芽的结果母枝。前者的特点是顶芽为混合花芽，结果新梢着生于结果母枝顶端或顶端及其以下的叶腋，一般着生1～5个结果新梢。后者的特点是顶芽为叶芽，部分腋芽为混合花芽，这种结果母枝发生于少数幼树和壮树的树冠外围。

② 不具有顶芽的结果母枝。由上一年的结果新梢转化而来。上一年的结果新梢结果后，果柄连同其下1～2节枯死，因此，这种结果母枝顶端为枯梢，枯梢下面的部分腋芽为混合花芽，抽生的结果新梢侧生于结果母枝上。

3. 生长结果习性

（1）喜光性较强　在光照较弱的情况下，多在树冠外围开花结果，内膛自疏现象严重。在光照充足的条件下，内膛枝的生长势明显增强，生长量明显增加。修剪时，应注意调节树体和枝组结构，改善光照条件，增加结果面积，提高产量。

（2）干性较强　中心干的长势往往强于第一层的三个主枝。如对中心干长留缓放，对第一层的三个主枝重剪，会造成树冠直立，严重影响三大主枝的产量。

山楂枝条中、下部的侧芽，往往不萌发而变为潜伏芽，致使下部光秃，枝龄越老，光秃越重，更新也越困难。更新后，发枝稀少，枝细而弱。

（3）随着树龄增长，骨干枝逐渐开张　山楂幼树，树姿较直立，树冠半开张。随着树龄的增长，骨干枝的角度逐渐增大，因而大树的树冠都比较开张或下垂。

（4）顶端优势明显　山楂的顶芽肥大、充实，其下的2～3个侧芽也较肥大，它们的延伸能力很强，对下部侧芽的萌发和生长有明显的抑制作用。由于山楂枝条前端的几个芽子萌发力强，因此，树冠外围的枝条较密，内膛光照不足，枝稀而弱，结果部位多在树冠外围，枝条下部容易光秃。因此，树冠内的中、短枝条寿命较短，连续结果能力较差，内膛容易光秃。在整形过程中，应注意抑制顶端优势，维持冠内枝组长势，增强枝组的连续结果能力。抑制顶端优势的方法之一是加大骨干枝的角度。

（5）萌芽率中等，成枝力强　长枝短截以后，可发3～5个长枝，长势比较旺，有时可达2米。长、中、短枝分化明显，中、短发育枝转化能力弱，寿命较短，结果后很容易死亡，较难转化为大、中枝组，长枝缓放后，由于萌芽率低，转化能力弱，基部容易光秃，剪留越长，光秃现象越严重。在幼树整形过程中，应注意采用刻芽的方法提高萌芽率，避免出现光秃现象。

（6）潜伏芽数量较多，寿命长，容易自然更新　山楂萌芽率中等，不萌发的芽较多，而且潜伏芽的寿命也较长，当受到刺激或枝条出现弯曲使潜伏芽处于弓背处时，即可萌发。当年萌发的隐芽所抽生的枝条，只要长势不过旺，也容易形成花芽。整形修剪时可用于填补空虚的内膛或培养为结果枝组。

（7）成花容易　即使在很长的发育枝上，也能形成花芽。山楂幼苗定植后，一般第二年开始成花，第三年结果，第五年就可丰产。山楂的结果枝类型较多，除长、中、短果枝外，在长、中梢上也能形成腋花芽。长果枝一般具有顶花芽，枝条长度在12厘米以上，中果枝长度在8～12厘米之间，短果枝长度在8厘米以下。细弱而短的果枝，质量较差，常常是只开花不坐果。长度在12厘米以上、粗度在0.5厘米以上的果枝结果较好。

（8）花芽为混合芽　发育充实的枝条，除顶花芽外，还有腋花芽。腋花芽的数量，与枝条的长度有关。长度在25～30厘米之间的枝条，在顶花芽以下，能形成2～3个腋花芽。山楂的长、中、短果枝都能结果，但长势弱的果枝，结果后长势更弱，不能转化为大、中型枝组。

（9）连续结果能力强　在中、长果枝的顶端，可以抽生几个健壮的结果新梢，在结果新梢顶端以下的几个叶腋中，当年还能形成腋花芽连续结果。山楂的连续结果能力较强，一般为2～4年，多者可达7～9年。山楂连续结果能力的强弱与品种、树龄、树势及立地条件有关。盛果期的壮树，连续结果能力强；树冠顶部和外围枝条的结果能力强，年限也长，内膛枝条的连续结果能力最差。

（二）主要树形

1. 自然疏散分层形

干高60～80厘米，树高4米左右，主枝5～6个，分三层排列，第一层3个，第二层2个，第三层1个或2个。第一层与第二层间距100～120厘米，第二层与第三层间距60～80厘米。每个主枝上侧枝2～3个，在主枝和侧枝上着生一定数量的结果枝组，主枝开张角度60°～70°，主枝分三层交错排开，主枝上的侧枝，相互错落着生，避免与骨干枝密挤重叠（图7-20）。

该树形符合山楂的生长习性，主枝数适宜，整形容易，结构牢固，为了改善盛果期树冠内的光照条件，常在盛果期落头，在稀植园多采用此树形。

2. 三主枝开心形

树高3～3.5米，干高40～50厘米，无中心干，3～4个主枝在主干上错落排列，主枝间距25～30厘米。每个主枝上着生2～3个侧枝，各侧枝均低于主枝的高度，使各侧枝之间不交叉、不重叠（图7-21）。

该树形主枝结合牢固，树冠开心，侧面分层，进入结果期早，结果面积大。

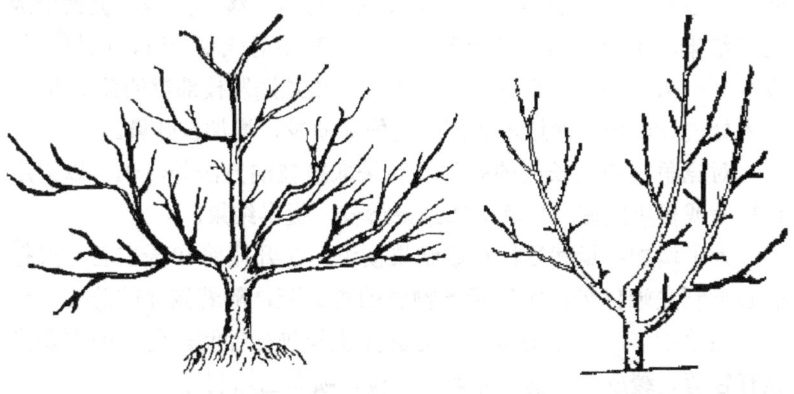

图7-20　自然疏散分层形　　图7-21　三主枝开心形

（三）不同年龄时期的整形修剪

1. 幼树期树的整形修剪

幼树生长旺盛，顶端生长势强，有明显的层性，分枝角度小。

此时期修剪的主要任务是：培养牢固的骨架，增加枝量，尤其是中、短枝的数量和比例，促使形成花芽结果，在快长树的基础上实现早丰产。

（1）定干　按照立地条件、栽植密度以及整形的要求，在距地面45～60厘米的高度定干，土壤条件差的和计划密植的定干可矮些。剪口下要保留一定数量的饱满芽，待其萌发后从中选留主枝。

（2）主枝的选留　苗木定干后的第二年开始旺长，根据树形的要求，选留方位、角度合适的健壮枝条作为主枝。冬剪时，剪留40～60厘米，长度不足40厘米者，可采用中短截修剪，以刺激其加长生长，使其在第二年达到主枝要求的长度。在选主枝的同时，注意中心干的选留培养。

（3）侧枝的选留　在主枝上距中心干50～60厘米处选留第一侧枝，在离第一侧枝40～50厘米处选与第一侧枝方向相反的枝作第二侧枝。侧枝的剪留长度为30～40厘米。其他小枝一般缓放不剪，缓和长势，促其转化为结果母枝提早结果。

（4）辅养枝的修剪和增枝促花措施　在幼树期应尽量多留辅养枝，采取拉枝、刻伤等办法促使其发生短枝，缓和长势，促使形成花芽结果。山楂幼树枝条一般较直立，在冬剪或夏剪时，应将其拉成60°～70°角。其余壮旺枝拉平，并在预期发枝部位的芽上方0.5厘米处进行刻伤，深达木质部，促使芽萌发，增加枝叶量。

对竞争枝或徒长枝的处理，除采取拉枝的方法外，也可以采用重短截或极重短截，使其形成结果母枝，提早结果。

为了增加枝量和尽快形成结果枝组，在开花前10天左右，进行摘心抑制先端优势，实现营养物质的再分配，随着侧芽的萌发，枝量可显著增多。枝量增多后，对营养生长进行控制。促花的主要措施有轻剪、缓放、环割、环剥、拉枝、喷布乙烯利等。

（5）其他枝的修剪　除了各级延长枝必须进行中、重短截外，其余长度在30厘米左右的营养枝一律缓放不短截，培养成结果枝组，并且通过拉枝和刻芽相结合的措施促使成花结果。

2. 初果期树的整形修剪

树冠不断扩大，主、侧枝逐渐培养起来，其上结果枝组逐步完善，枝量逐渐增多，主、侧枝角度小，树冠开始郁闭，内膛光照不足，结果部位慢慢向外转移。

这个时期修剪的主要任务是：继续培养牢固的树体骨架，迅速扩大树冠，选留与培养健壮的枝组，充分利用辅养枝结果，调节营养生长与生殖生长的平衡关系，在保持各级骨干枝优势的情况下，采取多种措施，使初果期树向盛果期过渡。

（1）骨干枝的修剪　在树液流动后、发芽前抓紧时间通过拉、坠等方法开张主、侧枝角度。但风大的地区不适宜采用坠枝，因坠附物会随风左右摇摆，容易造成枝条的折断。拉枝的部位应在枝中部，拉枝后使枝条成为一条直线，避免将枝条拉成弓形，否则，枝头下垂，生长势易弱，以后也不易恢复。

（2）辅养枝的修剪　随着骨干枝和辅养枝的生长，其体积扩大，对占据空间较大、影响树体光照和骨干枝生长的大、中型辅养枝应适当回缩，逐步改造成大、中型结果枝组，过密的应及时疏除。

（3）结果枝组的培养与修剪　在继续培养骨干枝的同时应重点培养结果枝组，结果枝组的培养方法主要有以下5种。

① 先缓后缩。初结果树的一年生枝，除徒长枝外，一般顶芽和以下1～4个腋芽都能形成花芽。因此，除了对各级延长枝继续适度短截，促使萌发强壮的营养枝，继续扩大树冠外，对内膛和外围长度小于30厘米的一年生枝缓放，缓和其生长势，形成结果枝组；以后根据空间大小和枝条长势，再适度回缩更新。

② 先截后缓。对树冠内的直立枝、内向枝、角度小的斜生枝、竞争技、徒长枝以及着生在主枝上的旺枝，可视空间大小和枝条长势，进行不同程度的短截，枝条长度在40厘米以上并有空间的，

可进行中短截或重短截，截后一般先端萌发1个强枝，后部可萌发1～2个短枝，多数能形成花芽，下一年缓放处理，培养成结果枝组。

③ 摘心。对春季萌发的大量营养枝，可在开花前5～7天进行摘心处理，促发分枝，培养成结果枝组。

④ 拉枝、刻伤。对直立生长的旺枝进行拉枝，同时在枝上选两侧的芽，进行刻芽，增加枝量，缓和生长势，培养成结果枝组。

⑤ 环割辅养枝。对初结果的辅养枝于萌芽后在基部进行环割，培养结果枝组，同时还能促使辅养枝向生殖生长转化。7月中旬环割可促进花芽分化。

初结果树的整形修剪主要是在增枝的同时进行促花，保持营养枝与结果母枝的适当比例，实现结果、长树两不误，结果母枝以不超过30%为好。

3. 盛果期树的修剪

进入盛果期以后，随着枝量的逐年增加，产量逐年上升，外围枝条密挤，冠内光照恶化，结果多年后，树势逐渐衰弱，结果部位外移，如不进行修剪调节，会造成枝条重叠，结果母枝细弱，产量和果实品质逐年降低。

此期的修剪任务是：以疏枝为主，疏、缩结合，拉开层间距离，改善光照条件，集中养分，调整枝类组成，保持健壮树势，延长盛果期年限。

（1）落头开心　在树冠达到原定高度后，应控制中心干的生长，保留5～6个主枝落头开心。如果树冠的高度尚未达到原定要求，中心干也不旺，没有出现上强下弱现象，则可继续短截中心干的延长枝，保持中心干的优势。

（2）主、侧枝的修剪　维持各骨干枝之间的长势均衡，协调中心干的长势，明确从属关系。根据株行距和树冠大小确定主、侧枝的剪留长度。株行距较大，树冠较小时，可继续短截主枝延长枝，扩大树冠。如果株行距不大，树冠已开始交接，可转换枝头。换头应注意新枝头的方位和角度，不重叠、不交叉，相互不影响，对于密挤的主、侧枝，可适当疏除或回缩，抬高第二层以上主、侧枝的角度，加大层间叶幕距离。

（3）结果枝组的修剪　盛果期山楂树，结果枝明显增多，大多数中庸枝的顶芽或其下部的腋芽，都有可能形成花芽。花芽的数量越多，树势越容易衰弱。对于那些多年连续结果的结果枝，应注意疏除或短截，集中营养，促进枝条健壮生长，提高坐果率和增大果个，短截后也有利于枝条继续形成花芽，防止大小年的发生。修剪中可采取抑前促后、去弱留强的方法，复壮结果枝组，促发健壮枝条。

（4）控制和改造竞争枝和徒长枝　山楂树进入盛果后期，剪口附近容易出现竞争枝，同时，内膛也开始出现徒长枝，对这些枝条，要注意控制或改造利用。在需要培养结果枝组的部位，可重截徒长枝，削弱其长势后，培养为结果枝组，也可在采取拉枝、捋枝等方法缓和其生长势后，成花结果。而对于那些没有利用价值的竞争枝或徒长枝应及时疏除，以节省养分。

4. 衰老期树的修剪

进入衰老期后，树势明显衰弱，骨干枝开始下垂，内膛秃裸，枝条细弱而顶端焦梢，结果部位外移。大年时开花满树，坐果稀疏，大小年现象严重。

此期的修剪任务是：更新复壮，恢复树势，逐年改造，延长结果年限。

有计划地在2～3年内疏除过多的骨干枝或对其进行重回缩，培养大型结果枝组。长势衰弱的大枝，可对10～20年生部位进行重回缩，更新大枝。树冠高大的应落头，引光入膛，利用徒长枝培养新的结果枝组。回缩交叉枝，疏除密挤枝、冗长细弱枝、并生枝、重叠枝及枯死枝，以恢复树势，使生长和结果达到相对平衡。

衰老期树，虽易形成大量花芽，但坐果率低，果实质量差，树势越来越弱。为缩小大小年产量波动幅度，大年时适当多疏、剪结果母枝，以减少花芽和结果量，节约树体养分。在能识别花芽时，可进行花前复剪，剪掉一部分花芽，保持合理负载，以平衡结果与生长的关系。

进入衰老期的大树，对枝组的更新修剪程度应适当加重，可在5～6年枝段进行回缩，促使下部萌发新枝。对部分衰弱枝组，可从基部疏除。2～3年内可完成全树的更新修剪。

（四）放任生长树的修剪

放任树的骨干枝多，树形杂乱，树势衰弱，结果部位外移，病虫害严重，产量低，果实质量差。

放任树的修剪任务是：不必过分强调树形，根据“因树修剪，随枝作形”的原则，进行改造修剪。修剪时，先疏除密挤、重叠或交叉的大枝，对留下的大枝，使其分布均匀，长势均衡而且互不影响。如需疏除的大枝较多，可采取逐年疏除的办法，以免一年疏除造成伤口过多，影响树体的长势。

第一年可先疏除1～2个大枝，及内膛的过密枝、衰弱枝，对单轴延伸的长枝，在分枝处进行回缩。疏去位置不当和长势较弱的交叉枝、重叠枝、干枯枝、密挤枝，可以复壮树势，增加营养积累，提高坐果率。

以后各年，应继续疏除过密枝和衰弱枝，回缩冗长枝，促进树体健壮生长，保持枝组紧凑。对内膛空虚的大树，利用徒长枝更新或培养新的结果枝组。

四、葡萄的整形修整

（一）生长结果习性

葡萄是多年生藤本攀缘植物，生长旺盛，根系发达。植株没有坚挺直立的骨架，其枝蔓必须攀附于其他植物或物体而生长。葡萄耐旱耐涝，耐瘠薄，耐盐碱，适应性强。栽培的葡萄因品种、整枝方式、自然环境条件和栽培管理技术不同，植株大小差异很大。葡萄植株和一般乔木果树的树体结构完全不同，由主干、主蔓、侧蔓、结果母枝和新梢等组成。从地面发出的单一的树干称为主干，主干上着生的较大分枝称为主蔓，主蔓上分生的多年生枝称为侧蔓。

1. 芽及其类型

葡萄的芽着生在叶腋间，每个叶腋着生两个芽，大的叫冬芽，小的叫夏芽，夏芽具有早熟性，冬芽具有晚熟性。

（1）冬芽　位于叶腋中，体形比夏芽大，外披鳞片，内部包括1个主芽和2～6个预备芽，位于中心的一个发育最旺盛，称为“主芽”，周围的称预备芽。在一般情况下，只有主芽萌发，当主芽受伤或在修剪过重的刺激下，预备芽也能抽梢。有时在1个冬芽上，同时萌发2～3个预备芽，形成“二生枝”或“三生枝”，因此，冬芽也叫芽眼。

（2）夏芽　着生在冬芽的旁边，表面有茸毛，没有鳞片，是一种裸芽，一般多在当年夏季萌发，不萌发的枯死。夏芽萌生的新梢叫夏芽副梢，其上的叶腋也能形成夏芽，当年萌发长成二次副梢，二次副梢上的夏芽萌发长成三次副梢。葡萄一年可发生多次副梢。

（3）潜伏芽　位于枝梢基部，常不萌发。当枝干受到刺激后，潜伏芽便能随即萌发，经修剪能改造成结果母枝或主、侧蔓。大量潜伏芽的存在，使葡萄植株有很强的再生能力，有利于枝蔓的更新复壮。

2. 枝及其类型

当年萌发抽生出来的新枝称为新梢。着生果穗的新梢称为结果枝（图7-22），不具果穗的新梢称为生长枝。新梢的粗度和节间长短同品种有关。一般来说，新梢粗而节间长的品种，生长势都比较强。新梢的颜色，不同品种间和不同成熟度的枝条间差异很大，是鉴别品种、选留枝蔓的重要依据。新梢生长势的强弱又与它的着生部位及栽培管理条件有关，篱架整形的植株，新梢的生长势一般较棚架整形的强；着生在植株基部和顶部的新梢往往比中部

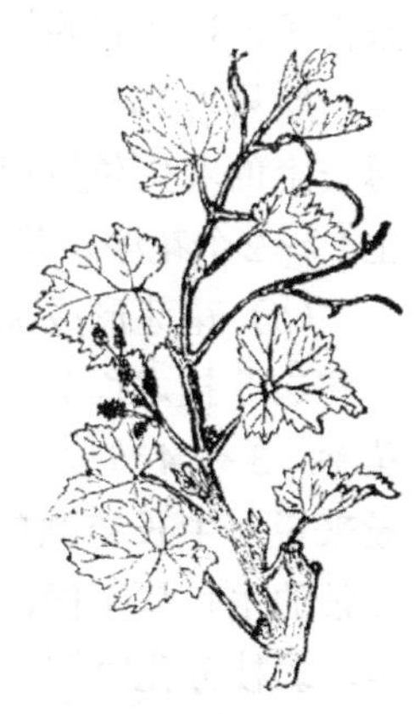

图7-22　葡萄结果枝

的旺盛。因此，在栽培上应因品种不同而选择适宜的架式，以利各部新梢的正常生长，争取连年获得高产、稳产。

新梢在秋季落叶后至次年萌芽之前称为一年生枝，凡是能抽生结果枝的一年生枝，叫结果母枝。

3. 生长结果习性

（1）枝蔓生长旺　葡萄新梢一年生长量很大，并且易产生副梢。其中开花期前后为新梢生长高峰期，一天生长量可达5～7厘米。因此，葡萄的夏季修剪很重要。

（2）葡萄为多年生攀缘植物　葡萄的茎不像其他果树那样坚硬直立，必须攀援其他植物或支架才能向上生长，故生产上需搭各种架式，使其正常生长结果。

（3）结果早，经济栽培年限长　葡萄定植后2～3年开始结果，5～6年进入大量结果期。其寿命很长，其中经济栽培年限可达30～50年，甚至100年以上的树也能获得满意的收成。葡萄是结果时间长，产量稳定，大小年现象不明显，增产潜力很大的果树。

（4）粗壮结果母枝和结果枝结果能力强　葡萄的粗壮结果母枝所抽生的结果枝多而果穗大，相反，细弱枝和徒长枝上抽生的结果枝少而果穗小，因此，培养健壮的结果母枝是取得丰产的重要措施之一。葡萄的品种不同，抽生结果枝的能力也不同，在相同的管理条件下，玫瑰香的结果枝，一般可占新梢总数的50%～60%，而龙眼一般只占30%～40%。结果枝抽生花序的多少，因品种和在结果母枝上的着生位置而不同。在大致相同的管理条件下，欧亚品种多生1～2个花序，美洲品种每个结果枝上着生3～4个花序。

（5）花芽形成部位不一　花芽在结果母枝上形成的部位，因品种和农业技术而异。大多数品种枝条基部1～2节不能形成理想的花芽，3～4节以上至8节以下节位上的芽可形成良好的花芽。一般来说，生长势强的品种，良好花芽形成的部位较高。同一品种，枝条的生长势不同，花芽分化程度也不一样，一般强枝分化时间较早，弱枝分化时间较晚；光照良好的上部枝条比下部枝条的花芽分化良好。因此，在花芽分化期，须注意增加树体营养，以提高冬芽的质量。

（6）葡萄的花序和卷须为同源器官　葡萄花序在新梢上着生的位置和卷须相同，为同源器官，均是茎的变态，在自然生长的葡萄植株中，可以见到从卷须到花序的多种过渡类型。在生长过程中，葡萄的植株每年均能发出大量的卷须，卷须的生长发育会消耗大量的营养，在卷须较多的情况下，往往因水肥供应不足，营养条件不良，引起大量落花落果。若加强肥水管理，适时摘除卷须，使花序获得充足的营养，能够提高坐果率。

（7）葡萄可以一年多次结果　葡萄的有些副芽也孕育有花序，能开花结果。夏芽萌发的副梢，在自然状态下一般不形成花芽，若对新梢进行摘心，可刺激夏芽形成花芽，摘心后很快形成花序。夏芽花序发育的大小与级次有关，低级次花序比高级次花序萌发快，孕育期短，故低级次花序小，高级次花序大而完整。副梢结果能力与品种有关。此外，采取主梢摘心并抹除全部副梢等夏季修剪措施，也能促进花原基形成，利用当年的冬芽萌发结果。因此，葡萄可一年多次结果，增产潜力很大。

（8）花序着生在新梢顶端　从外表来看，葡萄花序着生在新梢的叶腋处，但实际上它着生在新梢顶端。这是因为葡萄的新梢是单轴生长与合轴生长交替进行的缘故，最初生长点向上伸展为单轴生长，其后生长点转位而成卷须或花序，而侧生长点继续向前延伸，即合轴生长，这种单轴生长和合轴生长有规律地交替进行，因此，葡萄上的花序和卷须的分布有一定的规律性。

（二）主要架式及特点

1. 篱架

篱架的架面与地面垂直，形似篱壁。其特点是丰产、易于土壤及树体管理，但对生长势强的品种以及在高温多雨地区应用，应注意控制植株生长势。篱架又可分为单壁篱架、双壁篱架、T形架和V形架等。

（1）单壁篱架　单行栽植，在地面上每隔5～10米设立一根支柱，在支柱的垂直面上平行拉3～4道铁丝。架高1.2～1.5米，第一道铁丝距地面50～60厘米，其余各道铁丝间隔40～50厘米，架的方向以南北行较好（图7-23）。这种架式极为普遍，集约经营的大葡萄园大多采用这种架式。

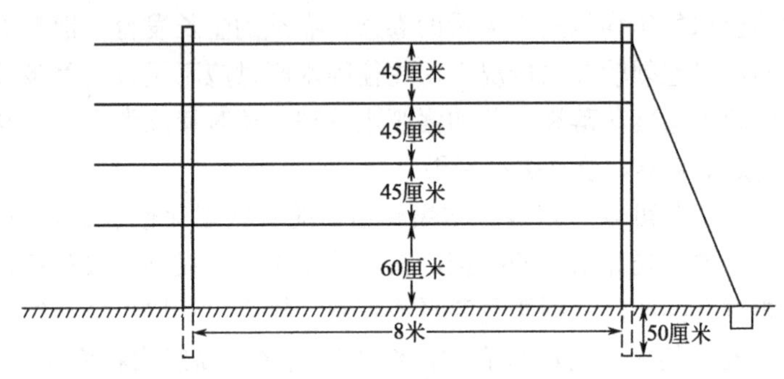

图7-23　单壁篱架

该架式具有单株面积小，适于密植，定植后枝蔓布满架面和成形快，能早期提高单位面积产量，通风透光良好，果实品质优良，便于管理和机械化耕作等优点。但由于平面结果，如控制不当结果部位易上移，架面下部易出现三角空隙，接近地面的果穗被泥土污染和病菌侵染发生病害的机会大。

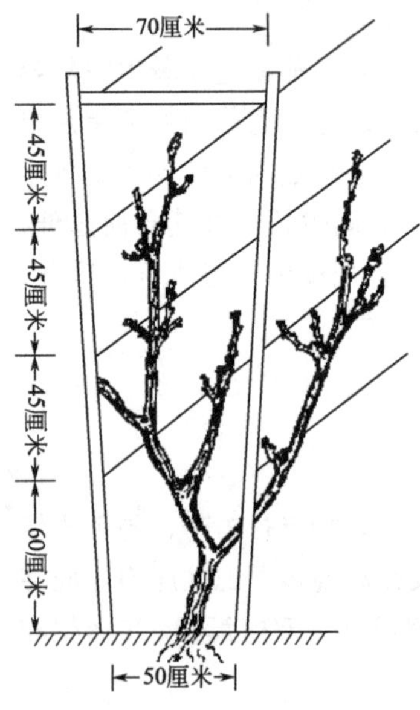

图7-24　双壁篱架

（2）双壁篱架　架的结构基本上与单壁篱架相似，在同一行内设立两排单篱架，葡萄栽在中间，把枝蔓分别绑缚在两侧篱架上（图7-24）。架高和单壁篱架相同，架宽（双柱之间）一般为50～70厘米，呈上宽下窄的架式。架上的铁丝以及每道铁丝的间隔距离与单壁篱架相似。

双壁篱架具有单位面积上有效架面大，能充分利用空间立体结果，单位面积产量比单壁篱架高，亦能获得早期丰产等优点。但架材费用较大，投资比单壁篱架增多一倍左右；枝蔓多，容易郁闭；通风透光比单壁篱架差；操作管理不便，不适于机械化工作，故不适于大面积栽培。

（3）T形架　又叫宽顶篱架，即在单篱架的顶端加一横梁，呈"T"字形（图7-25）。横梁宽约40～100厘米，在横梁的两端各拉一道铁丝，在直立的支柱上设1～2道铁丝。植株主干或主蔓直立向上，引至顶部铁丝处，结果母枝引缚在两侧铁丝上，新梢在架的两侧自然下垂生长。整形方式往往采用双臂水平，龙干形的高、宽、垂栽培方式。此种架式适合生长势强的品种和不埋土防寒的地区。

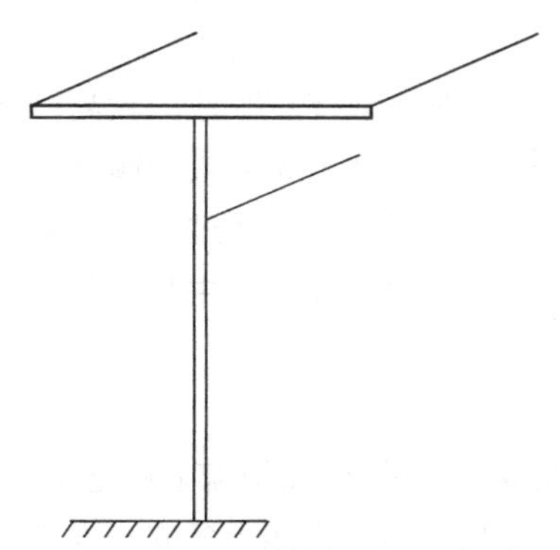

图7-25　T形架

该架式具有架面大、葡萄产量高、充分利用光能和有利于葡萄浆果的机械化采收等优点。目前生产上较为流行。

（4）V形架　在单篱架的支柱上，自地面60～80厘米处开始，每隔50～60厘米加一横梁，横梁由下往上依次加长，分别为50～60厘米、70～80厘米、90～100厘米（图7-26）。在横梁的两端各拉一道铁丝。植株的主蔓及新梢绑缚

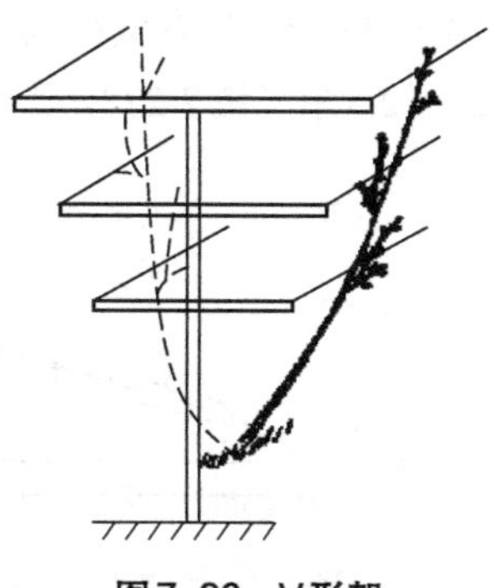

图7-26　V形架

在两侧的架面上，其形成的叶幕呈V字形，因此，称之为V形架。

这种架式的特点是架面倾斜度较大，从而改善了架面的通风透光条件。植株生长势易于控制，相同品种果实成熟可提早2～3天，果实品质及生产潜力均优于双壁篱架，是一种丰产优质的架式，值得大力推广。

2. 棚架

棚架在我国应用历史悠久，分布范围广，现在各葡萄产区基本都有。这种架式的肥水管理可集中在较小的范围之内，管理方便，而葡萄枝蔓可利用的空间更大，因此，棚架更适合于山地和丘陵地区以及西北和东北等冬季埋土防寒较多的地区。在高温多雨的南方，采用距地面较高的棚架，可有效地缓和新梢生长势以及有利于减少病害的发生。

棚架的主要缺点是地上部枝蔓距地面较高，管理不方便，如夏季修剪、喷药等，特别是矮棚架或低矮的倾斜部分，机械化操作更为困难。在夏季修剪不合理，负载量过大时，架面容易郁闭，造成新梢成熟度不够，果实品质下降。在生长上常用的有大棚架、小棚架和棚篱架。

（1）大棚架

① 倾斜式大棚架。在距植株根部1米处立一根高45厘米的支柱，以后每隔1.5～2米在同一直线上各立一根支柱，共立4～5根，高度渐增，最后一根支柱高2～2.5米，使架面呈倾斜状。一般架长10～15米，架宽依植株大小和地形而定，架后部高约1米，前部高2～2.5米（图7-27）。

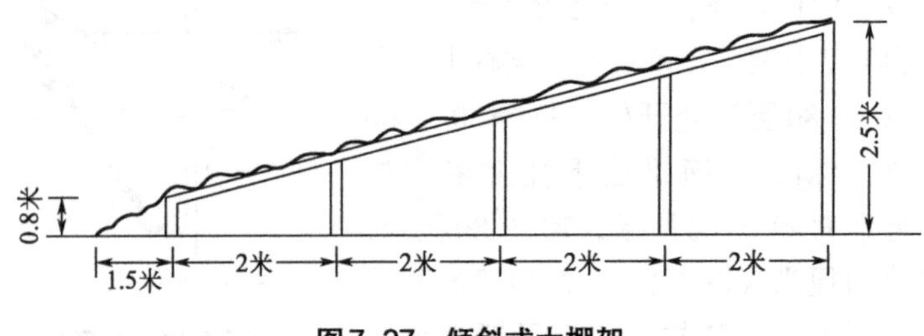

图7-27 倾斜式大棚架

此种架式能充分利用山坡地，适合于生长势极旺的品种，但不适于密植，成形较慢，进入盛果期较迟；主蔓达到顶端后，往往因修剪不当，造成结果部位前移而后部空虚，且不利于机械化工作，操作管理不便。

② 水平式大棚架。架面高2.2～2.6米，柱间距4米，用等高支柱搭成水平架面，每隔50厘米设置一道铁丝并拉成方格状，在架的两端栽植葡萄。这种架式适用于庭院美化、公园水渠及大路两侧。其特点是美化环境并能充分利用空间。

（2）小棚架　架长或行距在6米以下的称为小棚架。小棚架架长一般为4～5米，架端高1.8～2.2米（图7-28）。

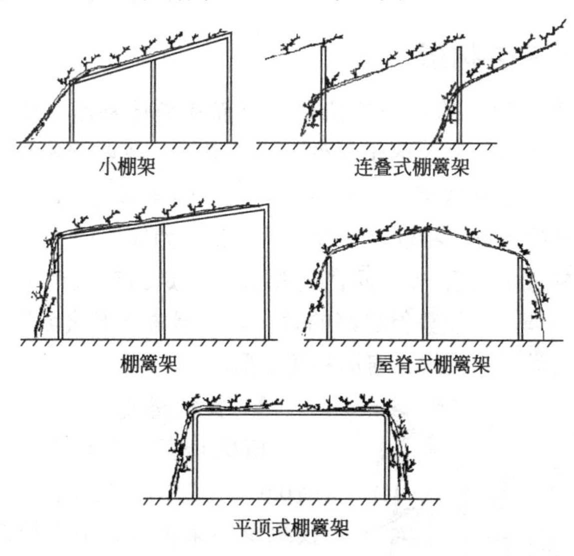

图7-28　各种小棚架

与大棚架相比，由于架长的缩短，单位面积栽植密度大，有利于早期丰产。植株体积小，易保持树势的平衡及产量的稳定，利于枝蔓的更新。枝蔓短，有利于枝蔓的更新和上、下架。因此，小棚架在我国北部地区，如东北、河北、新疆等地都有广泛的应用。

（3）棚篱架　棚篱架是小棚架的一种变形。每隔4～5米设一支柱，呈正方形排列，支柱长2.5～2.7米，高出地面2.2～2.4米，支柱的其余部分埋入地下。棚架两边用铁丝或木棍横绑固定，棚架上部每隔50～60厘米，纵横用10～20号铁丝或细木棍组成方格状。棚篱架的结构基本与小棚架相同，在同一架上兼有棚架和篱架两种架面,故称之为棚篱架。架长一般为4～6米，架基部高1.5米左右，架端高2～2.2米。

棚篱架能充分利用空间，实现立体结果，在架下进行操作也方便。许多地区将小棚架的架基部提高，在主蔓基部培养出枝组而改为棚篱架。另外，根据不同需要，可由小棚架及棚篱架衍变成多种架式，如屋脊式小棚架、水平式小棚架等。这两种架式在温室及塑料大棚栽培条件下应用较多。

（三）主要树形

葡萄整形的目的在于使植株充分而有效地利用光能，实现高产、稳产、优质，同时便于耕作、病虫防治、采收等操作，以减少劳动力投入，提高效率。葡萄生产可采用的树形很多，选用何种树形应以品种的生物学特性、环境条件、架式为依据。

葡萄的架式和整形之间密切相关，一定的架式适合于一定树形，二者协调，才能获得良好的效果。根据树体形状可将葡萄的树形分为三大类，即头状、扇形和龙干形。

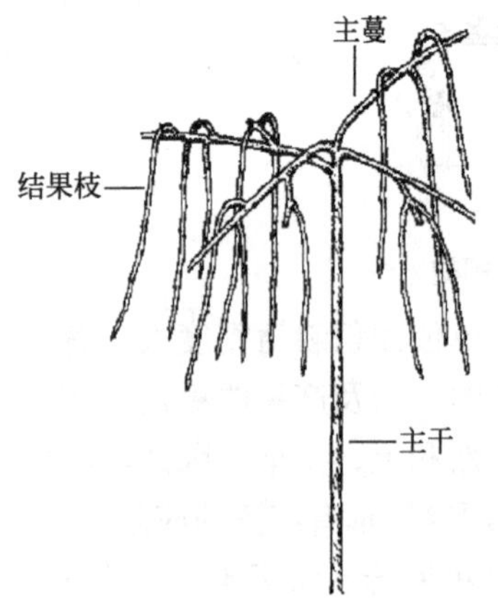

图7-29　葡萄头状整枝

1. 头状整枝

植株具有一个直立的主干，干高0.6～1.2米，在主干的顶端着生枝组及结果母枝。由于枝组着生部位比较集中而呈头状，故称为头状整枝。这种树形可用短梢修剪，也可用长梢修剪，或长、短梢修剪相结合（图7-29）。

头状整枝的过程如下：第一年，苗木定植当年形成强壮的新梢后，冬季在规定的干高以上多留4～5个芽进行短截。第二年，对主干上发出的新梢保留顶部的5～8根，其余的抹除。冬剪时在稍靠下方的新梢中选留2根最健壮的作为预备枝，再根据树势强弱在上方选留1～2根新梢作为结果母枝，各剪留8～12芽。第三年，在下方的2根预备枝上各形成2根健壮的新梢，冬剪时即按长梢修剪法进行修剪，上位新梢作为长梢结果母枝，下位的仍留2～3芽短截作为预备枝。形成两个固定的枝组后，树形即完成。

2. 扇形整枝

扇形整枝的类型很多，一般植株具有较长的主蔓，主蔓的数量为3～5个，主蔓上分生侧蔓或直接着生枝组和结果母枝，整体树形在架面上呈扇形分布。植株具有矮主干或没有主干，没有主干的称为无主干多主蔓扇形整枝。从地面直接培养主蔓，主要是为了便于下架埋土防寒（图7-30）。

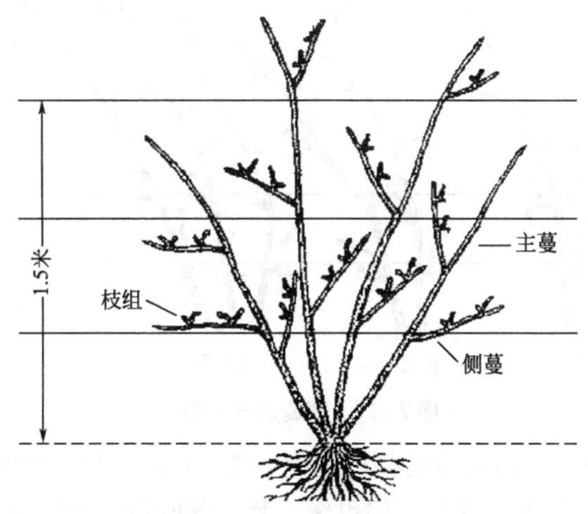

图7-30　葡萄扇形整枝

无主干多主蔓扇形整枝的过程是：第一年，定植当年最好从地面附近培养3～4根新梢作为主蔓。秋季落叶后，1～2根粗壮新梢可留50～80厘米短截，较细的1～2根可留2～3芽进行短截。第二年，去年长留的1～2根主蔓，当年可抽出几根新梢，秋季选留顶端粗壮的作为主蔓延长蔓，其余的留2～3芽短截，以培养枝组。去年短留的主蔓，当年可发出1～2根新梢，秋季选留1根粗壮的作为主蔓，根据其粗度进行不同程度的短截。第三年，按上述原则继续培养主蔓与枝组。主蔓高度达到第三道铁丝并具备3～4个枝组时，树形基本完成。

3. 龙干形整枝

根据龙干数目的不同，可分为独龙干、双龙干、三龙干等不同形式（图7-31）。其基本结构大致相同。龙干长4～10米或更长，视架面大小而定。在龙干上均匀分布许多结果枝组，每个结果枝组经多年短梢修剪，形成龙爪，龙爪上的所有枝条在冬剪时均采用短梢修剪，只有在龙干先端的一年生枝剪留较长，约6～8个芽或更长。

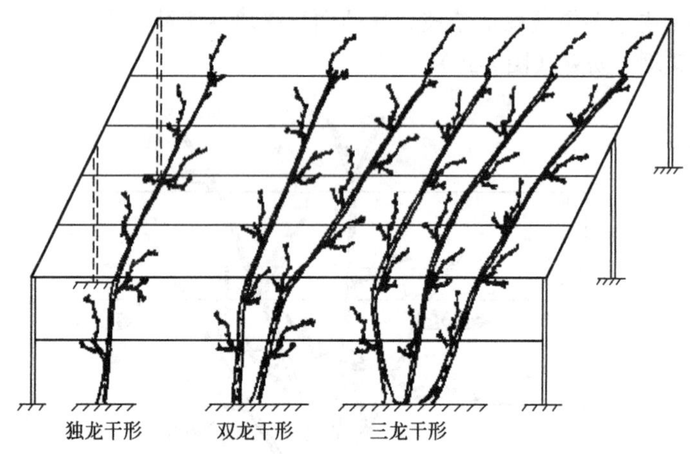

图7-31　葡萄龙干形整枝

小棚架无干两条龙的整枝过程：第一年，从靠近地面处选留两个新梢作为主蔓，并设支架引缚。秋季落叶后，对粗度在0.8厘米以上的成熟新梢留1米左右进行短截。第二年，每一主蔓先端选留一个新梢继续延长，秋季落叶后，主蔓延长梢一般可留1～2米进行剪截。延长梢剪留长度可根据树势及其健壮充实的程度加以伸缩，树势强旺、新梢充实粗壮的可以适当长留，反之宜适当短留。但需注意第二年不能留果过多，以免延迟树形的完成。延长枝以外的新梢可留2～3芽进行短截，培养成为枝组。主蔓上一般每隔20～25厘米留一个永久性枝组。第三年仍按上述原则培养。一般在定植后3～5年即可完成整形过程。

（四）修剪技术

1. 冬季修剪

（1）修剪时期　自葡萄落叶后到第二年春季萌芽之前的整个休眠期内，都可以进行修剪。我国北方一般在10月下旬至11月上旬基本完成，这样有利于植株的埋土防寒。但在秋季完成修剪，如果冬季遇到意外的低温，葡萄枝芽遭受到较严重的冻害时，就很难保证芽眼数量，从而导致减产。因此，在冬季修剪时，可根据不同地区的条件注意以下几点。

① 理想的冬季修剪时期是在葡萄自然落叶后2～3周，这时，一年生枝蔓的贮藏养分已向多年生部分转移，在不需埋土防寒的地区，一般有较充足的时间完成修剪工作。在北方冬季埋土防寒地区，由于早霜危害，在未到自然落叶时叶片即被冻死而干枯，加上冬季低温来得较早，冬季修剪必须在冻土之前完成。

② 在冬季较寒冷地区，枝芽受冻害的现象经常发生，如果在埋土防寒之前完成全部的修剪工作，往往由于冻害造成芽眼负载量不足，从而导致减产。因此，在这些地区可采用春季复剪，即在埋土之前，将所有不成熟的新梢剪除以便于埋土，在春季出土后，根据枝芽受冻情况，确定芽眼负载量，在萌芽之前，完成修剪，这样可保证植株适宜的负载量。

（2）修剪技术

① 芽眼负载量的确定。芽眼负载量即平均单株或单位面积所留芽眼的数量。通过冬季修剪，调节植株的芽眼负载量及各部分生长势，平衡生长与结果的关系。若芽眼负载量过大，则易造成架面郁闭，通风透光不良，新梢生长衰弱，果实品质下降，新梢成熟不良，不利于越冬，影响今后的树势和产量。若新梢负载量不足，则不能充分利用光照和空间，易造成新梢徒长，落花落果严重，果实

成熟不良，导致低产劣质。

合理的芽眼负载量，要根据品种、树势及栽培条件而定。首先合理地计划产量，根据以往的萌芽率、结果枝率及平均单穗重和结果系数，利用以下公式计算，即可得出芽眼负载量：

$$\text{芽眼负载量(芽眼数/亩)}=\frac{\text{计划产量}}{\text{萌芽率}\times\text{结果枝率}\times\text{结果系数}\times\text{穗重}}$$

注：结果系数是指平均每个果枝上的果穗数。

芽眼负载量确定之后，根据平均结果母枝剪留长度，确定结果母枝留量及替换短枝数，在埋土防寒地区，可适当增大芽眼负载量，以利于补充冻害或出土时芽眼受伤害所造成的损失。

② 修剪方法。在生产中，常用的修剪方法有长梢修剪、中梢修剪、短梢修剪和疏枝。长梢修剪所留长度为8节以上，中梢修剪为5～7节，短梢修剪为1～4节。修剪方法的运用应根据品种的结果习性、植株生长势、新梢生长和成熟情况、枝蔓的疏密程度、剪留一年生枝的作用和整形方法而定。如生长势强的品种多采用中、长梢修剪或长、短梢替换枝组修剪；龙干整形及双臂水平龙干形等一般采用短梢修剪，多主蔓扇形则采用中、短梢修剪结合长梢修剪。用于扩大树冠的延长枝，一般采用长梢修剪；结果母枝采用中、长梢修剪，用于培养枝组的替换短枝，则一般采用短梢修剪。

③ 更新修剪。为了保持树势的平衡和健壮，防止过早衰老，延长结果年限，不论哪种整形方式，均须考虑更新修剪。由于新梢不断向前生长，结果部位逐年外移，如不及时更新，很容易造成枝蔓基部秃裸，产量下降，因此，每年冬剪都必须注意结果母枝的更新，其方法有单枝更新和双枝更新。

单枝更新。在冬季修剪时不留预备枝，次年春季萌芽后，将结果母枝水平引缚或向下弯曲，促进基部芽眼萌发和新梢生长，使其成为预备枝，中上部新梢为结果枝。冬季修剪时，根据预备枝粗度，采用中长梢修剪，若较细弱，留1～3芽短截，预备枝以上部位的一年生枝全部疏除。以后每年如此反复进行（图7-32）。这种结果母枝更新的特点是植株新梢负载量小，通风透光良好，管理方

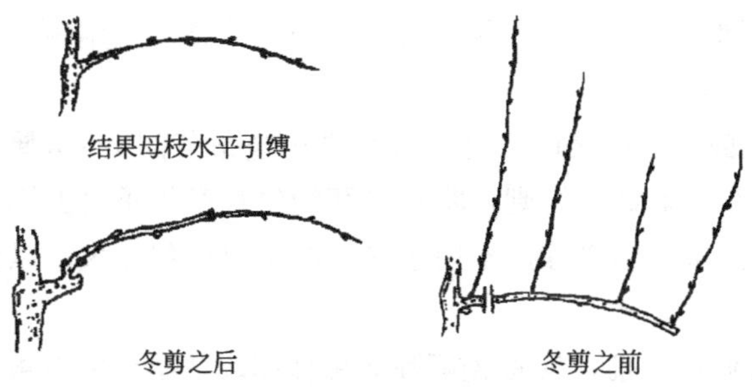

图7-32　单枝更新

便。但如管理不当，修剪较轻或结果母枝不采用水平引缚，则基部萌芽率低，不易形成理想的预备枝，反而使结果部位外移现象更严重。一般单枝更新适用于萌芽率高的品种。

双枝更新。结果枝组的培养是将主蔓上的一年生枝留2～3芽短截，第二年萌芽后，选留两个健壮的新梢，冬季修剪时上部新梢采用长梢修剪，一般留5节以上作为结果母枝，下部的一年生枝采用短梢修剪，作为预备枝，即成为结果枝组（图7-33）。

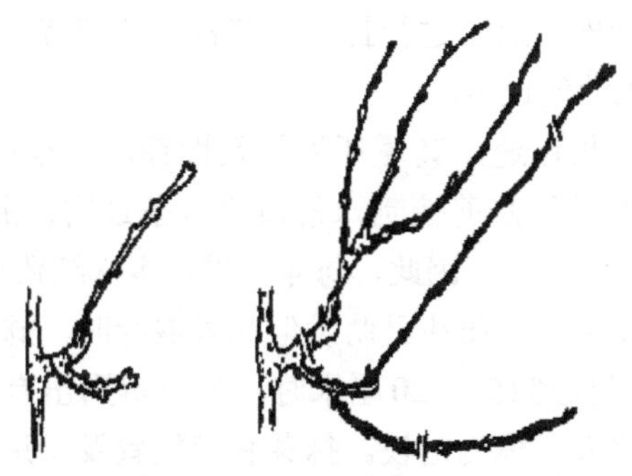

图7-33　双枝更新

（3）冬季修剪应注意的事项

① 选留生长健壮和成熟度高的一年生枝作为结果母枝和预备枝。成熟度高的枝条一般较粗，皮的颜色较深，枝的截面较圆，髓部较小，将枝条弯曲有纤维断裂的声音，并且芽眼饱满充实。

② 剪留长度应根据剪留枝条的作用、枝条粗度和修剪方式而定。一般延长头、结果母枝和较粗壮的枝条长留，剪口下粗度在

0.8～1.0厘米以上。作为预备枝和细弱的枝条，采用短梢修剪一般剪留1～3芽。

③ 剪截一年生枝时，剪口最少高出枝条节部3～4厘米，最好在上节的节部剪截。否则，将对顶芽的生长产生不良的影响。剪除老蔓时，应从基部去除，不留短桩，但伤口切勿过大，以免影响新梢的生长。

④ 在修剪之前，应首先剪除病虫枝和成熟不良的枝条，以免因疏忽将其留下，影响植株的整形和芽眼负载量，给今后的产量带来影响。

⑤ 成熟良好的副梢，粗度达0.7厘米以上时可剪留2～3节，生长弱的副梢全部疏除。

2. 生长季修剪

早春葡萄树液流动时，伤口出现流液，这种现象称为伤流，少量的伤流量对植株无显著影响，但要尽可能避免有机物质和矿物盐从伤口流失，否则伤流过多，会削弱枝梢的生长势。新梢生长季节，加强架面管理，及时进行抹芽、疏枝、新梢摘心，以节省树体营养物质，防止消耗过多。

葡萄新梢生长迅速，其夏芽为早熟性芽，一年内可抽生2～4次副梢，如果不进行修剪控制，常造成枝条过密，通风透光不良，坐果率低，浆果品质差。因此，每年需进行多次细致的夏季修剪。

（1）抹芽和定枝　在芽已萌发但尚未展叶时，抹去萌动的芽称为抹芽。在新梢长到15～20厘米时，已能辨别出有无花序，对新梢进行选择性的去留称为定枝。抹芽和定枝宜及早进行，以使贮藏于树体内的营养物质与根部吸收的水分和养分更多地供给留下的枝芽和花序的生长发育。合理的留枝量可以改善架面的通风透光条件，有利于光合作用的进行和新梢枝芽的充实发育。为了避免结果部位外移，使结果部位靠近主蔓，抹芽和定枝时要尽可能用靠近母枝基部的芽和枝。

留枝多少应灵活掌握，应根据新梢在架面上的密度来确定。如对篱架、枝条平行引缚时，单壁篱架上的枝距一般为6～10厘米，双壁篱架上的枝距为10～15厘米。

（2）新梢引缚　应按照冬剪的意图，将枝蔓均匀、合理地绑缚于架面上。如龙干形整枝和扇形整枝，主蔓之间距离保持在50厘米左右，结果母枝水平或倾斜引缚，延长头一般直立或向前引缚，以促使其迅速生长，扩大结果部位，避免结果母枝和主蔓的交叉、重叠和过于密挤。

枝蔓的引缚可用塑料绳、麻绳、稻草等材料，棚架上较粗大的枝蔓还可用铁丝钓吊于棚架的下面。绑蔓时注意给枝蔓留有一定的空隙，以利于枝蔓的增粗，同时又要在架面上牢固附着，以免因风使枝蔓移动，磨破树皮。因此，枝蔓的引缚，通长采用“8”字形，俗称猪蹄扣。

（3）新梢摘心　新梢摘心的目的是控制新梢旺长，使养分集中在留下的花序和枝条上，提高坐果率，促进花芽分化。对结果枝摘心应在开花前3～5天至初花期进行，一般在花序以上留4～6片叶摘心较为合适。对发育枝，可与结果枝摘心同时进行或较结果枝摘心稍迟，一般留8～12片叶。摘心的原则是强枝长留，弱枝短留。

（4）副梢处理　葡萄新梢叶腋内的夏芽在形成的当年可萌发形成副梢。为了减少营养的无效消耗，防止架面枝叶过密，保证通风透光良好及浆果品质，应在生长季对副梢及时进行适当处理（图7-34）。

① 果穗以下副梢从基部抹除，果穗以上副梢留1片叶反复摘心，最顶端1个副梢留2～4片叶反复摘心。

② 结果枝只保留最顶端1个副梢，每次留2～3片叶反复摘心，其余副梢从基部抹除。

③ 结果枝顶端1个副梢留3～4片叶反复摘心，其余副梢留1片叶反复摘心。

④ 主梢摘心后，顶端两个副梢各留3～5片叶反复摘心，其他副梢全部采用“单叶绝后”的处理方法，即每一副梢留1片叶摘心，同时将该叶腋中的腋芽完全去除，使其不能萌发二次副梢（图7-35）。

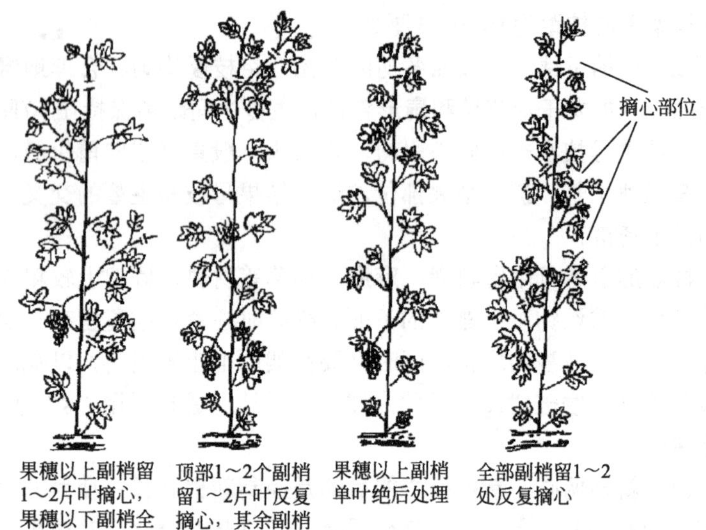

图7-34　葡萄副梢处理

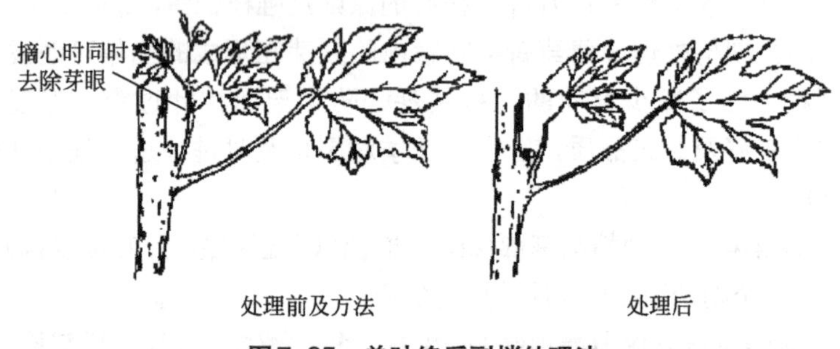

图7-35　单叶绝后副梢处理法

（5）除卷须　卷须不仅浪费营养和水分，而且还能与叶片、果穗、新梢、铁丝等缠在一起，给花果管理和下架等作业带来麻烦，应在木质化之前及早剪除。

（6）剪梢和摘叶　剪梢是将新梢顶端部分剪去30厘米以上，其目的在于改善植株的通风透光条件，促使新梢和果穗能更好地成熟。摘叶可使果穗接受更多的光照，是提高葡萄果实品质的技术措施。剪梢和摘叶一般在7～9月份进行，应注意剪、摘除的量不宜过大，否则会削弱树势，延迟果实成熟，以架下有筛眼状光斑为标准。摘叶在果实成熟前10天进行，将新梢基部1～5片老叶摘除，使75%的果穗暴露在阳光下。

（7）花序整形　花序整形，可提高坐果率，改善果实的外观品质，使果穗大小整齐，形状美观，利于包装。具体方法有两种：一是去除副穗和花序基部的1～3个分枝，掐除穗尖（约掐除花序长的1/4），疏除部分小分枝，坐果后每穗定果50粒左右；二是去除副穗（图7-36）。

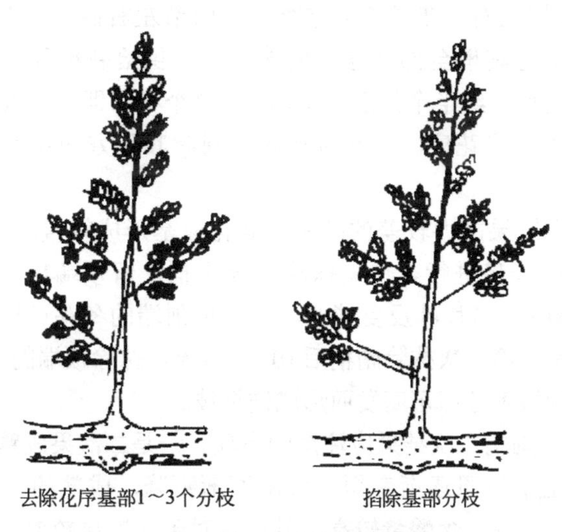

图7-36　花序整形方法

（8）利用副梢二次结果　可以在基本上不增加新梢负载量的情况下，增加果穗数量，提高产量。在南方等生长期较长的地区，采用二次结果技术，可以弥补因气候条件不良（如花期多雨）造成的一次果不足，同时还能充分利用气象资源，达到高产优质的目的。在自然灾害较严重的地区，利用二次结果，可在一定程度上弥补一次果的损失。对于葡萄保护地栽培，利用副梢二次结果技术更是提高效益的关键。但在实际应用中，还应考虑到植株的生长势和总体的负载量、肥水条件及无霜期长短等因素。

① 利用夏芽副梢二次结果。摘心不宜过晚，以免降低夏芽分化花序的能力。摘心的同时，抹除全部副梢，只保留顶端未萌动的1～2个夏芽。摘心后，顶端夏芽3～5天即可萌发。对于有果穗的副梢可在花序上方留2～3片叶摘心，促进二次果的发育，并疏除其他无果的副梢；或在确认副梢无果后，即对其摘心，诱发二次副梢结果。

② 利用冬芽副梢二次结果。新梢上的冬芽一般当年不萌发，通过一定的刺激可促进冬芽花原基的形成，使其当年萌发形成结果枝。花前1周左右，在新梢上方留6～10节左右摘心。主梢摘心的同时，将所有副梢全部抹除，使养分集中供给新梢顶端，促进顶端冬芽的发育。约半个月后，顶端1～2个冬芽即可萌发。若顶端冬芽副梢未形成花序，应及时剪除，刺激其下方的冬芽萌发和形成花序。

对二次结果能力较差的品种，其花原基形成较慢，时间较长，副梢处理可分步进行。首先抹除部分副梢，留顶端1～2个副梢。顶端副梢留3～5片叶反复摘心，可避免顶端的冬芽过早萌发而不能形成花序。第一次抹除副梢后10～15天，抹除顶端的两个副梢，10天后，顶端冬芽即可萌发而形成结果枝。

③ 利用副梢二次结果应注意的事项。一是二次果成熟较晚，在我国北方由于日照逐渐变短，气温逐渐下降，成熟的二次果果皮较厚，上色较深，含酸量较高，品质相对于一次果较差。因此，露地栽培的葡萄应以一次果为主产量。二是是否利用副梢二次结果应根据当地气候、品种、生长势、肥水等条件而定。在生长期较短的地方，不宜进行二次结果。因为，二次结果要求较长的生长期，较好的肥水条件，生长势较强的早、中熟品种，否则，二次果品质低劣，无食用价值。三是二次果的形成，增加了果实负载量，由于营养竞争，往往会使一次果延迟成熟，影响上色和品质。因此，负载量必须适当掌握，处理好生长与结果的矛盾，确保树势健壮、高产、优质。

五、桃树的整形修剪

（一）生长结果习性

1. 芽及其类型

（1）叶芽　着生在枝条的顶端和叶腋间，着生在顶端的叶芽呈圆锥形；着生在枝条叶腋间的单叶芽呈近三角形；在一个节位上两侧为花芽、中间为叶芽的，叶芽芽体较小。桃树的叶芽萌发率高，而且萌发后多形成长枝。由于桃树的萌芽率高，因此，不萌发的潜伏芽数量少。

在大的叶芽两侧和枝条基部的两侧各有一个副芽，其形状很小，具有潜伏芽的形态和性质，当中间的主芽受到机械损伤而脱落或枝条被剪除后，副芽会萌发形成两个并生枝。

在剪、锯口附近，修剪的强刺激作用会诱发出不定芽，这种芽通常生长较旺，成为徒长枝。

（2）花芽　桃树的花芽着生在枝条的叶腋间，呈近椭圆形，为纯花芽。除撒花红蟠桃等少数品种的1个花芽能开两朵花外，其他绝大多数品种的1个花芽只开1朵花，结1个果。

在一个节位上，芽的着生类型很多（图7-37）。在一个节位上

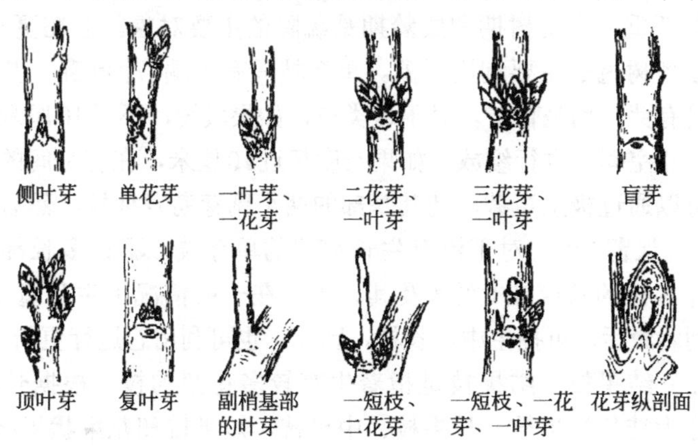

图7-37　桃树芽的类型（高仪等，1994）

只着生1个芽的称为单芽，是花芽的叫做单花芽，是叶芽的叫做单叶芽。在一个节位上着生2个及其以上芽者，这些芽统称为复芽。最常见的复芽类型是中间1个叶芽、两侧各有1个花芽，或中间1个叶芽、一侧着生1个花芽。凡是含有花芽的复芽又叫做复花芽。在同一品种内，复花芽比单花芽结的果大，含糖量高，品质好。复花芽多，花芽饱满，起始节位低，而且排列紧凑是丰产的性状之一。北方品种群以单芽为主，而南方品种群的枝条上着生的多是复芽。

在桃树的枝条上，只有叶柄的痕迹而无芽的节位称为盲节或盲芽。由于桃树的花芽是纯花芽，萌发后只开花结果不抽枝长叶，其盲节处无芽原基，不抽枝，因此，短截枝条时，剪口芽必须留有叶芽。

2. 枝及其类型

根据性质可将桃树的枝分为营养枝和结果枝两类。

（1）营养枝　是指没有或只有少量花芽的枝。根据长势和长度又可将其分为发育枝、徒长枝、单芽枝和叶丛枝4种。发育枝的长度在80厘米以下，生长较旺，有较多副梢，它的主要作用是制造营养，形成树冠的骨架，扩大树冠，用于培养枝组。徒长枝的长度在80厘米以上，生长旺，虽然较粗，但组织不充实，副梢多，而且副梢大多发生在枝条的中上部，容易形成树上树，扰乱树形，遮光挡风现象严重，在幼树期和成龄期是疏除的主要对象。但在更新期，它是更新树冠的主要利用对象。单芽枝只有顶端1个叶芽，其侧生部位没有芽，均是盲节。对于这类枝，如果较短，不足10厘米，而且有生长空间可进行缓放；如果长度超过10厘米，在有空间的条件下，可以通过极重短截，使其基部的两个副芽萌发抽枝，然后再疏除1个，保留1个。对于没有生长空间的单芽枝，不论多长都应疏除。叶丛枝的长度在1厘米及其以下，在一般情况下生长量很小，但受到刺激后，可抽生中、长枝，因此，也可利用它进行更新。

（2）结果枝　结果枝是指着生有较多花芽的枝。根据长度不同可分为徒长性果枝、长果枝、中果枝、短果枝和花束状果枝5种（图7-38）。徒长性果枝的长度在60厘米以上，其生长旺，有少量副

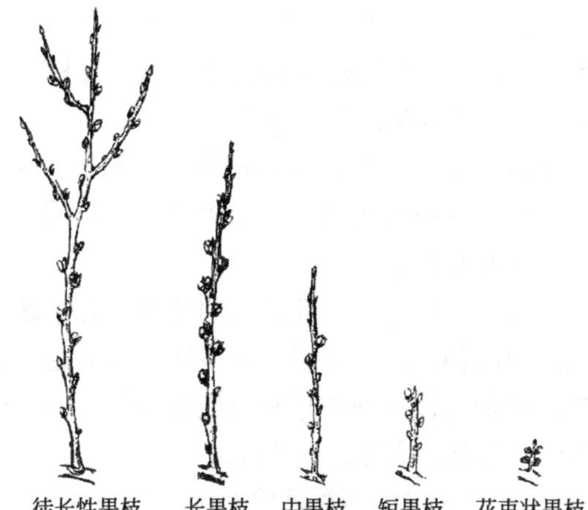

图7-38　桃树的结果枝（耿玉韬，1998）

梢，花芽质量差，坐果率低，所结的果实品质也差，因此，在初果期和盛果期多将其疏除。长果枝的长度在30～60厘米之间，无副梢，花芽质量高，在结果的同时能抽生长、中果枝，连续结果能力强。中果枝的长度在15～30厘米之间，发育充实，花芽饱满，结果的同时能抽生中、短果枝，第二年可连续结果。短果枝的长度在5～15厘米之间，发育良好的短果枝花芽饱满，坐果率高，是生产特大型果的主要结果枝。花束状果枝的长度在5厘米以下。短果枝和花束状果枝，除顶芽是叶芽外，侧芽均为花芽，结果后抽枝能力差，易枯死。

不同时期、不同品种群的桃树，主要结果类型不同。长果枝和中果枝是幼树期桃树和南方品种群桃树的主要结果枝类型。短果枝是北方品种群桃树的主要结果枝类型。如果植株上中、长枝少，短果枝、花束状果枝和叶丛枝多，这是植株衰弱的表现。

3. 生长结果习性

（1）干性弱，生长旺　在自然生长条件下，桃树的中心干生长弱，容易出现偏斜和消失，形成开心形树冠。桃幼树新梢生长旺，一方面表现为单枝年生长量往往长达90厘米，甚至1.5～2.0米，粗度可达2～3厘米；另一方面表现为在一个生长期内，可以发生2～3次副梢甚至更多，尤其是直立性品种和直立枝，因此，生长期需多次修剪，以改善内膛的光照条件。

（2）潜伏芽寿命短　多数潜伏芽的寿命只有2～3年，这是桃树自然更新能力差、内膛易光秃、寿命短的主要原因，在栽培生产上需要及时地进行人为更新。

（3）叶芽具有早熟性　桃树旺梢上的叶芽具有早熟性，形成的当年即可萌发形成副梢，这是桃树一年多次发枝的主要原因，利用这一特性，在幼树期可以加速成形和枝组的培养。但在成龄期，容易造成树冠郁闭，因此，应注意多疏枝。

（4）结果早，寿命短　桃树定植后，2～3年即可开始结果，5～6年进入盛果期，光照充足，管理水平高，盛果期可维持20～30年。但在多雨、地下水位较高的地区或瘠薄的山区，以及管理粗放的桃园，盛果期多维持5～10年。桃树的寿命短，一般到20～25年生时开始衰弱，在多雨、地下水位较高的地区或瘠薄的山区，12～15年树势开始衰老，但在条件适宜、管理较好的果园，桃树的寿命可维持到50年左右。

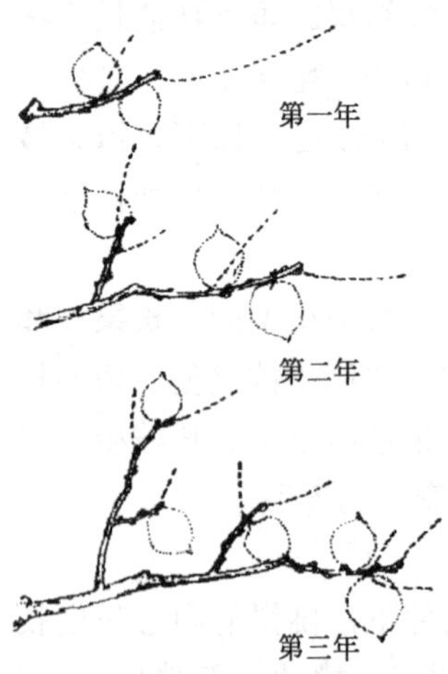

图7-39　结果部位逐年外移示意图（高仪等，1994）

（5）喜光性强，结果部位容易外移　桃树是喜光性树种，而且又具有萌芽率高、成枝力强、一年多次发枝的特性，易使冠内的枝条因受光不良而衰弱甚至枯死，成花难，坐果率低，这是桃树结果部位容易外移（图7-39）的第一个主要原因。结果枝结果后，基部的叶芽常萌发形成叶丛枝，中部的芽形成弱短枝，只有靠近枝条顶部的叶芽才能抽生长枝，形成花芽，下年结果，以后各年也是如此，这是桃树结果部位容易外移的第二个主要原因。桃树的潜伏芽处于枝条的基部，而且数量少、寿命短，多数第二年不萌发即会死亡，因此，多年生枝下部萌发新梢较难，造成树冠下部光秃无枝，这是桃树结果部位容易外移的第三个主要原因。

（6）不同年龄时期和不同品种群桃树的主要结果枝类型不同　幼树期桃树和盛果期南方品种群桃树，中、长果枝是其主要结果枝；而北方品种群桃树则以短果枝结果为主，其长果枝虽能结果，但坐果率低，果实发育不良，易形成“桃奴”（图7-40）。桃树进入衰老期后，短果枝比例大幅度提高，结果能力下降。对于南方品种群桃树，适度短截可以促使结果枝在结果的同时抽生一定数量的中、长果枝，用于下一年结果，而且在树体生长中庸的状态下，即使给予稍重的修剪对产量影响也不大；但对北方品种群桃树，如果修剪稍重，会刺激萌发大量长而旺的枝条，减少短果枝的数量、降低其比例，影响产量。

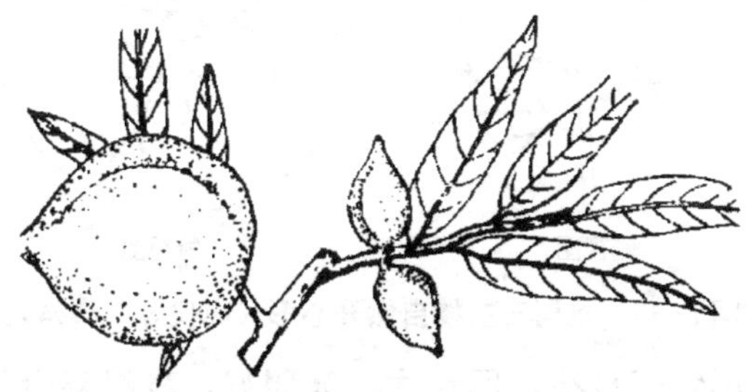

图7-40　“桃奴”与正常桃（高仪等，1994）

（7）不同部位的花芽质量有差异　花芽的分化质量与其发育的时间长短和同节位叶片的光合生产能力有关。质量高的花芽，芽体饱满，开花较早，花型大，所结的果实品质好。结果枝基部的花芽，虽然发育时间较长，但由于同节位的叶片小，与同枝条中上部的叶片相比，制造的光合产物量少，因此，花芽质量不如同枝条中上部的花芽。靠近枝条顶部的花芽和副梢果枝上的花芽，因发育时间短，质量也不高。因此，修剪时，应以利用结果枝中上部的花芽结果为主，此外，在其他结果枝够用的情况下，一般不利用副梢果枝结果。

（二）主要树形

1. 三主枝自然开心形

主干高30～50厘米，在主干上错落着生三个主枝，相距10～15厘米，最好互为120°，主枝开张角度60°左右。每个主枝上培养2～3个侧枝，第一侧枝距主干50厘米左右，第二侧枝位于第一侧枝对面、距第一侧枝40～50厘米，第三侧枝与第一侧枝同向，距第二侧枝50厘米左右，侧枝开张角度60°～80°，各主枝上的同层侧枝处于同一方向。在主、侧枝上培养方向不同、大小不一的结果枝组（图7-41）。

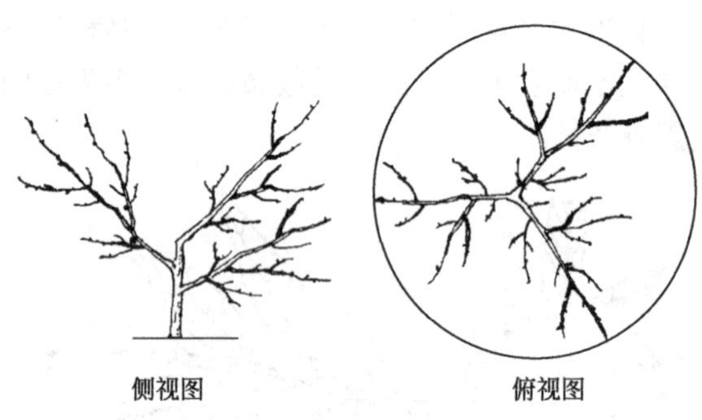

图7-41　桃树三主枝自然开心形（高仪等，1994）

这种树形骨干枝少，间距大，光照好，枝组寿命长，修剪量小，成形快，结果早，产量高，果实品质好。

2. Y字形

又称为两主枝自然开心形。主干高40～50厘米，在主干上着生两个方向相反伸向行间的主枝，主枝开张角度50°～60°。该树形适宜于宽行密植，株距可为0.8～3米，行距可为2～6米。株距小于2米时，不需配备侧枝，主枝上直接着生结果枝组；株距大于2米时，每个主枝上可配置2～3个侧枝，第一侧枝距主干50厘米左右，开张角度60°～80°，第二侧枝位于第一侧枝的对面并保持40～60厘米的间距（图7-42）。

Y字形整枝，树体结构简单，主枝分布合理，且主枝前后势力

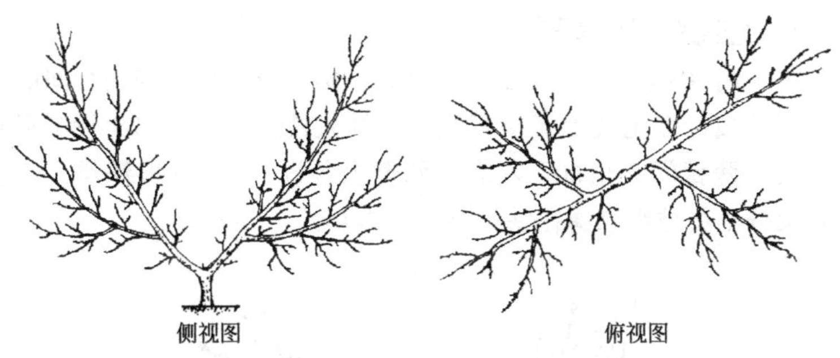

图7-42 桃树Y字形（高仪等，1994）

均衡，能充分利用空间和光照，果园通透性好，产量高，果实整齐度好。

3. 主干形

中心干直立、生长势强，无主、侧枝，在中心干上直接着生大型结果枝组（图7-43）。该树形适用于密植栽培，一般每公顷栽植1500～2000株，具体密度取决于品种与砧木组合的生长势、土壤肥力、气候条件及栽培的机械化程度。

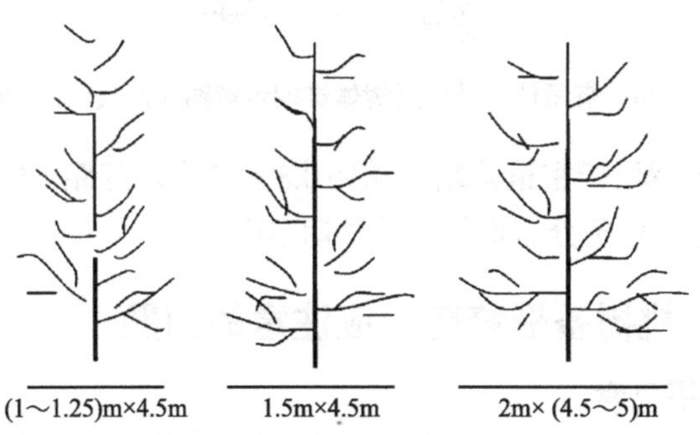

图7-43 主干形树体结构示意图（李绍华等，1997）

此树形多采用有架式栽培，将中心干和部分大型结果枝组绑缚在架上。由于冠内结果枝多呈水平状态，各部位光照良好，因此，果实品质好，但建园成本高。由于主干形栽植密度大，要求树冠矮小，因此，控制植株旺长是主干形栽培成功的关键。

4. 塔图拉双臂篱形

主干高30厘米左右，在主干上着生两个方向相反伸向行间的主枝，无侧枝，在主枝上直接着生各类结果枝组。沿行向架设V形双臂篱架，两臂间夹角60°左右，两臂上各设置4～5根铁丝，将主枝和部分结果枝组绑缚在铁丝上（图7-44）。

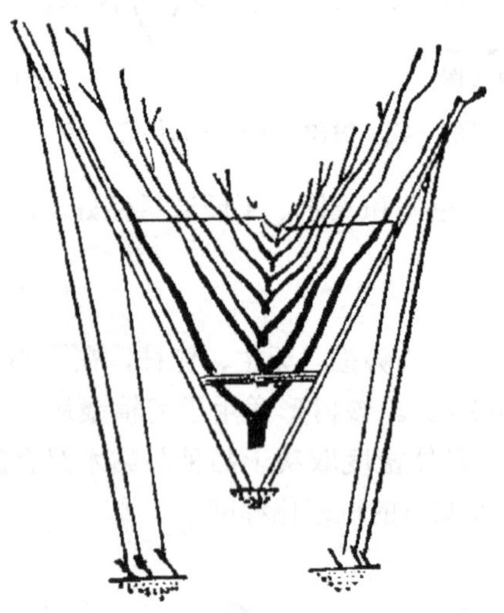

图7-44　塔图拉双臂篱形树体结构示意图（汪景彦，1989）

该树形适用于密植栽培，株距0.8～2米，行距4.5～6米。植株光照良好，枝条分布均匀，易早期丰产。

（三）桃树整形修剪中应注意的问题

1. 主干高度

主干的高度直接影响果园的空间利用、通风透光情况、产量和果实品质以及果园田间操作效率。桃树的主干高度与栽培密度呈正相关。随着栽培密度的增大，果园的通风透光性降低，湿度增大，新梢生长弱，花芽分化不良，坐果率低，为了解决上述问题，主干高度应随栽植密度的增大而增高。一般稀植园主干高度以20～30厘米为好，中等密度的果园主干高度应为40～50厘米，密植园的主干高度以60厘米左右为宜，高密度果园为60～80厘米，超高密度果园应提高到80～100厘米。主干高度也应依品种特性和环境条件而定。北方品种群桃树树性直立，主干宜较矮，可以削弱极性；南方品种群桃树树姿较开张，主干宜高。土壤贫瘠、风大的地区，主干宜矮。

2. 主枝着生方式

树姿开张的品种，主枝邻接时，各主枝间的生长势易于平衡，管理方便，但与主干结合不牢固，当栽植密度大，树冠小，主枝负担产量不高时，这一缺点不明显。但在栽植密度小，株行距大，主枝负担产量高时，或在风大的地区，主枝与主干的结合处易出现劈裂现象。主枝错落着生，往往第一主枝易弱，第三主枝易旺，主枝间的生长势不平衡。为克服上述缺点，可采用第二和第三主枝邻接，并与第一主枝邻近的方式。为避免遮光现象，不易选朝南生长的枝作为主枝。风大的地区，第三主枝以顺风向为好。

3. 主枝开张角度与生长势的平衡

主枝的开张角度与生长势、产量、寿命密切相关。主枝角度小、直立，易出现上强下弱、下部枝条早衰、内膛光秃、结果部位外移等现象，不利于立体结果，也不易培养出角度较为开张的侧枝；若主枝角度过大，主枝易衰弱，寿命短，而且后部易抽生徒长枝并难以控制，也不利于保持主、侧枝间的从属关系，造成树冠平面化。主枝的开张角度应依品种、树龄、树形等具体情况来确定，如开张型品种，幼树期主枝角度可稍小，以后随着枝叶量和结果量的增加逐渐地自然开张；而直立型品种则应稍大，这样才有利于结果。

整形期间各主枝的生长势应保持相对平衡，不平衡时应及时调整。对于生长势强的主枝可通过拉枝、背后枝换头开张角度、剪口下留弱芽、减少枝量等缓和长势；对于角度过大、生长势弱的主枝，应通过修剪抬高角度、轻剪长放、剪口下留饱满芽、增加枝量，使其由弱转强。

4. 副梢的利用

桃树的叶芽具有早熟性，尤其是幼树，生长旺，一年可发生多级次的副梢。整形中可利用骨干枝延长枝上的副梢调节骨干枝的方向和角度，加快整形。可通过摘心、剪梢等方法使抽生的副梢生长势较为缓和，在有空间的部位，可以采取这些措施加快结果枝组的培养。受光良好的副梢，当年可形成花芽，幼树期可利用其早结果，提高枝条的利用率。因此，正确、合理地利用副梢，可使桃树早结果、早丰产、早成形。

5. 防止内膛光秃和结果部位外移

骨干枝中下部的枝条衰弱死亡，导致内膛光秃、结果部位迅速外移，有效结果体积和生产能力下降是桃树生产中的一大难题。造成桃树内膛光秃、结果部位外移的原因中，除桃树喜光性强，潜伏芽数量少、寿命短，结果枝结果后中后部发枝力弱等自身的一些原因外，对骨干枝延长枝修剪过重、未采取及时的更新修剪以及对外围枝和直立旺枝处理不当等也是其主要原因。对骨干枝延长枝短截过重，容易刺激延长枝旺长，增强延长枝对矿质营养的夺取能力，致使中下部枝条矿质营养匮乏；对骨干枝延长枝短截过重，外围发枝量大，容易形成“扫帚”头，加之桃树萌芽率高、成枝力强，骨干枝中上部发枝量大，尤其是直立旺枝生长旺、抽生副梢多，遮光挡风现象严重，骨干枝中下部小枝受光不良，叶片光合能力大幅度下降，有机营养也不足，长期的营养不良则会导致骨干枝中下部小枝的衰弱和死亡。在生产上只注重结果，不注重更新，致使结果枝结果后发枝困难，不仅加快了结果部位的外移速度，也因减小了有效结果体积降低了产量。在修剪上可通过调整骨干枝角度、对骨干枝延长枝轻剪缓放并在树冠达到预定大小后使其结果等方法削弱先端生长、在结果枝结果的同时及时进行更新修剪，可以有效地控制内膛光秃和结果部位外移，保持较大的有效结果体积，实现稳产和优质。

6. 控制树冠大小

随着栽植密度的加大，缩小树冠是必然要求，在控制树冠方面，虽然一些科研单位和农业高等院校选育出了具有一定矮化效应的桃树矮化砧，但由于存在着嫁接后后期不亲和、采取常规方法砧木繁殖率低、组织培养生根困难等问题，至今仍未推出一个较为理想的矮化砧。因此，在栽植密度增大的情况下，控制以山桃或毛桃作砧木的乔化桃树的树冠就成了一个突出问题。实践证明，通过正确的修剪方法并配合花果管理技术，可以有效地控制桃树树冠。其方法是：在树冠即将达到预定大小时，对主、侧枝和大型结果枝组的延长枝轻剪缓放并使其结果，削弱先端的生长势，控制其向外延伸；树冠达到预定大小后，采用缩放结合的方法修剪骨干枝和大型结果枝组的延长枝，这样就可将树冠始终控制在预定的范围内。

7. 疏枝不宜留桩

疏枝主要用于过密枝、直立旺枝、并生枝、重叠枝、过弱枝、角度和方位不当的枝等，其目的是降低枝条的密度、控制枝梢旺长、改善树冠通风透光条件等。作者发现，一些修剪者在冬季修剪时，往往不注意剪口的卡位问题，疏枝时由于疏除不到位而留桩，而且这一现象还相当普遍。这种疏枝方法，看似当年降低了枝条密度，但其结果是枝条基部两侧的副芽因受到刺激，在第二年萌发抽枝，而且疏除一个抽生两个，尤其是直立旺枝基部的副芽，抽生的多是徒长枝，徒长枝在生长过程中又会发生较多的副梢，这种修剪方法，不仅未减少枝条的数量，反而又增大了枝条的密度，同时又刺激了局部的旺长，造成树冠通风透光条件的进一步恶化，增加第二年生长期的修剪量。因此，桃树疏枝时，尤其是疏除直立旺枝时，应将剪口贴近其母枝，连同副芽一并疏除，即不留桩。

（四）修剪时期

从桃树的生长特点和习性以及修剪的作用来看，与冬季修剪相比，生长期修剪更为重要，这是因为桃树萌芽率高、成枝力强、叶芽具有早熟性，每年抽枝次数多、发枝量大，枝叶生长迅速，往往因枝繁叶茂而造成树冠郁闭，光照不良，而且桃树的枝叶生长、开花结果、果实发育、花芽分化又都是在生长期进行的，存在的矛盾和问题较多。生长期修剪可以及时有效地调整树冠内的枝类比和树体的生长发育状况，改善植株和果园的通风透光条件，较好地调节生长与结果的平衡关系，促使枝梢健壮生长，促进果实的良好发育，提高花芽分化质量，因此，在修剪上应以生长期修剪为主，冬季修剪为辅。

桃树的花芽容易受冻，为了保证一定的产量，在冬季寒冷的地区和年份，冬季修剪宜轻不宜重，可在花期进行复剪；对于长势强的品种和生长过旺的植株，为控制长势，可推至萌芽时修剪。

（五）不同年龄时期的整形修剪

根据早结果、早丰产、早更新的现代桃树生产特点和要求，多在盛果期末对桃树进行全园更新，因此，生产园桃树的年龄时期只有营养生长期、初果期和盛果期。目前，一般又将营养生长期、初果期统称为幼树期。

1. 幼树期树的整形与修剪

幼树期是从定植开始，至树冠达到预定大小为止。此期营养生长占优势，树冠不断扩大。开始时，发育枝、徒长性果枝、长果枝和副梢比例大，花芽数量少、起始节位高，坐果率低。随着时间的推移，结果枝比例逐年增大，花芽的起始节位逐渐降低，数量不断增加，产量逐步上升，至此期结束时，产量基本达到盛果期水平。

此期的修剪任务是：快速扩大树冠，根据树形和树体结构要求完成整形工作，形成合理的树体结构，调整枝梢密度和枝类构成，不断提高优质结果枝比例，基本完成结果枝组的培养，缓和树势，促使早期丰产。

（1）定干　成品苗定植后，在距地面60～80厘米的饱满芽处定干。芽苗定植后在接芽上方0.5厘米处剪砧，新梢长到80～100厘米时，在距地面60～80厘米处剪梢定干。剪口下30厘米是整形带。

（2）主、侧枝的选留与修剪　整形带内的新梢长到30～50厘米时选长势相似、方向适宜的壮枝作主枝培养。按照树形要求，在各主枝的侧生部位于1～3年内选留各个侧枝。主、侧枝角度小的进行拉枝开角；对于长势旺的主、侧枝，也可在其延长枝长至50厘米左右时，利用背后芽摘心或留背后副梢剪梢开张角度，使骨干枝弯曲延伸，控制其生长势。

冬季，主枝延长枝剪留1/2～2/3，主枝间不平衡时，按强短弱长的原则剪留，即强枝留的短一些，弱枝留的长一些；侧枝应从属于主枝，剪留长度一般是主枝的2/3～3/4。为开张主枝角度，剪口芽留背后芽。

（3）辅养枝的修剪　幼树期尤其是栽植的第一年至第三年，树小枝少叶少，为了提高枝条的光能利用率，增加有效光合营养面积，辅养树体，增加结果部位，促使早结果、早丰产，在空间允许的情况下，对于整形带内发出的枝条应尽量多保留，并作为辅养枝对待，通过生长季摘心、拉枝和冬季轻剪等方法缓和长势，促使其成花结果。当辅养枝影响主、侧枝生长时，根据空间大小对其进行回缩或疏除。

（4）其他枝条的修剪

① 抹芽。定干后，及时抹除整形带内的所有萌芽。以后各年，于春季萌芽后及时抹除剪口下的竞争芽、双生芽中的1芽、枝条上的背上芽以及无空间生长的芽。在花芽较多时，一个节位一般只保留一个花芽。对于一个节位上的花芽，疏花芽的原则是：留大不留小、留下不留上。

② 疏梢。疏除方位不当的新梢和未控制住的直立旺梢，间疏过密的新梢和病虫梢。

③ 拧梢。对有空间生长的旺梢，待长至30厘米左右时，在半木质化的部位进行拧梢，以控制旺长、促使形成花芽，成为结果枝。

④ 摘心。对有发展空间的新梢，在其长至5～7节时进行摘心，促发分枝形成枝组。对有空间的斜生较旺的新梢，在其长至30厘米左右时摘心，控制旺长。7月中旬对未停长的新梢进行摘心，促使枝条充实，提高越冬能力。

⑤ 剪梢。对于内膛和有一定空间且分枝又较低的直立梢留基部

2～3个副梢剪梢。

⑥ 疏枝。主要是疏除直立旺枝和过密枝，枝条的适宜密度是同向枝条的枝距为20厘米左右。

⑦ 短截和缓放。对留下的枝条，第一年修剪的原则是有花缓、无花短，即对有花芽的枝条缓放，对无花芽的枝条留20～25厘米短截。第二年以后，枝条基本上均能形成花芽而成为结果枝，修剪量应相对加大。长果枝一般剪留1/2～2/3，中果枝剪留2/3，缓放短果枝和花束状果枝。相邻枝条的短截应长短相间，以免齐头并进相互密挤。

（5）结果枝组的培养与配置　在幼树期培养结果枝组是提高产量和防止内膛光秃的有效措施。

① 枝组的配置。为保证树冠有良好的通风透光条件，枝组在骨干枝上的分布应遵循两头稀中间密的原则；前部以中、小型枝组为主，中后部以大、中型枝组为主；背上以小型枝组为主，背后和两侧以大、中型枝组为主。此外，中型枝组之间应保持30～40厘米的间距，大型枝组之间保持50～60厘米的间距，小型枝组见空安排。总体要求是通风透光，生长均衡，从属分明，高低参次，波浪有序，排列紧凑，不挤不秃。

② 枝组的培养。小型枝组可在生长季对新梢留20～30厘米摘心或在冬季对中、长果枝或健壮的发育枝留3～5节短截，再扣顶挖心，留2～3个斜生的结果枝培养而成。中、大型枝组可在冬季对发育枝、长果枝、徒长性果枝留20～30厘米短截，再去直留平留斜、去强留弱和中庸，并对留下的枝条再适当短截培养而成。对生长较旺的枝条，可先将其压弯，促使其在较低部位发枝，留斜生的结果枝采用回缩、短截和缓放相结合的方法培养而成（图7-45）。

③ 枝组内结果枝的更新修剪。结果枝的更新修剪是防止骨干枝下部光秃和结果部位外移的有效措施之一。对桃树结果枝的更新有三种方法。

单枝更新。对健壮的结果枝按负载量留一定长度短截，使其在

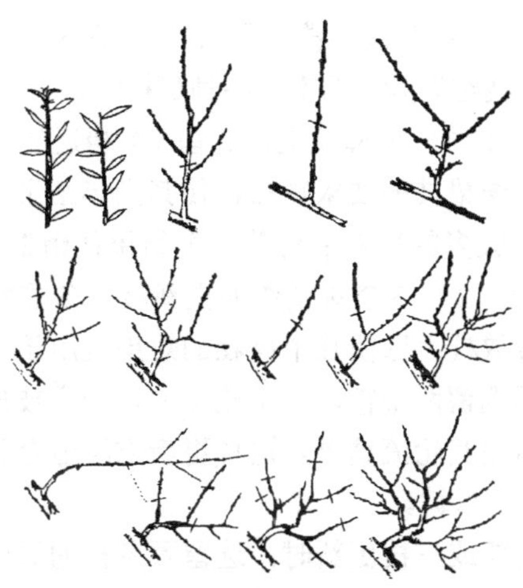

图7-45　桃树结果枝组的形成过程

结果的同时抽生新枝作为预备枝，冬季修剪时，选留靠近母枝基部发育充实的枝条作为结果枝，其余枝条连同母枝部分一并剪除，选留的结果枝仍按上述方法短截（图7-46）。这种更新方法适合于壮旺树。

双枝更新。在同一个母枝上，选留两个相近的结果枝，对其中的一个结果枝按结果枝的要求短截，使其当年结果；对另一个结果枝留2～3节短截作为预备枝，使其抽生2～3个新枝作为更新枝。冬季修剪时，疏除结过果的枝，对发出的更新枝再选留两个枝仍按上年的修剪方法修剪（图7-47）。以后每年如此修剪。预备枝的留量应依长势和树冠的不同部位而有差别，树冠上部和强壮枝组可少留，结果枝和预备枝可按2∶1配置；树冠中部和中庸健壮的枝组

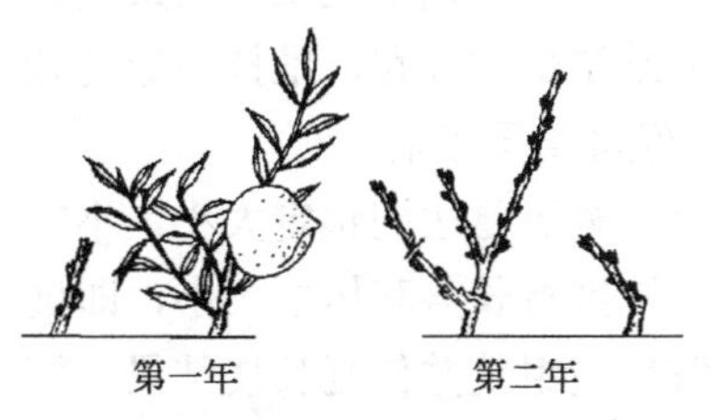

图7-46　单枝更新修剪

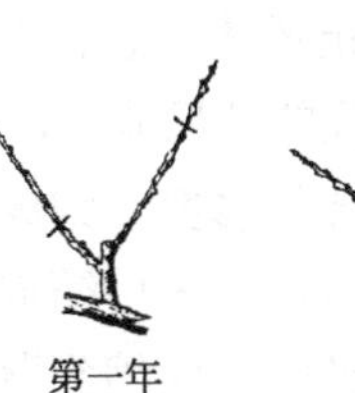

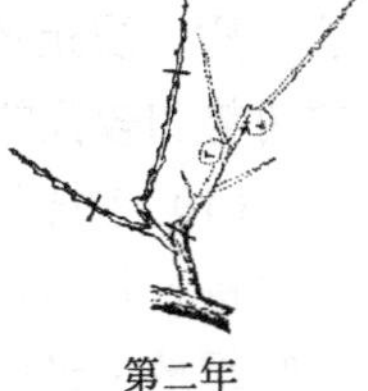

图7-47　双枝更新修剪

可按1 ∶ 1配置；内膛和衰弱枝组则以1 ∶ 2配置。这种更新方法适合于以中、长果枝结果为主的南方品种群桃树。

三枝更新。在同一个母枝上，选留3个相近的结果枝，对其中的一个结果枝按结果枝的要求短截，使其当年结果；对另一个结果枝缓放促其萌生较多的短枝；对第三个结果枝留2～3节短截作为预备枝，使其抽生2～3个新枝作为更新枝。冬季修剪时，疏除结过果的枝，在缓放枝上选留几个健壮的短果枝用于下一年结果，对发出的更新枝再选留两个枝，一个枝缓放，一个枝短截，仍按上年的修剪方法修剪使其轮流结果。这种更新方法适合于以短果枝结果为主的北方品种群桃树。

采用双枝更新或三枝更新时，选留预备枝的原则一般是“留下不留上、留里不留外、留壮不留弱”。

2. 盛果期树的修剪

盛果期是指从大量结果开始经过一定时期的高产期到产量开始下降为止。在该期内，主枝逐渐开张，生长势缓和，树冠达到最大限度，各类枝组配备齐全，整形工作已经完成。徒长枝和副梢明显减少，结果枝大量增加，短果枝比例上升，产量和果实品质逐渐提高并达到最高水平，维持一定时期以后，产量和果实品质逐年下降。生长与结果的矛盾突出，内膛小枝和树冠中、下部结果枝组逐渐衰老死亡。由于这一时期是桃树一生中产量最高、果实品质最好的时期，因此，这一时期又称为桃树的“黄金时期”。

修剪的主要任务是：调节各主枝之间生长势的均衡，保持良好的从属关系，调整枝梢密度，控制好树体大小，保持良好的树体结构和群体结构；注重结果枝组的更新与培养，调节生长与结果之间的矛盾，防止树体早衰、内膛光秃和结果部位外移，维持中庸健壮的树势和较强的结果能力，尽量延长经济结果年限。

（1）主枝的修剪　到成龄期以后，树冠已达到预定大小，不需要再进行扩冠，应采用缩放结合的方法维持长势和树冠大小，即健壮时缓放；过旺时回缩到背后枝或背后枝组处并使延长枝结果，控制长势和向外扩展；衰弱时回缩到后部壮枝处或角度较小的壮枝组处，并对延长枝留30～50厘米短截，维持一定的长势。修剪的同时，还应保持各主枝间的平衡，对生长势强的主枝多留果枝多留果，加大梢角，少留壮枝；对生长势弱的主枝，少留果枝少留果，多留壮枝，延长枝剪口留壮芽。

（2）侧枝的修剪　修剪侧枝时除考虑与主枝的从属关系外，还需注意同一主枝上不同侧枝间以及侧枝本身前后的平衡。对有空间发展的可以通过短截延长枝，使侧枝继续扩展，并通过调整角度和延长枝生长势维持中壮。对前旺后弱的应疏除前部旺枝，用中庸枝带头。对前后都弱的，选壮枝带头。对无空间发展的衰弱侧枝可改造成枝组。

（3）结果枝的修剪　长果枝留5～8节花芽短截，中果枝留3～4节花芽短截，缓放健壮的短果枝和花束状果枝，疏除过密和过弱的结果枝。徒长性果枝坐果率低，在其他结果枝够用的情况下应疏除；如需保留，应留9节以上的花芽。

（4）结果枝组的更新修剪　对枝组应坚持培养、结果、更新相结合，力争在结果的同时抽生良好的新枝，使其年年有结果、有预备，维持枝组在较长的时期内有良好的结果能力，以保持高产、稳产、优质。当结果枝组发枝率低，抽生的枝条细弱或花束状结果枝、叶丛枝较多时，说明结果枝组已衰弱，需要及时更新，促使中、下部发出健壮新枝。小枝组多用回缩的方法，使其紧靠骨干枝，过弱的应自基部疏除。大、中型结果枝组出现过高或上强下弱的现象时，应轻度回缩，降低高度，使其下部萌发壮枝，并以结果枝当头，限制扩展。远离骨干枝的细长枝组应及时回缩，促使后部发出壮枝。高度适宜又不弱的结果枝组，可以疏除旺枝，不回缩。

大、中、小型结果枝组之间是可以相互转化的。生长健壮而又有空间的结果枝组，可通过培养扩大其范围，小型结果枝组可发展为中型结果枝组，中型结果枝组可发展为大型结果枝组；生长衰弱而又无空间的大型结果枝组可压缩为中型结果枝组，中型结果枝组可压缩为小型结果枝组。对有空间的以及预疏除的衰弱结果枝组附近的新枝，应及时培养成为结果枝组，以免出现光秃现象。

（5）树冠外围枝条的修剪　及时疏除外围过密枝、先端旺枝。对于树冠超出预定大小的植株，通过疏枝和回缩及时清理行内的株间交叉枝，剪除伸向行间的超出部分，以改善整个果园和植株的光照条件，复壮内膛结果枝组。

（6）树冠内部枝条的修剪　加强夏季修剪。萌芽后及时抹除过密芽、疏枝口处的萌芽，疏除过密枝尤其是背上旺枝，保持适宜的枝条密度。对内膛衰老枝组或枯死枝附近发出的新枝可通过摘心、剪梢或冬季短截培养成结果枝组，防止内膛光秃。

六、杏树的整形修剪

（一）生长结果习性

1. 芽及其类型

（1）叶芽　杏树的叶芽较为瘦小，着生在枝条顶端和叶腋间，除枝条顶端的叶芽外，着生在枝条叶腋间的单叶芽呈三角形，基部较宽。叶芽萌发后抽枝长叶。由于杏树的萌芽率较低，因此，潜伏芽的数量较多。

（2）花芽　杏树的花芽为纯花芽，着生在枝条的叶腋间，肥大饱满，呈近圆锥形，萌发后开花结果。杏的绝大多数品种，一个花芽只开一朵花，结一个果。

杏树的芽在枝条上的着生方式与桃树相似，在一个节位上的着生类型很多。在一个节位上只着生1个芽的称为单芽，是叶芽的叫做单叶芽，是花芽的叫做单花芽。着生在中、长果枝顶部和基部以及副梢顶部的单花芽，往往较瘦小，坐果率不高。在一个节位上着生2个及以上芽者统称为复芽。最常见的复芽类型是中间1个叶芽、两侧各有1个花芽，或中间1个叶芽、一侧1个花芽，也有三花芽、四花芽等类型。凡是含有花芽的复芽又叫做复花芽。单芽及复芽的数量、比例、着生部位与品种、营养状况、枝条类型以及光照条件有关。在一般情况下，长果枝的上部和短果枝的各节位的花芽为单花芽，中果枝上部和基部多是单芽，中部多复芽。在同一品种中，复花芽的数量与结果枝的长度呈正相关，即结果枝越长，复花芽越多。

在杏树受光不良的枝条上也会形成盲节，其盲节与桃树的盲节相同，此处无芽原基，不抽枝。

2. 枝及其类型

（1）营养枝　按照生长的年龄，可分为新梢、一年生枝、二年生枝和多年生枝。根据在一年中不同季节萌发生长的枝段，可将新梢分为春梢、夏梢和秋梢。根据长势不同可分为发育枝和徒长枝。发育枝由一年生枝的叶芽或多年生枝上的潜伏芽萌发形成，生长旺盛，其主要功能是形成树冠的骨架，也可用来培养结果枝组。生长过于旺盛的营养枝称为徒长枝，其多由背上芽和潜伏芽萌发形成，这种枝多直立生长，节间长，叶片大且薄，组织不充实，由于其易形成“树上树”，扰乱树形，遮光挡风现象严重，因此，在幼树期多予以疏除。

（2）结果枝　根据结果枝的长度不同可分为长果枝、中果枝、短果枝和花束状果枝（图7-48）。长果枝的长度在30厘米以上，生

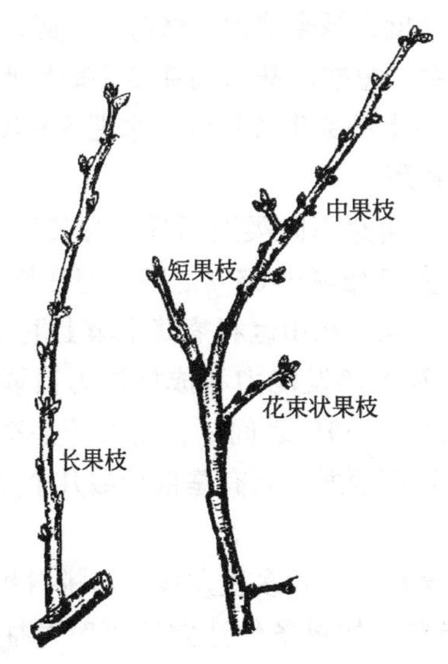

图7-48　杏树的结果枝（耿玉韬，1998）

长旺，其花芽主要着生在枝条的中上部，质量较差，坐果率低，因此，长果枝不宜作杏树的主要结果枝，可用于扩大树冠或通过短截培养成枝组。中果枝的长度在15～30厘米之间，长势中庸，发育充实，复花芽多，花芽饱满，坐果率高，是初果期树的主要结果枝，在结果的同时顶芽还能抽生新梢，形成新的中、短果枝，成为第二年的结果枝，连续结果。短果枝的长度在5～15厘米之间，花芽饱满，坐果率高，是盛果期树的主要结果枝。花束状果枝的长度在5厘米以下，花芽充实，坐果率较高，是盛果期树和衰老期树的主要结果枝。短果枝和花束状果枝，除顶芽是叶芽外，其余各节均为花芽，短果枝结果后抽枝能力差，花束状果枝结果后易枯死。

3. 生长结果习性

（1）芽具有异质性，多数鲜食杏品种的顶端优势明显　杏树与其他果树一样，枝条上的芽具有异质性，即同一枝条不同部位的芽，其饱满程度、萌发能力不同，这主要是因为芽的形成时间和形成时的营养状况不同所致。在自然生长中，枝条顶部的芽萌发能力最强，抽生的枝条最壮、最长，越往下，芽的萌发能力和成枝能力越弱，枝条的开张角度也越来越大。修剪后，剪口下一般抽生1～3个长枝和2～7个中、短枝，基部的芽多不萌发形成潜伏芽。直立枝条上的芽比水平枝上的芽生长势强。掌握这些特性，对于正确整形、修剪具有重要作用。

（2）成枝力弱，萌芽率因类型而异　与其他核果类果树相比，杏树的成枝力弱，多在15%～65%之间，但在修剪稍重的情况下，成枝力可达到80%以上。在山区和瘠薄土壤上生长的杏树，由于养分和水分的缺乏，芽的萌发能力和成枝能力很弱。鲜食杏品种的萌芽率低，多在30%～70%之间；仁用杏萌芽率高，长枝缓放或短截后，大部分芽均可萌发，只有基部少数几个芽不萌发而成为潜伏芽。

（3）芽具有早熟性，一年多次发枝　与桃树相同，枝条上的侧生腋芽在形成的当年，如果条件适宜即可萌发抽生副梢，甚至形成二次、三次乃至四次副梢，副梢上也可形成花芽，第二年开花结果。因此，可以根据这一特性，有选择地利用副梢培养骨干枝和结果枝组，加快整形和树冠的形成，提早进入结果期。

（4）潜伏芽寿命长，植株寿命也长　杏树潜伏芽的寿命很长，一般可达20～30年，甚至可达百年之久，当受到修剪等外界刺激时，可萌发抽枝。潜伏芽寿命长，有利于杏树的更新和复壮，因此，植株寿命也长，其寿命一般为40～60年，在土肥水条件良好的条件下，树龄可达200年以上。

（5）成花容易，结果早，结果年限长　杏树是容易成花的树种，嫁接苗栽植后2～3年开始结果，进入结果期后，结果枝明显增多而营养枝明显减少，到盛果期后，受光良好的枝条几乎均能成花而成为结果枝，而且花芽布满整个枝条的上下各节，即使是二次枝和细弱枝其上也能形成花芽。杏树的结果年限长于桃树和樱桃等核果类果树，经济寿命可达40～50年，在管理良好、条件适宜的情况下盛果期可延续得很长，如陕西省华县柳枝乡的接杏，寿命长达150年，单株产量高达500千克。

（6）以短果枝和花束状果枝结果为主　在四种类型的结果枝中，杏树的短果枝和花束状果枝结实能力较强，这是因为在不同类型的枝条中，短枝停止生长早，养分积累早，花芽饱满，败育花比例小，坐果率高。

（7）开花量大，但落果严重　虽然杏树是容易成花的树种之一，每年的开花量都很大，但由于多方面的原因，其坐果率很低。一是杏树开花较早，在我国广大杏产区，此期常有寒流或大风降温天气，形成晚霜，对杏树的花朵和幼果造成伤害，致使花、果脱落；二是大多数杏品种自花结实率很低或自花不实，在同一个杏园内只栽植单一的自花不实品种，往往因不能受精导致大量落花落果；三是杏树有雄蕊高于雌蕊、雄蕊和雌蕊等高、雄蕊低于雌蕊和雌蕊退化四种类型的花（图7-49）。前两种花可以正常结果，雄蕊低于雌蕊的花只有在辅助授粉的情况下才能结实，雌蕊退化的花没有结实能力。四种不同类型花的多少以及所占比例的大小，与品种、树龄、树势、结果枝类型、营养状况和管理水平等均有着密

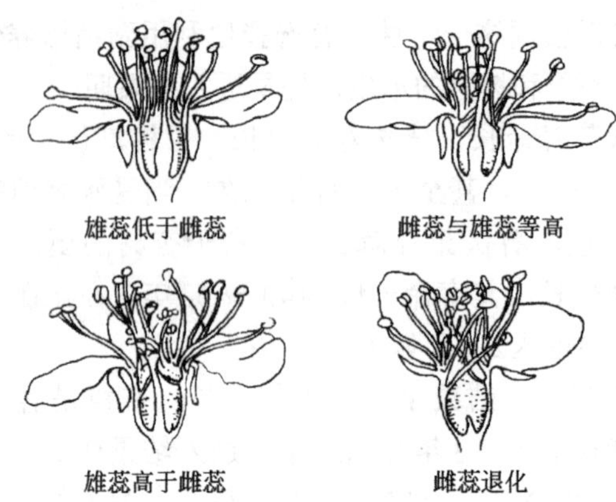

图7-49　杏树的花型

切关系。对于前两种花，仁用杏品种比鲜食品种比例大；在鲜食品种中，丰产品种比低产品种比例大。同一品种中，幼树、旺树、老树、弱树、粗放管理的树雌蕊退化花比例大；中、长果枝雌蕊退化花多于短果枝，尤其是生长过旺的徒长性果枝上的雌蕊退化花比例更大；秋梢上的雌蕊退化花多于夏梢，夏梢上的雌蕊退化花又多于春梢；树冠内膛和下部受光不良枝条上的雌蕊退化花多于外围枝（表7-1）；粗度/长度比值大的枝条，雌蕊退化花少，因此，培养短而粗壮的结果枝，有利于提高花芽质量，降低雌蕊退化花比例。

表7-1　影响仰韶黄杏雌蕊败育率的因素（魏振东等，1993）

项　目	果枝类型			树　势		树冠不同部位的果枝		
	长枝和超长枝	中果枝	短果枝	强旺树	中庸树	冠内	冠中上部	冠外围
雌蕊败育率/%	90.0	75.9	41.5	71.2	52.8	56.9	43.8	38.0

树体内营养水平是花芽分化的物质基础。实践证明，合理整形修剪，改善树体的通风透光条件，控制植株旺长，保持适宜的结果量，加强土肥水管理，尤其是采果后施肥灌水，严防病虫害，保证叶片完整和有较高水平的光合效能，提高树体的营养水平，可以明显地降低雌蕊退化花比例。

（8）喜光性强 杏树属喜光树种，在树冠郁闭、光照不良的情况下，中上部枝条徒长，枝条容易枯死，雌蕊退化花增多，果实含糖量低，果面着色不好，品质下降。因此，改善杏树通风透光条件，增加树体的受光量，是保证树冠内外枝条健壮生长，减少雌蕊退化花比例，提高杏树产量和果实品质的重要措施。

（二）主要树形

1. 自然开心形

干高50～60厘米，无中心干，在主干上错落着生3个主枝，层内距20～30厘米，三主枝在水平方向上的夹角互为120°，主枝基角50°～60°。第一主枝上着生2～3个侧枝。在主、侧枝上培养错落着生的大、中、小型结果枝组（图7-50）。

该树形适用于干性弱的品种，尤其是在土壤瘠薄、肥水条件较差的山区发展仁用杏较为适宜。其树体较小，成形快，适于密植。结果早，通风透光，果实品质好。但主枝易下垂，不便于树下管理，寿命也短。

2. 自然圆头形

干高50～60厘米，无明显的中心干，5～7个主枝错落着生，不分层，分布均匀，每个主枝上选留2～3个侧枝，相邻两个侧枝分别位于主枝的两侧，相邻两个侧枝的间距40～60厘米，在主、侧枝上配备各类结果枝组（图7-51）。

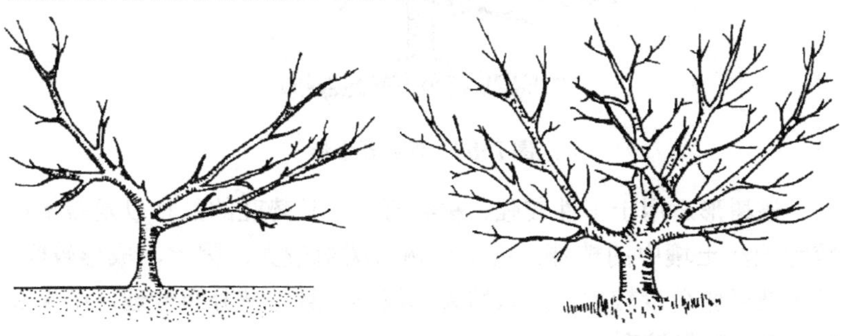

图7-50 杏树自然开心形
（樊巍，2003）

图7-51 杏树自然圆头形
（樊巍，2003）

该树形适用于直立性较强的品种。自然圆头形是在自然生长条件下，稍加调整而成的，修剪量小，成形快，结果早，丰产性强，适宜密植和旱地栽培。但由于主枝不分层，后期容易郁闭，内膛枝条容易枯死而出现光腿现象，致使结果部位外移，树冠外围也易下垂，在修剪上应加以注意。

3. 延迟开心形

干高50～60厘米，有较为明显的中心干。全树6～9个主枝，主枝在中心干上分三层着生，第一层3～4个主枝；第二层2～3个主枝，与第一层主枝插空安排；第三层1～2个主枝。第二层与第一层的层间距100厘米左右，第三层与第二层的间距60～70厘米，各层的层内距20～30厘米。在第三层主枝的最上一个主枝处，疏除其以上的中心干部分，形成开心。在各主枝上每隔50～60厘米选留一个侧枝，在主、侧枝上培养各类结果枝组（图7-52）。

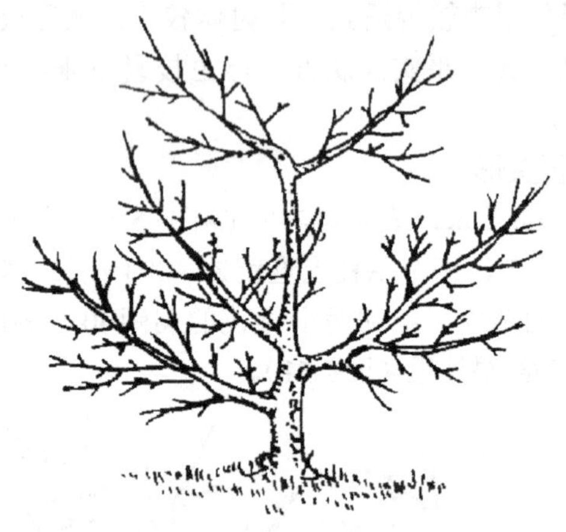

图7-52　延迟开心形

该树形适用于干性较强、树姿直立、长势旺的品种以及栽培在较为肥沃土壤中的植株。由于该树形树冠较大，因此，成形较晚。但主枝开张角度较大，进入结果期较早，且主枝分布合理，结果部位较多，产量较高。

4. 丛状形

对一穴栽植一株杏树的，在距地面10～30厘米处定干，使其在近地面处发枝，选4～5个向四周伸展的健壮枝作为主枝，疏除中心枝；对一穴栽植多株杏树的，将每株树作为一个主枝对待，栽植后在距地面60～70厘米处定干。冬剪时，疏除直立徒长枝和过密枝，对主枝延长枝留30～50厘米短截，剪口芽留背后芽，开张角度并使其向外延伸。每一主枝上着生2～3个侧枝，全树共有12～15个侧枝。第一侧枝距地面60～70厘米，第二侧枝距第一侧枝40～50厘米，第三侧枝距第二侧枝30～40厘米。在主、侧枝上配备各类结果枝组（图7-53）。

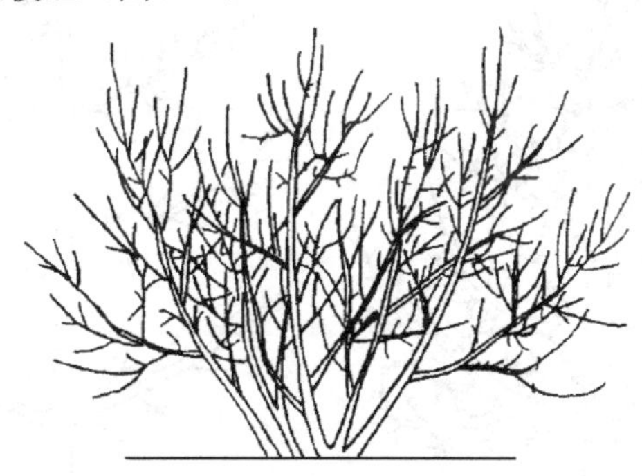

图7-53　丛状形（樊巍，2003）

该树形树体矮小，管理方便，容易更新复壮，通风透光，结果早，果实品质好，适宜于丘陵山区。

5. 疏散分层形

干高60厘米左右，有明显的中心干，全树有6～8个主枝分层着生在中心干上，第一层3～4个主枝，第二层2～3个主枝，第三层1～2个主枝。第二层与第一层之间的层间距80～100厘米，第三层与第二层之间的距离60～80厘米，各层的层内距20～30厘米。在第一层各主枝上配备2～3个侧枝，在第二层各主枝上配备1～2个侧枝，第三层主枝上不配备侧枝，在同一个主枝上，相邻两个侧枝分别位于主枝的两侧，间距40～60厘米。在主、侧枝上培养各类结果枝组（图7-54）。

该树形适用于干性较强的品种和栽培在土层深厚、土壤肥沃处的植株。其树冠较高、层次明显，树冠高大，单株产量高，但成形和结果较晚，要求栽植的株行距较大。

6. 改良纺锤形

干高30～60厘米，有中心干，全树主枝6～8个，分3～4层排列，每层2个，主枝下大上小。层内距15～20厘米，层间距60～80厘米。主枝上不配备侧枝，在中心干和各主枝上直接着生各类结果枝组，树冠成形后，树高3～4米（图7-55）。

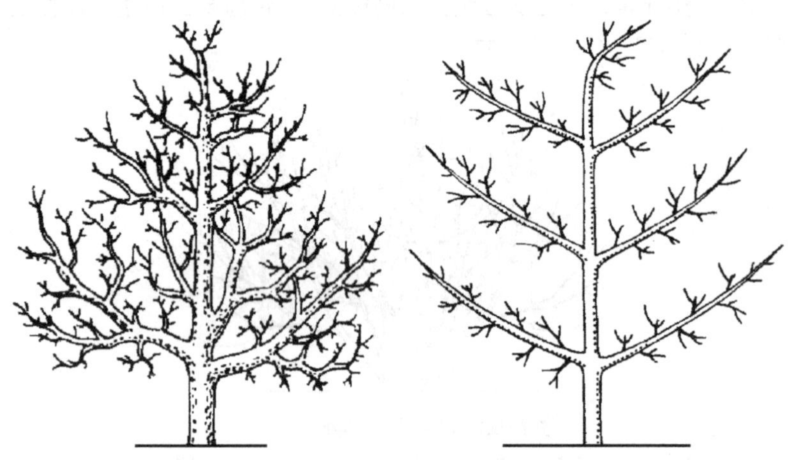

图7-54 疏散分层形（汪景彦，1989） **图7-55 改良纺锤形**（汪景彦，1989）

该树形适用于干性较强的品种。由于树冠小，无侧枝，骨干枝少，适宜于密植，易早期丰产，但需注意控制长势。

（三）不同年龄时期的整形修剪

1. 幼树期树的整形修剪

苗木定植并经过缓苗期后，植株进入迅速生长期，新梢生长量大，常抽生二次、三次副梢，树冠不断扩大。背上抽生的徒长枝易形成“树上树”，主枝延长枝剪口处易萌发竞争枝。定植后2～3年开始开花结果，结果枝数量不断增加，产量逐年上升，但营养生长仍然较旺。

此期的修剪任务是：选留和培养好主、侧枝，通过对骨干枝延长枝短截，快速扩大树冠，完成整形工作，并培养牢固的骨架。在修剪上，宜轻不宜重，除骨干枝外，缓和其他枝条的生长势，以促进早结果；通过夏季修剪控制直立旺枝、竞争枝的长势，避免形成“树上树”，在缺枝处开张角度，变直立为斜生，使其成为有效性枝；在不影响整形和通风透光的前提下，尽量多留枝，以增加结果部位和辅养树体，使产量稳步上升；注重运用综合修剪技术措施，培养结果枝组，促使早期丰产。

（1）定干　定植后，根据树形要求，在适宜的高度定干，剪口下30厘米是整形带。

（2）主、侧枝的选留与修剪　定干后，根据整形带内不同枝条的长势和树形要求，选留方向适宜的壮枝作为第一层主枝，角度小的可通过拉枝等措施开张角度。对有中心干的树形，选处于中心位置、直立向上生长的壮枝作为中心干进行培养；由于杏树具有顶端优势明显、萌芽率低、成枝力弱等特点，为增加有效枝量和有利于主枝侧枝的选留与培养，在以后的2～3年内，应通过短截中心干延长枝，促使发枝，在合适处选留第二层和第三层主枝，并通过短截主枝延长枝选留各主枝上的侧枝。在树冠未达到预定大小时，年年短截骨干枝延长枝，以扩大树冠，增加分枝量。骨干枝的剪留长度应根据品种特性、成枝力强弱、枝条长短和生长势来确定，一般来讲，应掌握“长枝长留，短枝短留；强枝轻剪，弱枝重剪”的原则，以剪去骨干枝延长枝当年生长量的1/3～2/5为宜，为开张角度，剪口芽留饱满的背后芽。为促进树冠的形成，可在6月份以前，在主、侧枝延长枝长至50厘米左右时留背后芽或副梢摘心，以开张骨干枝角度，加快对骨干枝的培养。

对主、侧枝的选留和修剪主要在于整形，这是幼树期的主要任务，但在整形中还必须考虑早期丰产，达到整形、结果两不误，即在培养良好树形和树体结构的同时，又要形成足够数量的有效枝条，促使达到早期丰产，因此，不能为形成某种树形过分强调骨干枝的位置，而疏除过多的枝条，推迟丰产期。

（3）辅养枝的修剪　在空间允许的条件下应尽量多留，但需通过开张角度、夏季摘心等措施缓和长势，促使形成花芽早结果。当辅养枝影响骨干枝生长时，应分期分批逐渐回缩或疏除。

（4）树冠内其他枝条的修剪　幼树期杏树生长旺，骨干枝上的直立徒长枝生长量大，若任其生长易形成“树上树”，且下部侧芽不易萌发而光秃，因此，应及时疏除无空间生长和无利用价值的徒长枝，以免扰乱树形；对于有空间的徒长枝，则应通过拉枝、捋枝等方法加大角度，缓和长势，抑制生长，促发分枝，填补空间，并将其培养成为结果枝组。及时抹除疏枝口处萌发的芽、生长方向不合适的芽和背上旺长的直立芽；疏除过密枝和影响内膛光照的交叉枝、重叠枝，以改善树体的光照条件。对位置合适的中庸枝和小枝尽量多保留，以便形成花芽，尽早结果，结果后再适度回缩，培养成中、小型结果枝组；对于有空间发展的一年生枝，通过短截促其分枝，然后根据空间大小、枝条长势以及需要进行缓放或回缩，培养成大、中型结果枝组。由于杏树的顶端优势强，且萌芽率低，为增加单位体积有效枝量，对有空间的中庸枝可进行适当的短截。试验结果表明，杏树一年生枝的萌芽量随剪截程度的加重而逐渐减少。萌芽率以剪去全枝15%为最高（69.6%），这表明适当轻剪，剪除先端的一部分瘪芽，使下部的营养相对集中，能够提高萌芽率，但随着剪截程度的加重，剪口下的饱满芽受到刺激后生长较旺，其下的瘪芽受到抑制（李体志，1989）。杏树又是以短果枝和花束状果枝结果为主的，因此，对于幼旺树，为促使形成较多的短果枝和花束状果枝，实现早成花、早结果、早丰产，在修剪上应以轻剪为主。

缓放短果枝和花束状果枝；中截部分细弱的中、长果枝，以提高坐果率，促进分枝，避免早衰；多年生结果枝，可在下部的分枝处回缩，以起到更新作用，延长结果年限；对于密挤处的结果枝按照“去弱留壮”的原则进行合理的留疏。

2. 盛果期树的修剪

进入盛果期后，树体大小和树形结构已经形成，随着树龄的增加，枝条生长量明显减少，生长势逐渐缓和，包括徒长枝在内的新梢当年几乎均能形成花芽，成为结果枝，树体大量结果，产量逐年上升，并逐步达到最高，生殖生长大于营养生长；到了中、后期，随着树冠下部枝条的逐渐枯死，抽生新枝的能力减弱，结果部位逐渐外移，产量开始下降，并会出现周期性结果现象或大小年结果现象。花量大、结果多、树势易衰弱、枝条出现向心更新是该期的主要特点。

此期的修剪任务是：在加强土肥水管理和病虫害防治的基础上，通过合理的修剪，加强对结果枝组的及时更新和培养，协调叶、花、果之间的关系，调节生长与结果的矛盾，维持树势中庸健壮，延长盛果期的年限，实现丰产稳产。

（1）骨干枝的修剪　应根据骨干枝的长势进行修剪。如果骨干枝的延长枝生长较旺或处于中庸健壮状态，可以缓放不剪，使其形成花芽开花结果，以缓和长势和稳定树冠大小。骨干枝连续延伸多年后，随着结果量的增加，抽枝能力逐渐减弱，应对骨干枝的延长枝进行短截，一般剪去延长枝枝长的1/3～1/2，以使其在抽生壮枝、保持一定长势的基础上，下部形成良好的结果枝。如果修剪过轻，延长枝抽生的枝条弱，容易早衰；如果修剪过重，上部抽生强枝较多，下部形成的良好结果枝少，会影响产量。对于衰弱的骨干枝，可在后部的背上或斜上强壮枝处回缩，使其恢复长势。在盛果后期，对衰弱的侧枝也可通过回缩，将其改造为大型结果枝组。

（2）结果枝的修剪　进入盛果期的杏树，结果枝往往偏多，为保持结果与生长的平衡关系，维持树体的健壮生长，结果枝的留量要适宜。否则，留量过多，肥水供应不足时就会出现隔年结果现象，特别是鲜食杏品种，果实肉厚、肥大，其生长发育消耗的营养多，结果枝的留量更不宜过多；仁用杏品种可在保证树势健壮的情况下，适当多留结果枝，对发育枝进行重截，使其不断抽生新梢，多形成结果枝，这样果实虽小，但核仁饱满，产仁量高。在结果枝过密时可疏除一部分极弱的短果枝和花束状果枝，对留下来的长果枝适当短截，以形成新的结果枝。解思敏等（1995）调查发现，对平定大红袍光秃较重的骨干枝回缩更新所形成的中、长果枝，其开花坐果同枝条上的芽位密切相关，生长较旺的长果枝和生长中庸的中果枝，以第3～6节复花芽坐果较好，冬剪时，对骨干枝更新复壮后产生的中、长果枝分别剪留4～5对和5～7对复芽，以利用优质花芽开花结果。中、短果枝和花束状果枝，在结果的同时只靠顶端的叶芽抽枝向外延伸，从而致使结果部位年年外移，而且这些结果枝的寿命也短，连续结果5～6年后，抽枝能力减弱，结果数量减少，也易衰弱枯死，造成光秃，因此，必须及时回缩更新。回缩部位最好选在基部有潜伏芽的粗壮处，以促生分枝，重新培养花束状果枝，否则，抽生的枝条细弱，起不到更新的目的；对于下部有健壮分枝的，最好回缩到分枝处。

仁用杏以短果枝结果为主，为取得丰产应掌握形成短果枝的修剪方法。一年生枝短截后，当年可萌发3～5个芽，形成2～3个生长枝，其余为细弱枝。第二年对该枝缓放后可形成一串短果枝，第三年结果，第四年可适当回缩短果枝组，促使中下部短果枝继续结果，对上部形成的发育枝可再缓放结果。如果连年短截，则不易结果。

（3）结果枝组的修剪　解思敏等（1994）研究报道，盛果期杏树以2～3年生的结果枝组生长发育最好、叶片光合速率最高、雌蕊败育率最低、坐果率最高、结的果实最大，是最佳的结果年龄。为维持健壮树势，实现杏树优质和高产，应注意培养和利用2～3年生结果枝组，及时复壮更新5年生以上的结果枝组。因此，为了保证连年丰产、稳产，应注重对结果枝组的修剪，更新老的结果枝组，培养新的结果枝组。对结果多年、生长势衰弱的枝组，应从基部回缩，促使基部发出健壮枝条，及时复壮。对角度过大、衰弱的结果枝组，可利用中下部强壮的背上或斜上旺枝换头，抬高枝组的角度，以增强生长势。对于冗长、衰弱的结果枝组，回缩到多年生分枝处或基部，促发新枝加以更新。

（4）其他枝的修剪　萌芽后及时抹除过密芽、疏枝口处的萌芽，间疏过密新梢尤其是背上无空间的旺梢，及时疏除树冠外围的先端旺枝、株间交叉枝和树冠内的细弱枝、枯死枝、病虫枝，间疏树冠内的过密枝和重叠枝、并生枝，以改善光照条件，复壮内膛枝，提高花芽分化质量。对内膛衰老枝组或枯死枝附近发出的新枝可通过摘心、剪梢或冬季短截的措施培养成结果枝组，防止内膛光秃。对树冠内的细弱枝，从基部4/5处重截，促发壮枝。从健壮的抬头枝处回缩下垂枝，以增强长势。对于骨干枝背上萌发的直立徒长枝，如任其自然生长，易形成树上树，扰乱树形，并与骨干枝形成竞争，可通过拉枝等措施改变其生长方向，即由直立变为斜生，缓和长势，在枝条生长到40～50cm时，进行夏季摘心，促生副梢；或在冬季修剪时短截，培养成结果枝组。对有空间的健壮发育枝，剪留20～30厘米，对偏弱的发育枝剪留15厘米，促生分枝，形成新的结果枝组。夏季修剪时，对一年生强旺新梢，可根据周围空间大小，在生长到30～50厘米时进行摘心，促其发出副梢，培养成结果枝组。

七、李树的整形修剪

（一）生长结果习性

1. 芽及其类型

（1）叶芽　李树各类枝条的顶芽均是叶芽，其形状为圆锥形，但与花芽相比，顶叶芽小而尖；在枝条的近顶端和基部叶腋间着生的为单叶芽，其形状为三角形；在枝条中部叶腋间着生的叶芽，多与花芽并生为复芽，其芽体小。

（2）花芽　李树的花芽为纯花芽，着生在枝条的叶腋间，肥大饱满，呈近圆锥形，萌发后只开花结果不抽枝长叶。1个花芽包含1～4朵花，其中欧洲李1～2朵花，中国李2～3朵花，美洲李3～4朵花。

李树上的花芽，鳞片被有蜡质，赤褐色，有光泽，饱满；而叶芽色泽较差，不太饱满，这些可作为区别花芽和叶芽的依据。

在李树枝条的一个节位上，芽的着生类型也有单芽和复芽之分。单芽多为叶芽，少数为花芽。两芽并生的多为1个花芽和1个叶芽，也有2个均是花芽的。3个芽并生的，多数中间是叶芽，两侧各是花芽，也有2个叶芽与1个花芽并生或3个花芽并生或3个叶芽并生的（图7-56）。在个别情况下也有4个芽并生的，甚至最多可达10个以上，而成为一个芽组。单花芽和复花芽的数量以及在枝条上的分布，与品种特性、枝条类型、营养状况以及光照状况有关，如中国李和欧洲李结果枝上芽的着生情况有所不同，中国李中、长结果枝上复花芽多，而欧洲李单花芽多。在同一品种中，复花芽比单花芽结的果大，含糖量高。花芽着生节位低，复花芽多，花芽充实饱满，排列紧凑是丰产性状之一。

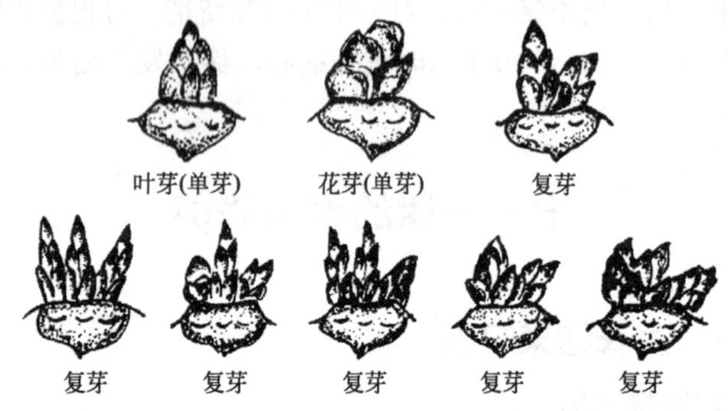

图7-56　李树芽着生状态示意图（耿玉韬，1998）

2. 枝及其类型

（1）营养枝　一般指当年生新梢，生长较壮，组织充实，其上着生叶片，营养树体。营养枝上的叶芽能抽生新梢，可用其扩大树冠、培养结果枝组，增加结果部位。幼树的发育枝经过选择、修剪，可培养成各级骨干枝，是构成良好树冠的基础，其中处于主、侧枝先端的为骨干枝的延长枝。

（2）结果枝　着生花芽并开花结果的枝条称为结果枝。根据结果枝的长短和花芽着生的状况，可将其分为徒长性果枝、长果枝、中果枝、短果枝和花束状果枝5种（图7-57）。徒长性果枝多发生在树冠内膛及上部延长枝上，长度在1米左右，这种果枝的上部多为复花芽，下部多为叶芽，抽生的副梢少而且发生较晚。生长过旺，结的果实小，结果后仍能抽生较旺的新梢，可以利用其培养健壮的结果枝组。长果枝多发生在主、侧枝的中部，长度在30～60厘米之间。发育充实，一般不发生副梢，枝条中部复花芽较多，结果能力强，在结果的同时能抽生健壮的花束状果枝。中果枝的长度在15～30厘米之间。枝条的上部和下部多单芽，中部多复花芽。结果的同时可抽生花束状果枝。短果枝的长度在1～15厘米之间。其上多为单花芽，复花芽少。2～3年生短果枝结实能力强，5年生以上结实能力弱。花束状果枝的长度在5厘米以下，除顶芽是叶芽外，其下为排列密集的花芽。这种结果枝粗壮，花芽充实饱满，坐果多，果个大。但坐果过多，如结4个果以上时，会影响顶端叶芽的延伸，甚至枯死。

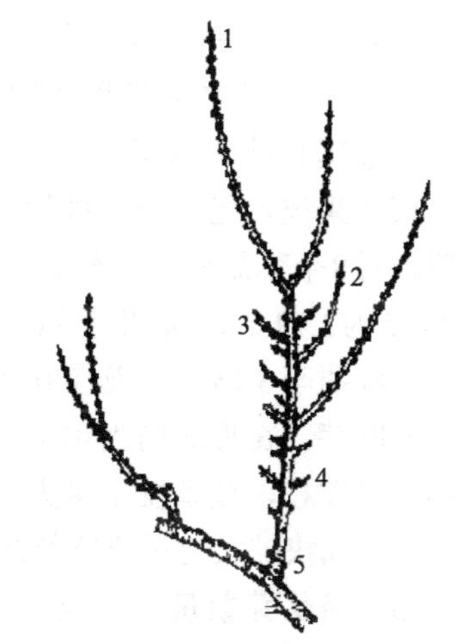

图7-57　李树结果枝类型

1—徒长性结果枝；2—长果枝；3—中果枝；4—短果枝；5—花束状果枝

3. 生长结果习性

（1）易发生根蘖　李树是容易发生根蘖的树种之一。在土壤温度适宜，通气良好，或栽植过深，上层根受伤，地上部重截刺激等的作用下更容易产生大量的根蘖。根蘖苗可用来繁殖李树的果苗。但根蘖苗的生长会消耗母株树体的营养，影响植株的生长和结果，因此，对于不用作繁殖苗木的生产园，应及时剪除根蘖。

（2）萌芽率高，成枝力中等，叶芽具有早熟性　李树枝条上的叶芽，在形成的第二年大部分都能萌发，据陈履荣等（1983）的调查，槜李幼树的萌芽率为79%，成年树为75%。李树成枝力中等，一般延长枝先端萌发2～3个发育枝或长果枝，其下为短果枝或花束状果枝。但不同品种间有差异，刘海荣（2009）的试验结果表明，对8个李品种中短截后，九台晚李平均发生长果枝为4.89个、长李15为3.79个、矮甜李3.67个、牡丰李3.47个、绥棱红李3.42个、牡红甜李3.15个、龙园秋李2.33个、绥李三号2.29个。李树新梢上的叶芽，在形成的当年可萌发抽生二次梢、三次梢，这是李树一年多次发枝、枝条发生量大的主要原因。在幼树期整形时，可以利用副梢加快扩大树冠或培养结果枝组。

（3）潜伏芽数量少，但寿命长　由于李树的萌芽率高，因此，枝条基部不萌发的潜伏芽数量少，但潜伏芽的寿命长，若受到刺激易萌发成枝，自然更新能力强。据河南省济源市观察，26年生枝基部的潜伏芽仍可抽生强旺的徒长枝或少量的长果枝；据辽宁省锦西市调查，30多年生的秋李，其枝条基部的潜伏芽仍能抽生新枝。潜伏芽的寿命长，自然更新能力强，因此，植株寿命也长，欧洲李和美洲李的寿命一般为20～30年，中国李可达30～40年。

（4）成花易，结果早，经济寿命长　李树是容易形成花芽的树种之一，栽植后2～3年开始结果。进入结果期后，除受光良好的枝条形成花芽结果外，发生早且又充实的副梢也可以形成花芽结果。6～8年进入盛果期，经济寿命可达20～40年。

（5）主要结果枝因品种、年龄时期和砧木不同而异　中国李以短果枝和花束状果枝结果为主（图7-58），欧洲李和美洲李以中果枝和短果枝结果为主（图7-59）。在幼树期，李树抽生长果枝多，到初果期形成较多的短果枝和少量的中、长果枝，随着树龄的增长，长、中、短果枝的数量逐渐减少，花束状果枝的数量逐渐增多，成为了盛果期树的主要结果枝（表7-2），担负着90%以上的产量。砧木不同，各类结果枝的比例也有差别，在一般情况下，同一个品种以矮化砧作砧木，长、中果枝少，花束状果枝多（表7-3）。

图7-58　中国李结果习性（耿玉韬，1998）

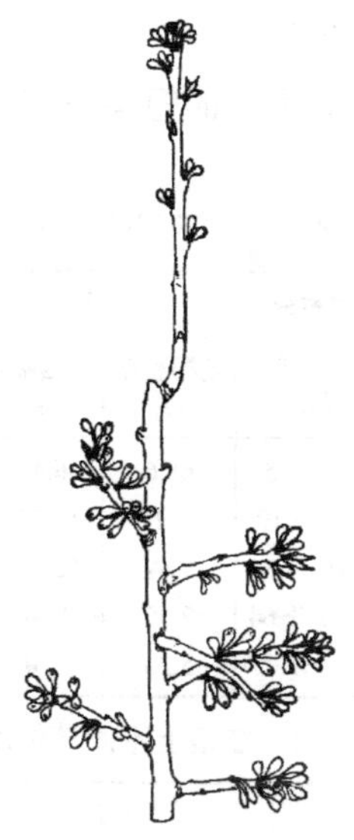

图7-59　美洲李结果习性（耿玉韬，1998）

表7-2　李树不同年龄的枝类变化（济源市林业局，1978）

树龄/年	总枝量/个	长果枝		中果枝		短果枝		花束状果枝	
		枝数/个	比例/%	枝数/个	比例/%	枝数/个	比例/%	枝数/个	比例/%
2	53	19	35.9	6	11.3	6	11.3	0	0
5	422	34	8.1	12	2.8	25	5.9	293	69.4
6	582	30	5.1	30	5.1	51	8.7	423	71.5
13	2288	54	2.4	55	2.4	248	10.8	1874	81.9
16	632	18	2.8	20	3.1	26	4.1	548	86.9

注：品种为黄甘李。

（6）不同部位的花束状果枝质量不一　在同一母枝上，上、中部节位形成的花束状果枝多且健壮，花芽饱满；而低节位形成的花束状果枝弱，芽体瘦小，坐果率低（表7-4）。在不同年龄的母枝上，以2～4年生枝条上的花束状果枝结果能力强，5年生以上的坐果率低。陈履荣等（1983）对槜李进行调查发现，在每10厘米长的枝段内，2年生枝上平均有花束状果枝4.3个，3年生枝上有2.4个，4年生枝上有1.2个，5年生枝以上逐渐衰老或枯死。因此，为获得早期丰产和连年的丰产、稳产，在幼树期应尽快在2年生以上的健壮主、侧枝上培养大量的短果枝和花束状果枝，到盛果期后还必须及时更新老枝。

表7-3　不同砧木李树果枝组成比例（陈英照等，1991）

果枝组成	果枝分类标准/厘米	香蕉李			牛心李			大紫李	
		毛樱桃砧/%	山杏砧/%	毛桃砧/%	毛樱桃砧/%	山杏砧/%	毛桃砧/%	毛樱桃砧/%	山杏砧/%
花束状果枝	0～5	68.6	56.43	52.9	74.01	63.98	61.90	73.98	69.59
短果枝	5～10	11.12	15.09	13.69	9.93	12.30	13.00	13.30	15.75
中果枝	10～30	7.47	12.50	12.45	6.84	9.29	8.79	6.73	8.49
长果枝	30～60	7.55	9.20	10.89	5.29	7.35	9.34	2.75	3.97
徒长性果枝	60以上	5.26	6.70	10.06	8.38	7.08	6.96	1.22	2.19

表7-4　同一枝条上不同节位的花束状果枝发育情况（陈英照等，1991）

调查母枝数/个	花束状果枝/个	花芽总数/个	上部				中部				下部			
			花束状果枝/个	%	花芽枝/个	%	花束状果枝/个	%	花芽枝/个	%	花芽枝/个	%	花芽枝/个	%
50	1640	5695	705	43	2315	40.6	610	37.2	2405	42.2	325	19.8	975	17.3
平均	32.8	114	14.1		46.3		12.2		48.1		6.5		19.75	

着生花芽数量多的花束状果枝质量高。管理水平高的李园，花束状果枝上的花芽量在3个以下的占31.6%，4～6个花芽的占47.6%，7个以上花芽的占20.8%；管理水平一般的李园，花束状果枝上的花芽量在3个以下的占86.8%，4～6个花芽的占12.4%，7个以上花芽的占0.8%（陈英照等，1991）。

（7）结果部位不易外移　李树的花束状果枝在结果的当年，顶芽向外延伸很短，十余年其长度也仅有2厘米，且寿命也长，可达10～15年。此外，李树的花束状果枝具有分枝能力，结果4～5年后，基部的潜伏芽常能萌发，形成多年生花束状果枝群（图7-60），大量结果，因此，李树的结果部位较为稳定而不易外移。

（8）在一定条件下，结果枝可以转化　在营养不良、生长势衰弱的情况下，一部分花束状果枝不能形成花芽，转变为叶丛枝（长

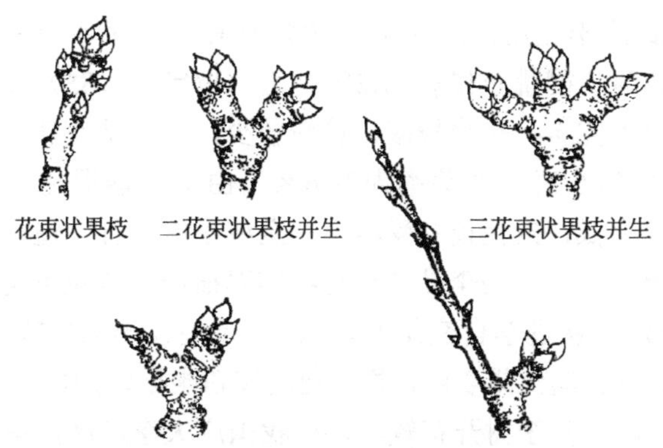

图7-60 李花束状果枝群类型（济源林业局）

度在1厘米及其以下的营养枝）；当营养得到改善后或受到重剪刺激后，有些花束状果枝能抽生出较长的新梢，转变为中果枝或短果枝。一些发枝力强的品种，长、中果枝在结果的当年能抽生新梢，形成新的中、短果枝和花束状果枝，发展成小型结果枝组，但结果能力不如发育枝形成的结果枝组好。

（9）开花量大，坐果率低 李树是容易成花的树种之一，虽然年年花开满树，但落花落果严重，坐果率低。其原因是多方面的，一是花器退化。李树因营养不良、花期受冻、遗传因子等因素常产生不完全花，其表现为雌蕊瘦弱、短小、畸形或退化（图7-61）。据1986年沈阳农业大学调查，因低温冻害造成绥棱红李雌蕊不健全花占29.1%，朱砂李为92.3%。在李树中，还有些花的花药瘦小，花粉较少，败育率高，花粉发芽率低。据调查，朱砂李花粉败育率高达61.2%，鸡心李为13.6%，苹果李为7.6%，美丽李为1.5%，小核李为1.0%。李怀玉等（1989）对14个李品种的研究结果表明，

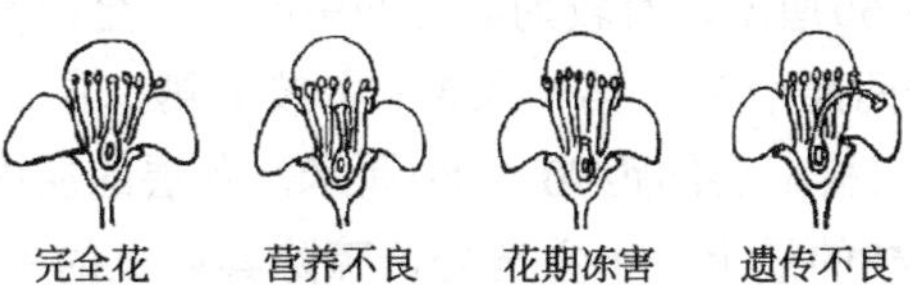

图7-61 李的完全花与不完全花（陈英照等，1991）

刚采摘的新鲜李花粉，发芽率为50%左右，发芽率最高的晚黑李也只有59.8%，樱桃李仅有21.2%。王白坡等（1985）报道，槜李花粉囊发育不完全，空瘪较多，花粉较少，不易从花药上散落，新鲜花粉培养48小时，发芽率为29.6%。由于花器退化，花粉败育率高、发芽率低，致使授粉受精不完全或不能进行，造成早期的大量落花落果。二是一些李品种自花结实率很低或自花不实。李怀玉（1989）报道，跃进李自交结实率为0，绥棱红李为3.5%。王白坡等（1985）的试验结果表明，槜李自花授粉坐果率为0～3.5%，平均为1.63%。三是李树开花较早，在我国广大李产区，花期易遭受寒潮、低温、霜冻以及大风等灾害性天气的影响，致使花、果受冻或授粉受精不良，造成落花落果。

（二）主要树形

1. 自然开心形

干高20～30厘米，无中心干。在主干上错落着生3个主枝，层内距20～30厘米，三个主枝相间120°，主枝基角60°左右。在每一主枝上选留2～3个侧枝，第一侧枝距主干50厘米左右，第二侧枝距第一侧枝50～60厘米，第三侧枝距第二侧枝40～60厘米。在主、侧枝上培养大、中、小型结果枝组。

该树形适用于干性较弱、萌芽率较高、成枝力较强、树姿较开张的品种。其主、侧枝从属关系明确，骨干枝少、间距大，修剪量小，成形快，树势易控制；通风透光好，枝组寿命长，光秃带小，结果早，结果面积大，产量高，果实品质好；树冠矮，便于树体管理。

2. 小冠疏层形

干高50～60厘米，有较为明显的中心干。全树5个主枝，主枝在中心干上分两层着生，第一层3个主枝；第二层2个主枝，与第一层主枝插空安排；层间距70～80厘米，各层的层内距15～20厘米。在第二主枝的最上一个主枝处，疏除其以上的中心干部分，形成开心。第一层主枝上各留2个侧枝，侧枝间隔40～50厘米；第二层主枝各留1个侧枝。在主、侧枝上培养各类结果枝组（图7-62）。

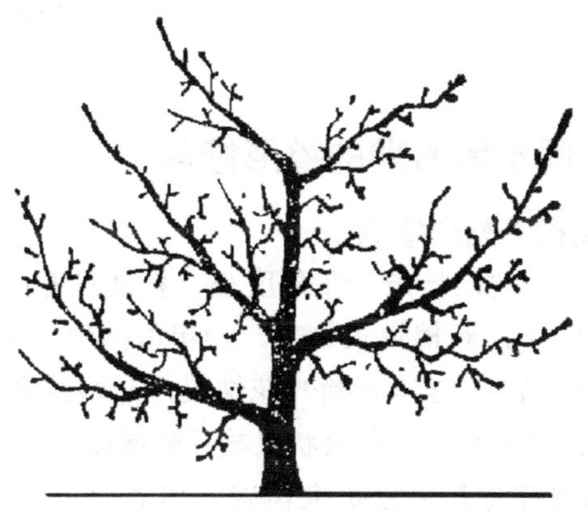

图7-62　小冠疏层形

该树形适用于干性较强、树姿直立、长势旺的品种。其树冠较小，成形较快，结果较早，适宜于中等密度的李树。

3. 细长纺锤形

干高50～60厘米，树冠直径3米左右，在中心干上着生10～12个主枝。主枝与中心干夹角70°～90°，近似于水平，向四周伸展，主枝在中心干上不分层，相邻两个主枝保持10～15厘米的间距，同侧主枝间的垂直距离不少于50～60厘米，下层主枝长1.5～2米，上层主枝逐渐缩短，外形呈纺锤形。主枝上不着生侧枝，在各主枝上直接着生中、小型结果枝组。

该树形适用于干性较强的品种。由于该树形树冠小，无侧枝，骨干枝少，适宜于密植，易早期丰产，但需注意控制长势。

4. 疏散分层开心形

干高50～60厘米，有明显的中心干。全树6个主枝，第一层3个主枝，均匀分布，每一主枝上着生2个侧枝，第一侧枝距主干50厘米左右，第二侧枝距第一侧枝30厘米左右；第二层2个主枝，距第一层主枝80厘米，每一主枝上着生1个侧枝；第三层1个主枝，距第二层主枝60厘米，主枝上不着生侧枝。最上一个主枝选定后，剪除其上的中心干部分。在主、侧枝上培养各类结果枝组。

该树形适用于干性强、树姿直立、生长势较强、枝条较稀疏的品种。这种树形骨干枝多，分布均匀，可以充分利用空间，结果面积大，产量高。

（三）不同年龄时期的整形修剪

1. 幼树期树的整形修剪

在幼树期，李树的枝条开张角度小、易直立生长，顶端优势明显，营养生长旺盛，新梢生长量大，一年可抽生2～3次副梢，树冠扩大快。定植后2～3年开始开花结果，开始结果时以长果枝结果为主，随着树龄的增长，花束状果枝不断增加，产量逐年上升。

此期的修剪任务是：在扩大树冠、培养合理树体结构的基础上，通过轻剪缓放、拉枝等措施缓和树势，加快营养生长向生殖生长的转化，促使形成大量的结果枝，尤其是花束状结果枝，培养好结果枝组，尽快获得早期丰产，并为进入盛果期做好准备。

（1）定干　定植后，根据树形要求和当地的具体情况确定适宜的定干高度。土壤深厚，风小的地区定干可适当高些；山区薄地和风大的地区定干较矮为宜。此外，还应考虑定干处芽子的饱满程度和芽位，一般来讲，剪口下30厘米是整形带，整形带内应有6～8个饱满芽，对于有中心干的树形，剪口芽留在主要风向的背风面，对于自然开心形剪口芽留在主要风向的迎风面。

（2）骨干枝的选留与修剪　定植当年生长季，在整形带内发出的枝条长至50～60厘米时，选一个直立向上生长的健壮枝条作为中心干培养，并根据树形要求，在其下选生长健壮、角度适宜、分布均匀的枝条作为主枝培养，角度小的可通过拉枝开张角度。对于自然开心形树形，不留中心干，对于直立向上生长的枝条，可根据情况通过拉枝将其作为主枝对待；若不适宜作为主枝，可将其向发枝方向的对面拉平，缓和长势，利用其早结果，待影响其他枝条生长时，再将其连同着生的一部分母枝一并疏除。第二年在主枝上距主干50厘米左右处选留第一侧枝，分生角度50°～60°；以后根据树形要求，分别再选留第二、第三侧枝，其分生角度为

40°～50°。在同一个主枝上，相邻两个侧枝应分别位于主枝的两侧。侧枝以斜生或背斜生向外生长为好。

不论是哪一树种，开张骨干枝角度时，不宜采用撑枝、坠枝和别枝的方法。因为，撑枝易在枝条的撑枝点处造成伤口，不仅影响枝条的生长，也易使病菌侵入致使枝条感病。坠枝，尤其是在风大的地区易使枝条因左右摇摆而折断或从基部撕裂脱落。别枝虽然能够开张枝条的角度，但在一定时期后应及时将别下的骨干枝放开，其工作量大，若放枝不及时，则会造成枝条的交叉生长，影响树体的通风透光，也达不到培养骨干枝的要求。

冬季，根据生长的强弱，对选留的主枝剪去其延长枝的1/3～2/5，剪口芽留背后芽，以开张主枝的角度，其下的2～3芽应位于枝条的两侧，以便培养侧枝。侧枝剪留长度应短于主枝。生长季，在主、侧枝延长梢长至50～60厘米左右时，在50厘米左右处留背后芽或副梢摘心，以加快主、侧枝的培养。

如果主、侧枝的长势不均以及从属关系不明时，应加大强枝的角度，疏除其上的旺枝、长枝，轻剪缓放延长枝；对弱枝抬高角度，多留枝少留果，适当重截延长枝，使各主、侧枝之间的长势保持平衡。

（3）辅养枝的修剪　在幼树期应尽量多留辅养枝，以尽快填补空间，增加结果部位，提高早期产量。但应通过拉枝、捋枝、摘心等措施开张角度、缓和长势，促使形成花芽早结果。辅养枝的角度可拉至80°左右。当辅养枝影响骨干枝生长时，将其分期分批逐渐回缩或疏除。

（4）结果枝组的培养　应根据树势、枝条生长情况和空间大小采用不同的方法。小型结果枝组多采用先放后缩法和枝条环割、环剥法培养。一是缓放长果枝，二是对生长较旺的发育枝拉平缓放，以缓和长势，促使形成花芽，结果后再在适宜部位回缩。实践证明，采用这种方法可以缓和枝条生长势，不仅可以提高长果枝的坐果率和枝条的萌芽率，而且形成的花束状结果枝健壮，下一年的坐果率也高。枝条环割、环剥法多用于有空间生长的背上旺枝，在枝条中下部进行环割或环剥，抑制枝条的生长势，促使环割、环剥口的上、下部位形成结果枝，结果后在环割、环剥口处回缩。中、大型结果枝组多采用先截后放再缩法培养，方法是冬季对健壮的当年生枝条进行短截，第二年对发出的枝条去强留中庸留弱、去直留平留斜，然后根据空间大小，再逐年进行缓放、短截和回缩。用这种方法培养的结果枝组紧凑、生长健壮、结果能力强。

（5）其他枝条的修剪　春季萌芽后，及时抹除骨干枝上的竞争芽和疏枝口处的萌芽；5月中下旬对有空间的旺长新梢摘心或留20厘米左右剪梢，缓和长势，促发副梢，培养枝组。及时疏除病虫枝、过密枝、交叉枝、不易利用的徒长枝和树冠外围密生的发育枝，以改善内膛的通风透光条件。李幼树生长旺盛，枝条易直立生长，拉枝是缓和树势、提早结果的有效措施之一，拉枝的适宜时期是6月中旬～7月上旬，此期拉枝促花效果明显，花芽饱满，坐果率和产量高。韩瑞民（2005）对4年生红良锦李拉枝的结果表明，拉枝比不拉枝增产24.27%，拉枝的优质果率为89%，最大果304克；不拉枝的优质果率为48%，最大果214克；而且拉枝的果实色泽艳，风味佳，含糖量高。拉枝应使枝条呈直线状，不能出现弓形。对拉枝后背上萌发的芽，每隔20～30厘米保留一个，其余的及早抹除。缓放生长中庸的平生枝、斜生枝和背后枝。杨和平（2007）的调查结果表明，李树发育枝适当缓放有利于花束状果枝和短果枝的形成，能提高坐果率，增加产量，其中以3年生枝段结果最多，形成的花束状果枝和中短果枝也多且结实能力强；4年生枝段次之；5年生枝段结果最少，且花束状果枝和短果枝弱，结实力明显下降。因此，发育枝缓放一定时期后应及时回缩更新。对于生长势强、开张角度小、连续缓放2年未结果的枝条，可在6月中旬进行拿枝处理。李树以短果枝和花束状果枝结果为主，中国李的一些品种进入结果期后，当年抽生的新梢多数能形成花芽成为果枝，常因开花过多使树势转弱，致使坐果少，产量不高，因此，在果枝较多的情况下，应疏除一部分长势较强的发育枝和中、长果枝。

2. 成龄期树的修剪

进入盛果期后，李树主枝开张，树势缓和，树冠相对稳定。中、长果枝比例下降，短果枝和花束状果枝比例增大，产量逐年上升，维持一定的高产期后逐渐下降。结果与生长的矛盾突出，土肥水管理粗放的李园，花束状果枝间歇结果现象严重，并易出现大小年。

此期的修剪任务是：控制树冠高度和大小，防止树冠郁闭，改善光照条件，提高营养水平，精细修剪，更新结果枝组，调节生长与结果的关系，维持树势健壮，保持高产稳产，防止和克服大小年结果现象，延长盛果期年限。

（1）骨干枝的修剪　进入盛果期后，树冠已达到预定大小，通过缓放和回缩、骨干枝经常换头、调整先端角度等维持适宜树势和控制树冠大小。当骨干枝因结果过多而出现下垂或衰弱时，应选留向上健壮生长的较大分枝处回缩，抬高角度，并对延长枝在饱满芽处短截，减少花果量，促进营养生长，恢复长势。骨干枝生长较旺或中庸健壮，对延长枝缓放不剪，缓和长势和稳定树冠大小。当行内树冠相接或行间树冠间距较小时，可通过回缩骨干枝，改变延长枝的生长方向的方法，避免郁闭现象出现。在盛果后期，也可将衰弱的侧枝压缩成大型结果枝组。

（2）结果枝的修剪　对于结果枝，应及时更新复壮，做到去老留新、去垂留直、去弱留强。缓放健壮的短果枝和花束状果枝。在结果枝较多时，及时疏除衰弱的短果枝、花束状果枝和细弱果枝，以集中营养供应；并短截一部分中、长果枝，促使抽生健壮的短果枝和花束状果枝。短果枝和花束状果枝连续结果2～3年后，易出现长势衰弱、结果能力下降的现象，应及时回缩，或将其疏除，利用周围的新枝结果，以保持较强的结果能力。

（3）结果枝组的修剪　在盛果期，应注重对结果枝组的培养、结果、更新，做到去老留新、去弱留强，以保持健壮的长势和较强的结果能力。及早疏除无更新价值的衰弱枝组和密挤处的弱枝组。对单轴延伸的冗长枝组，衰弱时回缩到2～4年生枝段的壮枝处，并留壮芽短截。在一个结果枝组中，短果枝和花束状果枝较多时，可留优去劣，疏除一部分，保证枝组的健壮生长和果实品质。对于生长势较强、体积过大的结果枝组，可通过疏除旺枝、适当回缩的方法，控制长势，缩小体积，复壮后部。

（4）其他枝的修剪　疏除枯死枝、重叠枝、交叉枝、骨干枝上背后的下垂枝、树冠下部的裙枝以及树冠外围的旺长枝，以改善树体的通风透光条件。保留并缓放中庸枝，促发健壮的短果枝和花束状果枝。对有空间生长或衰弱枝组处发出的徒长枝，可先缓放，结果后培养成结果枝组；若是中庸健壮的发育枝或中、长果枝，应采取先截后放法培养枝组。

八、枣树的整形修剪

（一）生长结果习性

1. 芽及其类型

枣树的芽为复芽，由一个主芽和一个副芽组成。

（1）主芽　形成的当年不萌发，是晚熟性芽。主芽着生在枣头和枣股的顶端，或侧生于枣头一次枝和二次枝的叶腋间。因其着生部位不同，生长习性也不一样。着生在枣头顶端的主芽，有针刺状鳞片，第二年萌发形成新的枣头，继续延伸生长。在幼龄枣树上，枣头可连续单轴生长7～8年以上，构成枣树的主干，当生长势衰退时，则形成枣股。着生在枣头一次枝叶腋间的主芽通常不萌发，即使萌发，抽枝也不好，在枣树生长缓慢后可萌发形成枣股，如果受到刺激可萌发形成枣头。着生在枣股顶端的主芽受刺激后也可萌发形成枣头。着生在枣股上的侧生主芽通常不萌发，在枣股衰弱时可萌发形成分叉的枣股，但这种枣股生长弱，结果能力差。

（2）副芽　着生在主芽的左上方或右上方，在形成的当年即可萌发，是早熟性芽。枣头一次枝基部和二次枝上的副芽，萌发后形成枣吊；枣头一次枝中、上部的副芽，萌发后形成永久性二次枝，也叫结果基枝，俗称“枣拐”。枣股上的副芽，萌发后形成枣吊，开花结果，是主要的结果性枝条。

（3）隐芽 枣树的隐芽寿命很长，可达30年之久。当环境适宜或受到刺激时，隐芽能萌发形成新的枣头和枣股，有利于枣树的更新复壮。

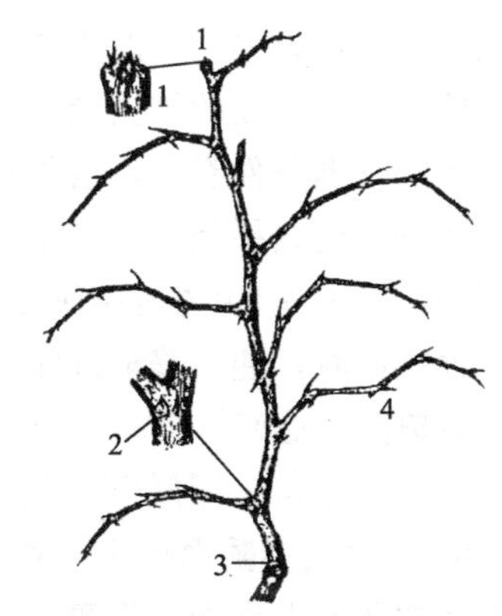

图7-63 枣头（刘孟军，2004）
1—枣头顶端主芽；2—枣头侧生主芽；3—枣头一次枝；4—二次枝

2. 枝及其类型

（1）枣头 即枣树的发育枝，是枣树形成骨干枝和结果枝组的基础，由主芽萌发而成（图7-63）。枣头由一次枝、二次枝及枣吊组成。枣头一次枝具有多年连续延长生长的习性，但在一年中多数只有一次生长，树势强旺或遇到强刺激时也会出现二次生长。

着生在枣头一次枝不同位置的副芽，萌发后形成的二次枝长势不同。通常枣头基部和上部的二次枝较短，中部的二次枝较长。二次枝一般有5～8节，多的可达10节以上。二次枝呈“之”字形曲折生长，停止生长后，先端不形成顶芽，因此，二次枝不会继续延长生长，并在第二年春季先端回枯。二次枝每个拐点上有一个主芽和一个副芽，副芽当年萌发抽生枣吊，主芽当年不萌发，在第二年形成枣股。枣树整形主要依赖于枣头，新生枣头不仅能扩大树冠而且还能增加结果部位。在生产上对新生枣头适时摘心，可提高坐果率和产量。

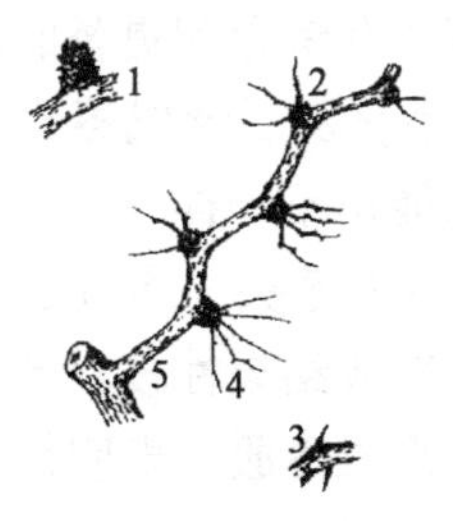

图7-64 二次枝、枣股和枣吊
（刘孟军，2004）
1—老龄枣股；2—中年枣股；3—一年生枣股；4—落叶后枣吊；5—二次枝

（2）枣股 即缩短了的结果母枝，由结果基枝和枣头一次枝上的主芽萌发形成（图7-64）。枣股的年生长量很小，仅有1～2毫米。这种特性既有利于树体营养积累，也可以防止结果部位外移。枣股上的副芽抽生枣吊开花结果，是枣树结果的主要枝条。枣股的结实能力与其着生枝类型、部位、枝龄、品种以及栽培管理条件有关。着生在结果基枝中部的枣股结实力最强；斜生或平生的结果基枝上向上生长的枣股结实力强；在不同年龄的枣股中，以3～8年生的枣股结实力强。枣树生产中，在加强土肥水管理的同时，通过修剪逐年淘汰衰老的枣股，培养幼龄枣股，是实现枣树高产稳产的措施之一。

（3）枣吊　即脱落性枝，俗称“枣串”，是枣树的结果枝（图7-64）。枣吊多数由枣股上的副芽萌发而来，在枣头基部和一年生二次枝的各节上也能抽生枣吊。枣吊春季抽枝，夏季开花结果，晚秋或初冬随落叶脱落。枣吊生长期短、叶片形成快、叶幕形成早是结实力强的表现。枣吊一般有10～18节，长约8～20厘米，树势旺时可长至30～35厘米，最长可达40厘米。在同一枣吊上以第3～8节的叶面积最大，以第4～7节坐果较多。

每个枣股可以抽生2～8个或更多的枣吊，每个枣股上抽生的枣吊数与该品种的果实大小成反比，即大果型品种抽生的少，小果型品种抽生的多。每个枣吊可以开20～100余朵花，多数为40～80朵，然而仅有1%～2%的花能够结实。一般一个叶腋间只结一个果，也有很多的叶腋间不结果，因此，一个枣吊上往往结1～2个果。

3. 生长结果习性

（1）枝芽间、生长性枝和结果性枝间有相互依存和更替的现象

如枣树的主芽着生在枣头和枣股上，主芽萌发后形成枣头和枣股，这两类枝条不但生长势不同，形态和功能也不一样。枣头或枣股可以相互转化，例如枣股受到刺激时可抽生枣头；通过适时摘心，抑制一次枝形成二次枝，就可将枣头转变成结果性枝。枣头上的二次枝由副芽形成，而枣头上的主芽可以形成枣股，表明结果性枝依赖于生长性枝（图7-65）。

（2）各种枝条的着生位置有明显的依存性　各级骨干枝着生在树干上，构成树体骨架，枣头着生在骨干枝上，永久性二次枝着生

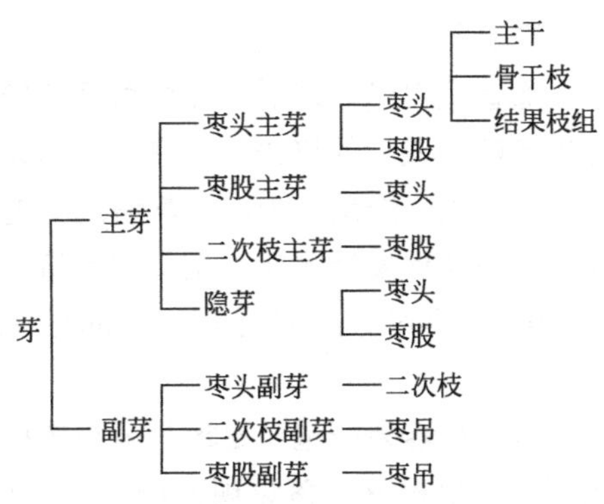

图7-65　枣树枝芽关系（杨丰年，1990）

在枣头上，枣股着生在永久性二次枝上，枣吊着生在枣股上，并且它们的数量由树干到各级骨干枝、到枣头、再到永久性二次枝、一直到枣股、枣吊逐级增加。

（3）结实特性多种多样　有的枣树品种可单性结实和自花结实，如灰枣、婆枣、骏枣等，适宜的授粉树可提高其坐果率；有的枣树品种自花不实，如无核小枣等，种植时需配置授粉品种。

（4）成花容易，结果早，结果寿命长　枣树成花容易，花量大，枣树各个部位的枣股每年都有抽生枣吊的能力，每个枣吊上也都有花芽。若枣吊前期受到损伤，枣股上仍能继续抽生枣吊，并能形成花芽开花结果，因此，修剪时只要选留好枣头，不必过多考虑花芽形成的问题。

枣树的花芽分化，具有当年分化、边分化边开放、单花开花期短、全树持续时间长的特点，这是枣树系统发育中形成的适应环境的特性，也是结实力强、丰产潜力大、稳产的一种表现。花芽分化期长，使开花期也随之加长。通常，盛果期枣树的盛花期长达20天左右，整个花期可持续一两个月，从而有可能避开短时间不利的天气因素，比较稳定地坐果。然而这一特性也造成枣树需要耗费大量的营养物质用于花芽分化和花朵开放，在树体营养不足时，往往会出现大量开花影响坐果的矛盾，引起大量落花落果，甚至花而不实。此外，由于开花坐果时间不一，常使果实成熟先后不齐，影响产量和品质，也不便于采收。

枣树结果早，如管理得当，栽后当年即可开花结果，因此，民间有“枣树栽上当年就还钱”的谚语。但在生长初期，枣头多单轴延长生长，很少分生枣头，结果较少，正常情况下进入盛果期需10年左右，早期修剪应注意促发新枣头，增加枝叶量。此外，枣树经济寿命长，70～80年仍可实现丰产稳产，有的枣树寿命可达千年以上。

（5）花量大，但落花落果严重　枣树是多花树种，但受树体营养和环境条件的影响，枣树落花落果现象严重，自然坐果率仅1%左右。造成枣树大量落花落果的原因有三。一是枣树本身的特性。枣树花芽分化、开花和果实发育均需要消耗大量营养，在枣树的年生长周期中，花芽分化、枝条生长、开花坐果以及幼果发育等物候期严重重叠，各器官间养分竞争激烈，营养生长与生殖生长矛盾尖锐，导致枣树落花落果严重。二是与枣园立地条件和管理水平有关。立地条件好、管理水平高、营养充足的枣树坐果率高，反之落花落果严重。三是与花期气候条件有关。枣花授粉受精最适温度为24～26℃，最适相对湿度为70%～80%。空气过于干燥（相对湿度低于40%～50%）、多风、高温时会出现“焦花”现象，影响花粉发育。温度低于20℃和阴雨天气，会导致雨水浸花，花粉萌发率降低。

提高枣树坐果率，首先要加强土肥水管理，提高树体营养水平，增强枣树自身的结果能力。其次是采取一定的技术措施，提高枣树的坐果率。生产中提高枣树坐果率的技术措施主要有四条：调节营养物质的分配（包括花期开甲、枣头摘心）、提高花期的空气湿度、创造良好的授粉条件、喷布植物生长调节物质或微量元素。

（二）主要树形

1. 疏散分层形

也称主干疏层形。该树形有明显的中心干，干高60～80厘米，主枝分三层着生在中心干上。第一层3～4个主枝，均匀向四周分散，开张角度60°～70°；第二层2～3个主枝，伸展方向与第一层主枝错开；第三层1～2个主枝。第一层层内距40～60厘米，第一层与第二层层间距80～120厘米，第二层层内距30～50厘米，第二层与第三层层间距50～70厘米。每个主枝选留2～3个侧枝，每一主枝上的侧枝及各主枝上的侧枝之间要搭配合理，分布匀称，不交叉不重叠（图7-66）。

该树形树冠呈半圆形，骨架牢靠，层次分明，通风透光良好，负载量大，易丰产。适宜中密度枣园和稀植枣园。

2. 自由纺锤形

有明显的中心干，干高50～70厘米，树高2.5米左右。在中心干上错落着生7～10个小主枝，不分层，主枝间距20～40厘米。主枝上不培养侧枝，直接着生结果枝组（图7-67）。

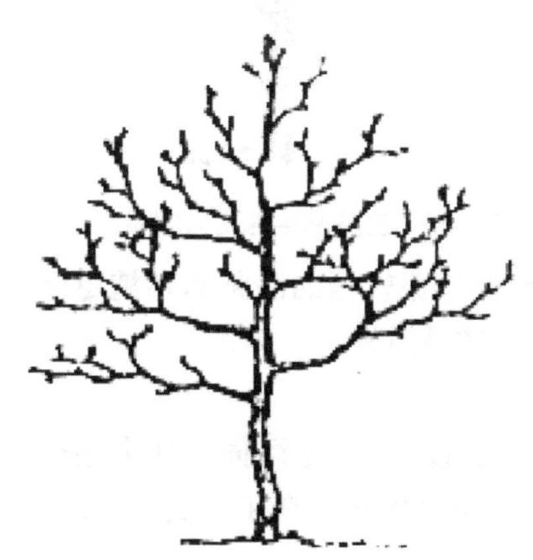

图7-66　疏散分层形

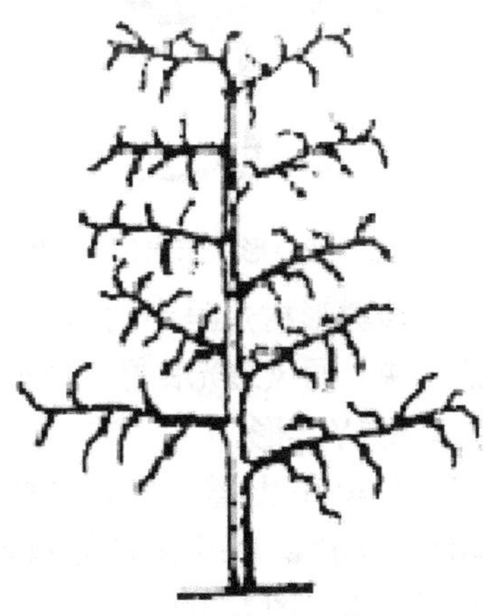

图7-67　自由纺锤形

该树形树冠小，适于密植枣园。

3. 开心形

没有中心干，呈开心形，主枝数量少，一般为3～4个主枝在中心干上轮生或错落着生，并以40°～50°角向四周延伸。结果枝组均匀分布在主、侧枝的各部位（图7-68）。

该树形树体较矮，树冠较小，结构简单，容易整形，通风透光好，丰产，便于管理。适用于萌芽力较强、分枝较多的品种，在密植、稀植枣园均可应用。

4. 自然圆头形

有明显的中心干，在中心干上错落着生6～8个主枝，主枝间距一般为40～60厘米，每个主枝上着生1～3个侧枝，基部主枝着生侧枝多，上部主枝着生侧枝少（图7-69）。

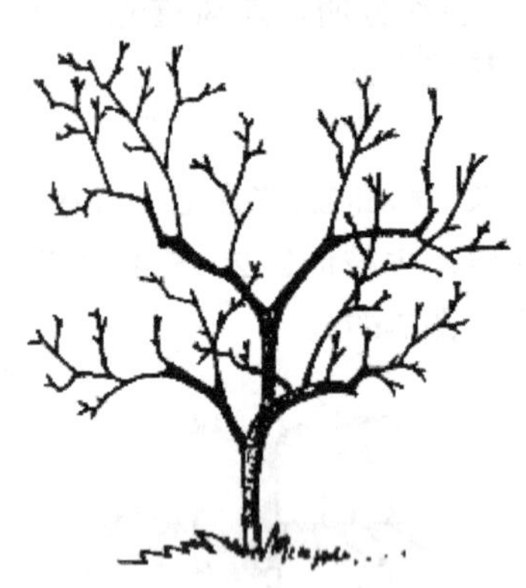

图7-68 开心形（宋宏伟，2003）

图7-69 自然圆头形（宋宏伟，2003）

该树形树冠呈半圆形。适用于生长势较强的品种和稀植枣园，成形快，通风透光良好，产量高，果实品质好。

5. Y字形

在树干上着生2个主枝，2个主枝斜伸向行间，主枝基角40°～60°。每个主枝外侧着生3～4个侧枝，在主、侧枝上培养结果枝组（图7-70）。

图7-70 Y字形（刘孟军，2004）

该树形树冠矮小，通风透光好，单株产量低，群体产量高，早期效益好，是目前密植枣园推广的主要树形之一。

6. 扇形

全树有3～5个主枝，均匀向两个相反方向生长，扇面可与行向垂直，也可有一定角度，主枝上基本不留侧枝，直接着生结果枝组（图7-71）。

图7-71　扇形（刘孟军，2004）

该树形树冠小，受光面积大，早期产量高，果实品质好。适于密植枣园。

（三）不同年龄时期的整形修剪

1. 幼树期树的整形修剪

枣幼树顶芽萌发力强，自然分枝少，单轴生长，主干周围主要是枣头二次枝，树冠小。自然生长的树干高，骨干枝少，骨架不牢固，树冠形成时间长。

枣幼树修剪的主要任务是：促生分枝，增加生长量，加快幼树成形并培养牢固的骨架和合理的树冠结构，为枣树高产、稳产和便于田间管理奠定良好的基础。

（1）定干　主芽萌芽率高、成枝力强的品种多在栽植当年定干。对主芽萌芽率低、成枝力弱的品种，定植后当年不定干，尽量多保留一些枝条，促其主干加粗生长，2～3年后再截头定干。

定干高度应依据树形要求而定。定干时将整形带以上的部分剪掉，同时将剪口下第一个二次枝剪掉促使抽生健壮的中心干，往下的2～4个二次枝或从基部去除（适于发枝角度大的品种），或留1～2节在芽向上的节位前剪掉，利用该枣股的主芽萌发枣头培养角度较为开张的主枝。整形带以下的二次枝不处理，及时去除无用的新生枣头。

（2）主、侧枝的培养　枣树具有“一剪子堵，两剪子出”的修剪特点，在培养中心干和主、侧枝等延长枝时，需特别注意，也就是只剪一剪子短截枣头时，通常只会促进剪口以下部分结果而不能刺激剪口下长出新的枣头，只有同时去掉剪口下的二次枝才能促生出健壮的新枣头。在培养树形的过程中，要灵活运用“支、拉、撑、坠”等方法。以主干疏层形为例，具体做法如下。

定干后第二年首先选生长直立、粗壮的枝条作为中心干，一般选留剪口下第一主芽萌发抽生的枣头作为中心干。其下选留3～4个方向、角度合适的枣头作为第一层主枝，其余的可以酌情疏除。

第二年冬剪时对保留下的当年生枣头（粗度超过1.5厘米）进行短截，即对一次枝短截的同时，疏除或短截剪口下1～2个二次枝，促生新枣头，培养延长枝和侧枝；如果当年生枣头生长势较弱，粗度不够，可剪去顶芽，使其加粗生长一年后再行处理。中心干枣头短截后，剪去剪口下的第一个和第二个二次枝以培养主干延长枝和第二层主枝。

第三年，除继续用同样的方法培养第一、二层主、侧枝外，对中心干延长枝继续短截培养第三层主枝，并开始在第一、二层主枝上选留结果枝组。第四年后，树体骨架基本形成，树冠合理而丰满。

（3）结果枝组的配置　枣树结果枝组的培养比较简便，每条健壮的发育枝，只要空间许可，都能成为一个好的结果枝组。结果枝组的培养和配置应该与主、侧枝的培养同时进行，随着主、侧枝的生长发展，用培养骨干枝的方法，自下而上，在其两侧和背上选留、促发发育枝，并控制其长势，使其转化为结果枝组。此外，主、侧枝上的二次枝，结果能力也很强，因此，应注意保护其上的二次枝。结果枝组在主、侧枝上的配置应以两侧为主，背上为辅，同一侧的间距80厘米左右，使相邻的枝组互不遮挡干扰。成龄后，每层主、侧枝的叶幕厚度不超过1～1.2米，层间保留较大的进光间隙。

骨干枝开张角大于60°的主干疏层形，主、侧枝的背下不保留结果枝组，因为这部分枝组的开张角度过大，常常会下垂，不但结果能力很差，还会遮挡阳光射入树冠内膛。背上的结果枝组应保持和骨干枝近似的开张角度向外伸展，切忌直立生长，并防止长势过强，扰乱树形，遮挡其他枝组的光照。骨干枝开张角度小的开心形树冠，主、侧枝的背上、背下以及两侧均可配置结果枝组。

结果枝组配置的密度还受土壤肥力以及管理水平的影响。在土壤肥沃、肥水条件较好的情况下，主、侧枝的同一侧可以相隔60～80厘米留一个枝组，使相邻枝组上的结果基枝不会交接，树冠空间能有较多的结果母枝，充分发挥植株的生产能力。在土壤贫瘠、肥水条件较差的情况下，结果枝组不宜配置很密，防止为刺激抽生枝组而加重修剪，同时，这种情况下即使抽生出枝组，枝组生长量也不大，而且很快出现自疏现象，达不到预期的目的。

根据枝组所在部位的空间大小和长势确定其大小，选留枝组时应该遵循大小相间、合理安排的原则。主、侧枝中下部抽生的发育枝长势强，向前延伸占的空间也大，可让顶芽连年生长，将其培养成大型结果枝组；主、侧枝中上部培养成小型结果枝组。大型结果枝组之间如有空间，可酌情安插小型结果枝组，使结果枝组之间呈波浪式排列。适当控制结果枝组的长势，防止影响主、侧枝和其所着生母枝的生长发育，干扰树势的整体平衡。对长势强的枝组，可以用拉、别等方法压低角度，减缓长势。对已占据计划空间的枝组，应及时摘心或剪除顶芽，防止枝组之间交错重叠，彼此干扰。大型结果枝组的长度一般不要超过2米，过长的枝组后部基枝长势弱，结果能力差。小型枝组要选择年生长量大、强壮的发育枝培养；年生长量小的发育枝，形成基枝少甚至不形成基枝，不能形成好的结果枝组。

幼树树冠小，光照条件较好，因此，层间的二次枝、发育枝以及主、侧枝上的留养计划以外的多余发育枝，只要空间允许，就应作为辅养枝短期保留，增加叶片光合面积，加速幼树生长发育。辅养枝的生长，应按所在部位的空间和骨干枝的长势进行控制，以免扰乱整体布局。随着树龄增长，树冠扩大，冠内光照逐渐减弱，此时应逐步分批回缩或疏除辅养枝，以免影响主、侧枝和结果枝组的生长和结果。

（4）控制生长，促进结果　枣幼树虽每年都能开花，但由于树体的生长发育消耗大，营养积累少，结果不多，生长与结果的矛盾尤为突出。因此，对于幼树除在生产上要加强土肥水管理和防治病虫、促进其生长发育外，还应通过修剪的方法控制生长，减少营养物质的消耗，提高幼树产量。除了可以利用断根、环剥树干等方法抑制幼树过旺生长之外，还可采取冬季疏截顶芽、夏季摘心的方法来控制发育枝生长，提高当年生枝的结果能力。即在冬剪时，对计划培养为中心干、主枝、侧枝、大型结果枝组以外的发育枝，全部剪除顶芽；夏剪时，除及早抹除没有利用价值的芽外，在花前对骨干枝和大型结果枝组以外的所有当年生发育枝摘心，使营养的分配运转有利于开花结果。

2. 生长结果期树的修剪

此期，枣树树体骨架已基本形成，但树冠仍在继续扩大，仍以营养生长为主，但产量逐年增加。

此期修剪的主要任务是：调节生长与结果的关系，使生长和结果兼顾，并逐渐转向以结果为主。

继续培养大、中、小型结果枝组，在冠径没有达到最大之前，通过对骨干枝枝头短截，促发新枝，继续扩大树冠。当树冠达到预定要求后，对骨干枝的延长枝进行摘心，控制其延长生长，并适时开甲，实现早期丰产。

3. 盛果期树的整形修剪

枣树进入盛果期后，树冠基本达到预定大小，枝叶量大，生长势缓和，结果能力强。盛果后期骨干枝弯曲下垂，枝条容易出现交叉、重叠现象，内膛的通风透光性差，骨干枝基部的小枝开始枯死，结果部位外移，产量呈下降趋势。

盛果期枣树的主要修剪任务是：遵循“因树修剪，随枝整形”的原则，调节营养生长与结果的矛盾，维持中庸健壮的树势，采用疏缩结合的修剪方法，打开光路，改善树体通风透光条件，防止内部枝条枯死，做到立体结果，延长盛果期年限。

（1）疏枝　进入盛果期的枣树，在修剪上应以疏枝为主。即疏除影响树冠内膛光照的重叠枝、交叉枝、并生枝、轮生枝、细弱无效枝和无利用价值的徒长枝、病虫枝，以打开层间、通风透光，为保留下的骨干枝创造良好的生长条件。

在疏枝部位有时也会萌生新的枣头，可根据空间的大小，及时抹芽、摘心或疏除。

山西果树研究所总结了山西中阳县枣树修剪“四留、五不留”的经验。四留：留顺条枝（即骨干枝延长枝），留背侧枝（即着生在骨干枝上向外扩展的枣头），留老条枝（即发育良好的骨干枝），留健壮枝（即着生部位良好的枝条）。五不留：不留拐子枝（二次枝枣股萌生的枣头），不留倒吊枝（即衰老的下垂枝），不留蛇舌枝（即并生枝），不留缠腰枝（即密生的交叉枝、平行枝），不留灰条枝（即徒长枝和内向生长的枝条）。通过疏枝，使树冠枝叶分布均匀，密度适度，减少老弱枝的数量，提高健壮枝条的比例，减少无效消耗，集中营养供给与结果密切相关的枝。

（2）回缩　回缩是节约营养，刺激萌生新枝的方法之一。回缩部位需选在壮股、壮芽处，以利抽生健壮枣头，抬高枝头角度，增强生长势。如果弯曲的弓背上已经出现自然更新枝，则可直接回缩至更新枝处。有的衰老骨干枝回缩后当年不能抽生枣头，但能促使其枣股复壮，表现为枣吊木质化而不脱落，到第二年便能抽生新枣头，可收到扩大树冠的效果。

（3）继续培养结果枝组　枣树的枣头经过摘心即可成为一个结果枝组。因此，可对树冠内缺枝部位萌生的枣头，依空间大小，通过适时摘心培养适宜的结果枝组。对于连年延伸生长的枣头，如果不是留作骨干枝延长枝使用，可在适当部位短截，使保留部分的二次枝和枣股得以复壮，提高结果能力，推迟基部二次枝衰亡期的到来。二次枝顶端枣股萌生的枣头，虽较细弱且多下垂生长，但坐果性能稳定，结果可靠，在不扰乱树形、不影响光照的前提下，可以保留。待其衰老，结果能力下降时，再进行短截或疏除。二次枝中上部枣股萌生的枣头，常较细弱短小，不宜用来培养结果枝组，应及早疏除，否则，会严重影响该二次枝的结果能力。从二次枝基部枣股萌生的枣头，一般是健壮的，可根据具体情况加以利用或疏除。当结果枝组衰老时，可以短截二次枝以复壮枣股。此法可使其抽生枣吊的能力和坐果率均有明显提高。当结果枝组中下部由潜伏芽抽生出健壮的枣头时，可利用其培养成新枝组，以代替原枝组的衰老枝段。在衰老枝组附近发生的健壮枣头，可培养新枝组，并利用它更换原有枝组。如新枣头方向不当，可用支、拉、别、撑等方法改变生长方向，并结合夏剪摘心将其培养成新的结果枝组。

（4）及时更新结果枝组　枣树在整个生命周期中虽然都有结果能力，但壮龄期结果能力比幼龄期的强3倍左右，比老龄期的强1～2倍以上，因此，生产上应尽量延长壮龄结果的年限。要使全树保持较高的结果能力，需要依靠合理的更新修剪，及时培养新的结果枝组，剪除衰老的结果枝组，使大部分结果枝组保持在壮龄的结果盛期阶段。各品种枣树的结果枝组盛果期长短差异很大，更新修剪的年限因品种而不同。

更新结果枝组的方法有两种。一种是先养后去，即在将要进入衰老期的枝组下部或附近的骨干枝上，选留一条发育枝，或用刻芽法促发两条健旺的发育枝，培养1～2年后，以新换旧，在新枝着生点的前部疏除衰老的枝组。这种方法可以按各个枝组的年龄、衰老程度逐个进行，不会影响全树的产量。此法适用于树势较强，自然发枝较多的植株。另一种方法是先去后养，即对衰老期的结果枝组先回缩重截，减少生长点，刺激后部或附近骨干枝上的潜状芽萌发，抽生强壮的发育枝，占据原来枝组的空间继续结果。这种方法适用于树龄较大，树势较弱，自然发枝少或树冠比较稠密的植株。该方法剪截量大，一次在全树大部分部位剪截，剪口下要选择健壮的结果母枝或隐芽。

4. 衰老期树的修剪

衰老期枣树树体残缺不全，主、侧枝由前向后枯死，树势衰弱，萌芽晚，枣吊短，果小，单株产量低。

此期修剪的任务是：根据其衰老程度进行轻、中、重等不同程度的更新修剪，促使隐芽萌发，形成更新枝，复壮树势。

当树体上还有相当数量的有效枣股时，可采用轻度回缩更新。更新时，剪除骨干枝总长的1/5～1/3。当树体上有一定数量的有效枣股，但结果能力已经很差时，可采取中度回缩更新。中度更新时，剪除骨干枝总长的1/3～1/2。当树上只有少量有效枣股，产量很低时，可采用重度回缩的方法进行更新。重度更新时，锯掉主枝总长的2/3。老树更新骨干枝要一次完成，不宜轮换进行，否则，刺激程度不够，发枝少，枝势弱，树冠形成慢。

对枣树更新时应注意以下三点。首先是要选有生命力、向外生长的壮枣股处锯除骨干枝，这样长出的枣头生长健壮且开张角度好；其次是要注意各级骨干枝的从属关系，如中心干的头要高于主枝的头、主枝的头要高于侧枝的头等；第三是锯口要平，并涂油漆，以免风干龟裂，大伤口要用塑料布包扎。

对更新修剪后的老树，一方面要加强土肥水管理，提高树体营养水平，促进新生枣头的萌发与生长，加速树冠的形成；另一方面要对更新后萌发的枣头及时进行疏密调整，培养合理的树形和结果枝组。更新修剪对树体刺激重，导致大量隐芽萌发，这一现象可持续3～5年。更新后的枣头营养生长占优势，枝条生长迅速，如不加以控制，容易引起树冠过早郁闭，枝条紊乱，层次不清，通风透光不良，开花少，坐果率低，起不到更新复壮的作用。因此，对更新的枣树，要加强树体管理，采取不同修剪技术，调整好枣头生长方向，合理配置各级骨干枝和结果枝组，使树冠尽早成形。

（四）放任树的修剪

放任树是指由于管理粗放，从来不修剪或很少修剪的自然生长的枣树。放任树总的特点是：树冠枝条杂乱，通风透光不良，骨干枝主侧不分，从属不明，先端下垂，内部光秃，结果部位外移，花多果少，产量低，果实品质差。

放任生长树背上枝较多，常直立生长，这主要是由于坐果后，骨干枝弯曲下垂，处于背上极性部位的隐芽萌发，又没有进行夏季摘心或冬季短截或疏除，使得该处隐芽萌发的枣头由于处于极性位置，且直立生长，而生长势强，加粗和延长生长快，2～4年便可形成较粗大的枝条，同时抑制了其着生部位前端骨干枝的生长，使该骨干枝先端生长变弱，结果能力下降，不久枝梢干枯回缩，该背上枝代替了原枝头（即骑马更新）。此后，该背上枝结果后下垂，在其背上又产生新的背上枝，新的背上枝生长数年后又代替了原背上枝枝头，这种由背上枝代替原枝头的更新现象可连续发生下去。频繁的自然更新现象在放任树上发生极为普遍。频繁的枝条更新使结果枝组的结果能力没有充分发挥，树体营养主要用在更新枝条生长上，因此，造成落花落果严重，产量低，果实品质差。

对于放任树，要掌握因树修剪、随枝作形的原则，不强求树形。主要任务是疏除过密枝，打开层间距，增加内膛光照。对于背上枝，如有空间，将其培养成结果枝组，否则进行疏除。增强骨干枝延长枝的生长势，使主、侧枝从属分明。对于骨干枝之间不平衡的，可通过改变枝角、回缩、短截等方法，抑强扶弱，逐步调整。对于骨干枝先端下垂的，应适当回缩，抬高枝头角度。在树体空间大的地方，通过短截、刻芽等方法促生新枣头，培养结果枝组，以增加结果部位。及时疏除病虫枝、枯死枝、细弱枝、交叉枝、并生枝。

九、柿树的整形修剪

（一）生长结果习性

1. 芽及其类型

柿树的芽多为扁三角形，表面覆有茸毛，通常枝条上部的芽较大，由顶端向下逐渐变小。芽左右两侧各有一个深褐色的肥厚大鳞片，两者相对且相互重叠，鳞片与主芽之间各有一个副芽。柿树不同品种间芽体先端差异较大，有芽体裸露、微露和不露之分，这与苹果、梨等果树的芽被多层鳞片包被有显著区别。柿树的芽可分为四种（图7-72）。

（1）叶芽　着生在结果母枝中部、结果枝上部或发育枝上，芽体瘦小，紧贴于枝条上，萌发后抽生发育枝。

（2）混合芽　着生在结果母枝上部，芽体肥大饱满，萌发后形成结果枝。通常粗壮的结果母枝有1～5个混合芽（有的甚至更多），细弱的结果母枝仅有的顶芽为混合芽。

（3）潜伏芽　又称隐芽，着生在当年生枝条的下部或多年生枝上，芽体小，扁平，一般不萌发，当枝条上部受到损伤后或受到修剪等外界刺激时或枝条前部下垂使其处于弓背处时萌发，形成发育枝或徒长枝。柿树潜伏芽寿命较长，可存活十余年，是树体更新的主要来源。

（4）副芽　对称着生在枝条基部两侧，大而明显，有鳞片覆盖。正常情况下副芽不萌发，当遇到刺激如枝条受损或重截回缩后可萌发抽枝，其寿命和萌芽力均强于潜伏芽。

2. 枝及其类型

按性质可将柿树的枝条分为发育枝（营养枝）和结果枝两大类；按枝条生长表现的状态、功能等可将枝条分为发育枝、结果母枝、结果枝（图7-72）。其中除当年生的结果枝外，其他类型的当年生枝都属于发育枝中不同状态的枝条。

（1）发育枝（营养枝）　只长叶不开花结果的枝条，由叶芽萌发而成。发育枝的长度从几厘米到50厘米不等。

强壮的发育枝长度在10厘米以上，在管理条件好、营养充足时其顶部数芽可分化形成混合花芽，形成结果母枝。细弱的生长枝由一年生枝中部腋芽萌发形成，长度在10厘米以下，不能形成花芽，只会消耗营养，互相遮阴，影响通风透光，应及时疏除。发育枝中生长势特别强、长度在50厘米以上的枝称为徒长枝。徒长枝生长时间长，生长量大，枝条发育不充实，在生长季进行摘心或短截，可使其转化为结果母枝。徒长枝是更新树冠的主要枝条，合理利用可以培养成较好的结果枝组。

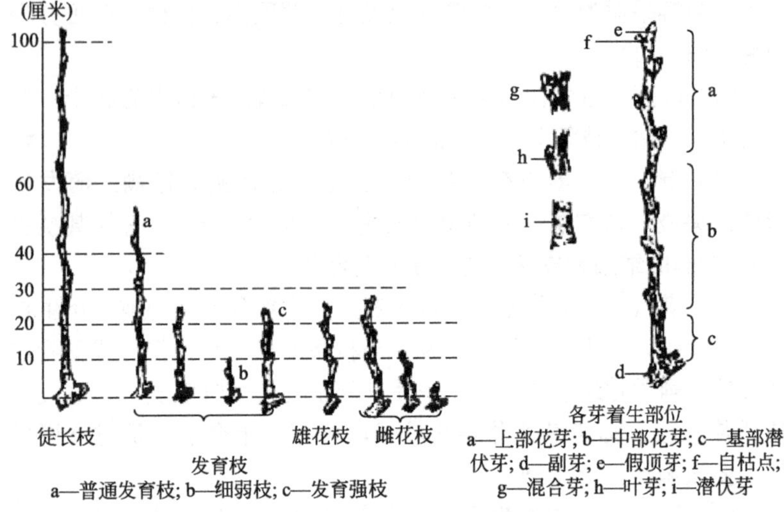

图7-72　柿树的枝和芽（栾景仁，1997）

（2）结果母枝　着生有混合花芽的枝条。一般长度为10～30厘米，生长势中等。结果母枝上部一般着生1～5个混合花芽，第二年抽枝开花；在结果母枝混合花芽的下面叶腋间着生叶芽，可抽生出发育枝。结果母枝一般较粗壮，可由当年强壮的发育枝、生长势减缓的徒长枝、粗壮而位于顶部的结果枝或花果脱落后的结果枝转化而成。

（3）结果枝　能开花结果的枝条，由结果母枝上的混合花芽抽生而成，位于结果母枝的上部。结果枝发育充实健壮，顶部多为叶芽；由上至下3～7节叶腋间开花结果（图7-73），其中以中部花坐果率高；下部数芽为盲节；基部1～3节为潜状芽。柿树易成花，进入大量结果期后，萌发的新枝多为结果枝。

3. 生长结果习性

（1）树体高大，潜伏芽寿命长　柿树树体高大，修剪时应注意控制树高。此外，柿树潜伏芽寿命长，容易萌发。大枝锯口附近、粗枝见直射光处的潜伏芽和弱枝重短截后基部的副芽最先萌发；壮枝短截后弱芽所形成的潜伏芽先萌发。

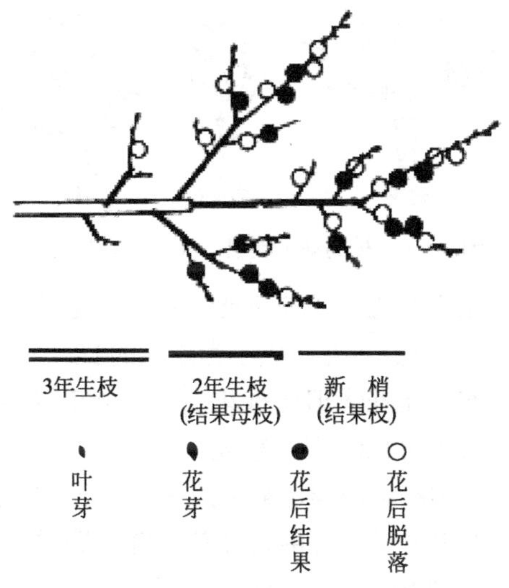

图7-73　柿树着花规律（王仁梓，2000）

（2）枝条顶芽是“伪顶芽”　柿树的枝条在生长到一定长度后，顶端生长点自行枯死脱落，停止生长，其下的腋芽代替顶芽生长，形成“伪顶芽”，因此，柿树枝条没有真正的顶芽，这一特性称为“伪顶芽现象”或“自剪习性”。

（3）顶端生长优势和层性明显，幼树期最为显著　幼树枝条分生角度小，发枝多，直立生长，容易徒长，修剪时要注意开张角度；进入结果期后，大枝逐渐开张，随树龄的增长而逐渐弯曲下垂。背上枝容易抽生直立壮枝，一方面会削弱前端枝的生长势，另一方面可利用抽生的背上枝更新下垂枝，代替原枝头向前生长，这也是树体更新的依据。在自然生长中，由于多次的自然更新，大枝多表现出连续弓形向前延伸生长的特点。

（4）喜光性强　树冠郁闭后，枝条之间互相接触，下部枝条直射光不足，容易枯死，枝干光秃，造成结果部位外移。

（5）开花特性明显，以雌花结果为主　柿花可分为雌花、雄花和完全花3种（图7-74）。在生产上多以雌性花品种为主，也有少量的雌雄花同株的品种，只有野生树具有雌雄异株的特性，但生产上

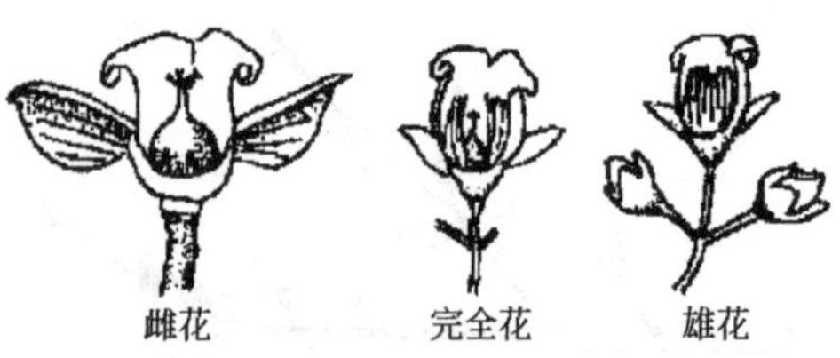

图7-74 柿树花的类型（王仁梓，2000）

较少见。雌花单生于叶腋处，花形比雄花和完全花大。雄花簇生成序，每个花序有1～3朵雄花，大小为雌花的1/5～1/2，呈吊钟状，雌蕊退化。完全花比雄花大但比雌花小。完全花结实率低，所结果实仅为雌花所结果实的1/3，品质较差。

柿花开放时期因品种而异，最早的在5月上旬开花，最迟的在5月下旬，一般主要集中在5月中旬开花。就一株树而言，树冠上层的花先开放，随后是中、下层的花开放，当上层的花多数凋谢时，下层的花正在盛开。同层柿花，朝南方向先开，朝北的迟开。这是由于上层较下层处于优势地位，南向较北向的阳光充足的缘故。在同一结果枝上着生多朵花时，因中下部的花分化程度较两端高，因此先开。具有雄花的品种，表现为雄花先开，雌花后开。同一花序的雄花，中间花先开，两侧的后开。全树花期7～12天。

（6）结实能力与品种和枝条健壮程度等有关　健壮的结果母枝抽生的结果枝多，而且长、粗壮，不仅花多，而且坐果率高，果个也大，故结果母枝的数量和强弱，是关系到能否高产的重要因素。结果枝的结实能力还与抽生果枝的芽位有关，一般以顶花芽（伪顶芽）发生的结果枝生长强，结实能力也强，顶花芽以下的侧芽所抽生的结果枝依次减弱。因此，在修剪柿树时应尽量保留结果母枝的顶芽。一般来讲，小果型品种较大果型品种坐果率高。

（7）果实大小与开花先后有关　在同一结果枝上，由于开花先后不同，果实大小也不相同，先开花的果实大，后开花的果实小，尤其是结果量大、坐果率高的品种更为明显。因此，在疏花疏果时要保留开花早的。

（8）具有单性结实能力　多数柿品种具有单性结实能力，即不需授粉受精即能发育成果实。这种果实没有种子，便于食用，具有较高的商品价值。但有的品种，如富有、次郎等单性结实能力较差，如果不经授粉受精，会出现严重的落花落果现象，或者产生形小、质劣的柿果，因此，在种植时需配置授粉树。

（9）连续结果能力因品种而异　多数品种的结果枝在结果后由于消耗营养多，一般不能继续形成混合花芽而成为结果母枝，因而结果枝具有隔年结果现象。但有的品种，如杵头柿，其结果枝在结果的同时，顶芽能形成混合花芽，具有较强的连续结果能力。

（10）落花落果严重　第一次在开花前，着生在结果枝上部叶腋间的花蕾脱落，一般落蕾率为30%左右，其主要原因是花芽分化不良。之后是落果，以花后2～4周最为严重，占落果总数的60%～80%，以后显著减少，落果的原因是树体营养不足，是由果实与枝叶或果实之间竞争营养而引起的。一些单性结实能力低的品种如富有、松本早生等，如果栽培时缺少授粉树或花期遇低温阴雨，影响正常的授粉受精，也会引起落果。

（11）开花结果处无叶芽　结果枝形成花蕾的各节没有叶芽，结果后成为盲节，因此，修剪时在此处不能短截，否则，将会出现枯死枝段。

（二）主要树形

1. 疏散分层形

树高4米左右，有明显的中心干，干高60～80厘米。中心干上分布3～4层主枝，第一层3～4个，第二层2～3个，第三层1～2个。层内距20～40厘米，层间距60～80厘米。主枝开张角度50°～60°，各主枝上分布2～5个侧枝，侧枝上分布结果枝组。下层主枝较大，上层主枝较小，各主枝错落着生，互不干扰（图7-75）。

图7-75　疏散分层形

该树形适于株距3～4米，行距5～6米的种植密度，以及零星分布的柿树或老树的改造。

2. 变则主干形

树高3米左右，干高60～100厘米。中心干上错落有序地着生4～5个主枝，每一主枝上着生1～2个小侧枝或枝组，全树以7个左右为宜（图7-76）。

该树形主、侧枝错落有序，树冠开张，通风透光良好，树冠矮小，管理方便，属于丰产稳产树形。适于树姿直立的磨盘柿、铜盆柿、朱柿等品种；树姿开张的品种，在立地条件好的地方栽培时，枝条多直立粗壮时也可用该树形。

3. 自然圆头形

没有明显的中心干，干高1～1.5米，选留3～4个主枝，呈40°向上斜伸生长，各主枝生长势大体相等，各主枝上留2～3个侧枝，在侧枝的外侧再分生小侧枝或结果枝组，树冠呈自然圆头形（图7-77）。

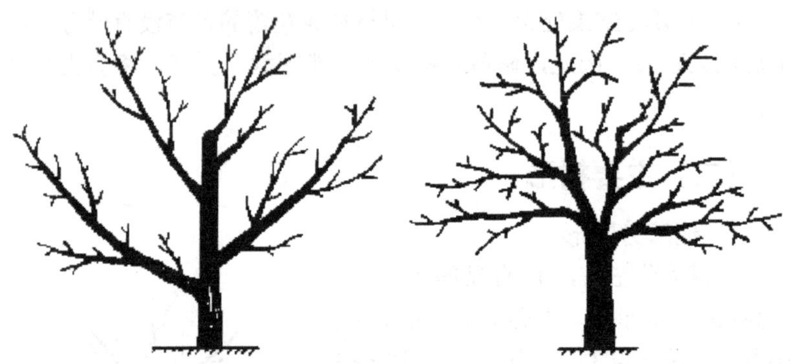

图7-76　变则主干形（栾景仁，1997）**图7-77　自然圆头形**（栾景仁，1997）

该树形无明显层次，树冠开张，树体较矮，内膛通风透光良好，是一种丰产树形，适于中心干生长弱、分枝多、树冠开张的品种，如镜面柿、八月黄、小面糊柿等。

4. 自然开心形

干高50厘米，无明显的中心干，树高3.5～4米。在树干顶端选留3个主枝，主枝开张角度45° ～ 50° ，向斜上方自然生长，各主枝间生长势相对平衡，每个主枝错落着生2 ～ 3个侧枝，主、侧枝上着生结果枝组。主枝平衡生长，侧枝层性明显，树冠呈自然半圆形（图7-78）。

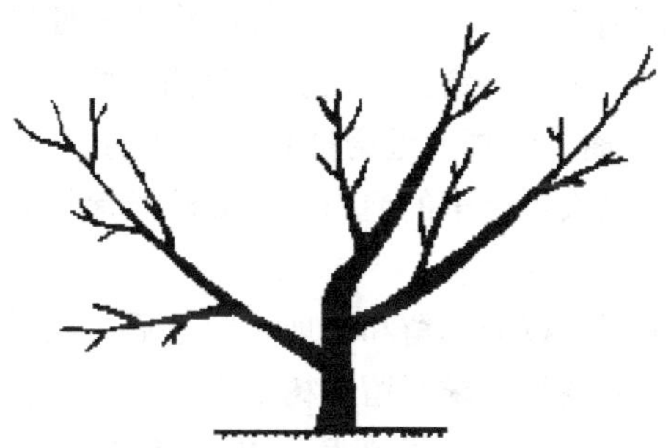

图7-78 自然开心形（栾景仁，1997）

该树形适于树姿开张的品种，如富有、次郎等；在坡地种植树姿直立的品种，若用变则主干形，树冠太高，不便于管理，也可改用自然开心形。

5. 自由纺锤形

干高60 ～ 80厘米，树高3.5米左右。中心干通直，其上均匀错落着生9 ～ 12个小主枝。主枝不分层，上下重叠主枝间距不小于80厘米。主枝开张角度70° ～ 80° ，主枝上不着生侧枝，直接着生背斜侧结果枝组。下层主枝较大，向上依次减小，树冠呈纺锤形。

该树形适于株距2 ～ 3米、行距4 ～ 5米的密度。

（三）不同年龄时期的整形修剪

1. 幼树期树的整形修剪

苗木定植后到开始结果一般需3 ～ 4年。幼树期生长旺盛，停止生长晚，新梢生长势强，年生长期内有两次甚至三次生长，强枝分枝角度小，层性明显，顶端优势强，树冠容易出现上强下弱现象。

此期的修剪任务是：以整形、培养骨架为主，选留强枝培养成骨干枝，注意平衡树势，控制上强下弱现象，适当开张骨干枝角度，逐步扩大树冠。通过对非骨干枝轻剪多留枝兼顾早结果和早丰产。

（1）定干　苗木定植后至萌芽前进行定干。剪口下30～40厘米的整形带内应有5～6个饱满芽，剪口芽留在迎风面。定干的剪口应略呈马蹄形的斜面，斜面位于剪口芽的对侧，并与剪口芽保持1～1.5厘米的距离，距离太近会抑制剪口芽的生长。剪口要平滑，不劈不裂。多年生大苗定干的剪口大，要注意涂抹愈合剂或用农膜包扎保护。

（2）中心干延长枝的选留和修剪　定干后，经过一年的生长发育，至休眠期按照树形要求选留幼树上端、生长充实的直立向上的枝条作为中心干的延长枝，并在其上40～50厘米处短截，不仅能抑制顶端生长优势，而且能促进第一层主枝的旺盛生长。延长枝的生长势要与下面选留的主枝生长势相当或略强于主枝，但不能过强或过弱。

柿幼树容易出现上强下弱现象，这与在修剪中中心干延长枝选留过强、剪留过长或周围分枝短截过多有关。为此，幼树选留中心干延长枝时应选生长势中庸的枝条。当树冠出现上强现象时，可将中心干延长枝确定在具有角度开张、生长势较弱的第二芽枝或第三芽枝上，使中心干延长枝弯曲生长，减缓长势。中心干延长枝剪留长度要适中，对延长枝以下的枝条，除了骨干枝或大、中型枝组外，对其他枝条进行长放或疏除，同时注意下层骨干枝的开张角度不能过大，对开张角度过大的可通过吊枝适当减小其角度，以增强生长势。

（3）主、侧枝的选留和修剪　在中心干下部选3～4个生长健壮、角度适宜、向四周均匀分布的枝条作为第一层主枝。如果在1年内选留不出3～4个主枝，可分2年完成。主枝选好后，为保持枝间均衡，应少疏多截，增加枝量。枝条长至40厘米左右时摘心，促进二次生长，增加枝条级次。在整个修剪过程中要尽量轻剪，以达到培养各类枝条的目的。

中心干达到第二层高度时，通过冬季短截或夏季摘心，促发形成第二层主枝。此时第一层主枝顶端抽生出的延长枝和侧枝，常常向上斜向延伸，分生角度较小，应在枝条木质化前采用撑、拉、吊、垂等方式促其开张角度。第二层主、侧枝仍按第一层的办法，依据整形要求选留。经过3～4年后，树体骨架基本形成，生长逐渐趋于缓慢。在内膛处，可通过短截附近的健壮发育枝或徒长枝促发分枝，填补内膛空间。

对枝条的处理，要根据品种特性进行。对发枝多的品种，应疏除过密枝。对发枝力弱、枝条稀疏的品种，为了增加枝量，应以短截为主，尽量不疏枝。当枝条长到30～40厘米时进行摘心，加快枝条级次形成，促进枝条转化，并培养为结果枝组。对细弱枝及时回缩更新，集中养分，使枝条由弱转壮，并培养成紧凑型的结果枝组。在整形过程中兼顾结果，在形成合理的树体结构，完成整形修剪任务的同时，达到早结果、早丰产的目的。

2. 初果期树的整形修剪

前期仍保持较旺盛的生长势，树冠继续扩大，易出现上强下弱的现象。初果期后，树冠逐渐开张，产量增加迅速，大枝开始出现弯曲，管理不当容易出现结果部位外移和大小年结果现象。

此期的修剪任务是：控制上强下弱现象，平衡树势，保持树冠通风透光，培养结果枝组，控制结果部位外移，克服大小年结果现象。

（1）平衡树势　应保持主枝之间、侧枝之间、主枝与侧枝之间以及上层与下层之间的平衡关系和从属关系。及时疏除树冠内萌发的直立强枝和徒长枝。对角度小、生长势强的骨干枝采取支、撑、拉或换头等措施开张角度。尤其是控制好树冠上强下弱现象，一旦出现，一是要控制上部强枝，采取疏枝或缓放等措施缓和上部强枝的生长势；二是改善下层骨干枝的光照条件，注意疏除内膛的过密枝和无效枝，处理好平行枝和交叉枝的位置关系；三是对下部骨干枝可采用强枝当头的方法，角度过大的应抬高角度，多留裙枝，减少负载量，增强其生长势。

（2）结果枝组的选留与修剪　柿树进入盛果期以后，长度为15～30厘米的充实、健壮的发育枝当年容易形成花芽而成为结果母枝，对这样的枝条除因过密导致没有生长空间而需要疏除外，其余应尽量保留，使其下年开花结果，增加产量。长度为30～40厘米的强壮发育枝，如果其周围空间较大可剪留2/3，促发分枝，将其培养成小型或中型结果枝组。长度为40～50厘米的徒长性发育枝，除可拉平缓放、占有空间以提早结果外，也可在1/2处短截，促发分枝，依空间大小培养成大型或中型结果枝组。

结果枝组以配置在骨干枝两侧的斜上方或斜下方为宜，一般不留背上或背下枝组，这样可使枝组既有自身生长发育和结果的空间，又不影响骨干枝的生长发育，同时也不影响树冠内膛的通风透光。

对枝组内的结果枝应根据具体情况进行修剪。有的柿树品种如磨盘柿，结果后的果枝，一般当年不会再形成结果母枝，可作为发育枝对待，这种发育枝的结果部位以下没有侧芽，可以不剪截，促使其果前梢的顶芽和侧芽萌发新枝；或将其留桩剪截，刺激基部副芽萌发抽生枝条。有的品种连续结果能力较强如杵头柿，其结果枝具有连续形成结果母枝的能力，可对其缓放，使期下年继续结果。

（3）发育枝的修剪　为减少养分的耗损，通风透光，应疏除内膛的细弱枝和下垂枝；对抽生二、三次梢的发育枝，疏去其中细弱不充实的；20～30厘米长的发育枝最容易抽生结果母枝，应视具体情况加以处理，一般长的于1/3处短截，短的可长放。另外，大多数情况下，结过果的结果枝，生长较细弱，不能再发育成结果母枝，可视作发育枝，在饱满芽处短截，但细弱者往往结实部位以下无侧芽，可从基部短截，促使副芽萌发成枝。

（4）徒长枝的利用　在剪、锯口周围或进入初盛果期的骨干枝背上等处容易萌生徒长枝，影响树冠的通风透光，扰乱树形，应从基部疏除。但在树冠出现缺枝的部位，可用徒长枝填补空间，并根据空间大小通过短截促发分枝；也可拉平缓放，培养成为不同类型的结果枝组。在缺枝严重的部位，可利用徒长枝培养成骨干枝或大型结果枝组。

3. 盛果期树的整形修剪

树体结构基本形成，营养面积达到相应的大小；枝叶生长量逐渐减少，骨干枝离心生长逐渐减缓，膛内、冠外都能大量结果，外围健壮枝条当年多能形成质量较好的结果母枝，产量达到最高峰，但容易出现大小年和结果部位外移等现象；随着树龄的增长，大枝多弯曲生长，枝条上的隐芽随着大枝的弯曲和内膛细弱枝的枯死而萌发成新枝，出现局部更新。

此期修剪的主要任务是：提高树体营养生长水平，增强树势，调节和处理好营养生长与生殖生长的平衡关系，进一步调整骨干枝结构，改善内膛光照条件，使树势稳定，防止早衰。培养和更新结果枝组，延长盛果期高产优质的持续期。

（1）调整角度，平衡内外生长　树体达到相应高度、上部遮阴严重时，应及时落头开心，解决内膛及下部的光照问题。修剪时对过多的大枝应分年疏除，促进内膛枝生长，着重培养结果枝组。同时应及时回缩大枝原头，抬高主、侧枝角度，培养大枝后部着生部位较高处的新生枝，逐步代替原头生长，恢复主枝的生长势。

（2）疏缩结合，培养内膛枝　盛果期的柿树，大枝后部容易光秃，造成结果部位外移。修剪时，应及时回缩更新，使营养相对集中，促使后部发生健壮的新枝。对有发展空间、生长充实的新枝，及时短截，促使分枝，培养成枝组，巩固回缩效果；有培养空间的徒长枝，冬剪时可拉平，培养成结果枝组；无发展空间的新生枝从基部疏除。对有空间的内膛衰弱枝重截，促使潜伏芽萌发更新枝，培养成小型结果枝组，填补空间，增加结果部位。对下垂严重、后部光秃、枝叶量小的中型枝组重回缩，起到压前促后、巩固结果部位的作用。对大型的辅养枝和结果枝组，应缩放结合，左右摆开，使枝组呈半球状，树冠外围呈波浪状。同时应疏除细弱枝、枯死枝、交叉重叠枝和病虫枝。

（3）留足预备枝，克服大小年　柿树是以壮枝结果为主的果树，结果母枝越粗壮，抽生的结果枝越多，坐果率越高，果实品质越好。为了保证每年都能形成大量的健壮结果母枝，可在冬季修剪时，保留一部分结果母枝缓放；对1/3左右的结果母枝，选方向好的留基部2～3芽短截，作为预备枝，使其翌年抽生壮枝形成结果母枝，这种方法称为“截一留二”修剪法。此外，也可将两个相邻的枝条作为一个修剪单位，对一个结果母枝缓放使其下年结果，对另一个枝条留基部潜伏芽或副芽短截作为预备枝，促使萌生新枝，成为结果母枝，每年如此修剪，这种方法称为“双枝更新”修剪法。如果结果枝在结果当年生长势弱，多数不能形成结果母枝，可用“同枝更新”修剪法修剪，即将结果枝回缩至分枝处。对一些成花容易的品种，大年时对部分结果母枝截去顶端2～3芽，使上部的侧生花芽抽生结果枝，下部叶芽抽生发育枝形成结果母枝，为翌年结果打下基础。

（4）利用副芽更新，延长结果寿命　柿树的副芽芽体大，萌发抽枝能力强。因此，在更新修剪时，要保护好剪留枝条基部的两个副芽。如修剪量适当，副芽很容易抽生出10～30厘米长的“筷子码”，这样的枝条形成结果母枝的能力强，应重点培养。

（5）充分利用徒长枝，及时更新树体　盛果期的柿树，树冠外围新梢大多是结果枝，而柿树结果枝的连续结果能力一般较弱，容易衰老枯死。但是，柿树潜伏芽寿命长，容易萌发形成徒长枝，可利用其进行局部更新。因此，在修剪时应疏除部分徒长枝，留下位置好、生长健壮、发展空间大的徒长枝，待其长至15～30厘米时进行摘心控制；也可在冬剪时拉平，后部发枝后再回缩，培养成新的结果枝组。

4. 衰老期树的修剪

随着小枝和侧枝的陆续衰亡，树冠内部不断光秃，骨干枝后部发出大量徒长枝，出现自然更新现象。小枝结果能力减弱，隔年结果现象严重。

此期的修剪任务是：回缩大枝，促发更新枝更新树冠，延长结果年限，以保持一定的产量。

根据大枝先端衰弱、后部光秃的情况而确定修剪方法，对大枝采取重回缩，回缩到5～7年生的部位，使新生枝代替大枝原头继续延长。上部落头要重缩，以减少上部生长点，控制消耗，打开光路，为内膛新枝生长创造条件；下部修剪要轻，以保持有一定数量的结果部位，维持产量。

回缩大枝时，应灵活掌握，全树有几个衰老的大枝就回缩几个，但应避免过重，防止后部抽生徒长枝过多，若不及时控制这类枝，后部易光秃，造成“树上树”，起不到更新修剪的作用。对内膛抽生的徒长枝，适时摘心、短截，压低枝位，促发分枝，形成新的骨干枝或枝组，加速更新树冠，以尽早恢复树势和产量。

对内膛小枝的更新，应疏除过密枝和细弱枝，保留枝应摘心促使其强壮，培养为结果枝组。这样，就可以扩大结果部位，加快营养面积的形成，维持地上和地下部分的相对平衡关系，缩短更新周期，增强树势，提高产量。

（四）放任生长树的修剪

放任生长的柿树树体高大，大枝多，小枝少，上下重叠，左右交叉，互相遮阴，树形杂乱，主枝角度小，树体上强下弱，内膛空裸，结果部位外移，病虫害严重，树势弱，产量低，果实品质差。

放任生长柿树的修剪任务是：控制树高，疏缩部分大枝，调整骨干枝结构，逐步改造树形，改善内膛光照条件，增加内膛枝量，解决内膛和骨干枝光秃问题。调节营养生长与生殖生长的关系，提高营养水平，恢复树势，培养、更新结果枝组，提高全树结果能力和提高产量，改善品质。

1. 改造树形

根据树体的具体情况，选择改造成适宜的树形，一般主干明显的可改造成疏散分层形，主干不明显的可改造成开心形。

2. 分年疏除过多大枝

大枝过多容易导致内膛光照条件差，内膛光秃。每年冬剪应疏除1～2个过于拥挤、光秃的主枝或大侧枝，适当减少主枝的数量，保持在8～9个为宜，并使之分布均匀、合理。对于过于衰弱、多年没有效益的大树或下年为大年的柿树，为尽快调整骨干枝结构、改善光照条件，可多疏除一些骨干枝，对大年树处理合理一般不会影响其当年产量，而且还会提高果实品质。对疏除大枝后形成的大剪、锯口需用农膜包扎或涂抹保护剂加以保护。

3. 疏缩结合，集中复壮

对放任生长的柿树进行第一次修剪时，为了既有利于恢复树势，又能在修剪当年有所增产，应采取“疏缩结合，以疏为主，集中复壮”的修剪方法。针对结果部位集中在树冠外围的现象，应尽量疏除纤细枝、弱枝和无效枝；尽量保留结果母枝，提高结果母枝在树冠总枝量中的比例，使之集中营养复壮，以增强结果母枝的结果能力。结合肥水管理和病虫害防治，当连续进行两、三年的修剪和综合管理之后，在内膛结果母枝数量逐渐增加、并优于外围结果母枝的情况下，再回缩外围冗长的多年生枝，并注意疏除纤细枝和无效枝，增加内膛结果母枝的比例，用新的强壮结果母枝逐步替代外围多年延伸、势力弱的母枝，提高全树的结果能力，并加快树势的恢复。

对于少数没有产量、过弱或大小年明显的放任树，为尽快复壮，结合调整大小年，在第一次修剪的当年，可以采取回缩树冠外围多年生衰弱、冗长枝的做法，疏除膛内、外的纤细枝、过密枝和其他无效枝，配合肥水管理和病虫害防治，较快地恢复和增强树势，形成较合理的树冠枝类结构。

4. 调整和更新结果枝组

对树冠中过高的或光秃延伸的枝组进行调整，压低过高的直立枝组，选留和培养斜侧方的分枝；调节、回缩更新光秃延伸的枝组；采取疏、缩、放相结合的修剪原则，改造平行、交叉或重叠的枝组，使其枝组紧凑，有生长空间，通风透光且不影响层间光照。

5. 利用徒长枝

放任生长的大树内膛光秃、缺枝是低产的重要原因之一。多年生枝回缩修剪和调整骨干枝形成的剪、锯口处会萌生大量的徒长枝，根据需要选择、利用徒长枝，定位、定向地培养不同类型的枝组或大枝，填补空缺，充实内膛。在光秃带生长的徒长枝更为重要，即使是背上生长的直立枝，也要尽量利用，可间隔一定距离，剪留30厘米左右培养成向两侧延伸的枝组，也可缓放、拉平以培养枝组。对于缺少骨干枝的部位，可以利用其附近萌生的徒长枝，经过多年培养形成新的骨干枝。

6. 调节负载量

根据品种、树龄、树势和管理水平来评估产量，推算出应保留的结果母枝的数量，对多余的结果母枝进行短截以作为预备枝，这样可以提高柿树的营养水平，有利于克服大小年，促其丰产稳产。

十、核桃树的整形修剪

（一）生长结果习性

1. 芽及其类型

根据形态、构造及发育特点，可将核桃的芽分为混合芽、叶芽、雄花芽和潜伏芽四种（图7-79）。

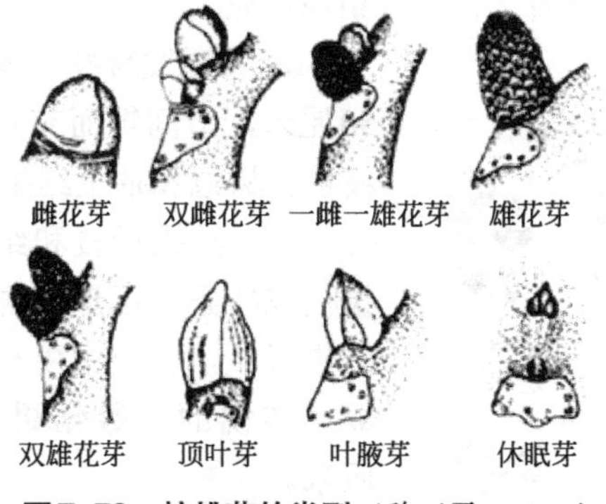

图7-79　核桃芽的类型（魏玉君，2006）

（1）叶芽　叶芽呈宽三角形，有棱，主要着生在营养枝顶端及叶腋间，或结果枝混合芽以下，单生或与雄花芽叠生，其中，以枝条春梢中上部的叶芽较为饱满。早实核桃叶芽较少。叶芽萌发后只抽生枝和叶。

（2）混合芽　芽体肥大，近圆形，外面紧包鳞片，晚实核桃的混合芽，着生在一年生枝顶部1～3个节位处，单生或与叶芽、雄花芽上下呈复芽状态，着生于叶腋间。早实核桃较易形成混合芽，除顶芽外，其下2～4个侧芽（最多可达20个以上）也多为混合芽。萌发后抽生枝、叶和雌花序。

（3）雄花芽　短圆锥形，无鳞片包被，属裸芽，多着生在一年生枝的中部或中下部，数量不等，单生或叠生。萌发后形成雄花序。

（4）潜伏芽　主要着生在枝条的基部或下部，单生或复生。呈扁圆形，瘦小。属于叶芽的一种，在正常情况下不萌发，在受到外界刺激后才萌发，成为树体更新和复壮的后备力量。核桃潜伏芽寿命较长，可达数十年。

2. 枝及其类型

（1）发育枝　当年不开花结果的枝条称为发育枝。根据其长势和形态可将发育枝分为徒长枝和普通发育枝。

① 徒长枝。直立生长，枝粗，长度一般在50厘米以上，其上着生的芽瘦小，叶片大而薄，组织不充实。

② 普通发育枝。枝长一般为30～50厘米，节间短而充实，是形成骨干枝扩大树冠和抽生结果母枝的基枝。

（2）结果母枝和结果枝　着生结果枝或枝条上已形成混合芽的枝称为结果母枝，主要由生长充实的枝条形成。核桃的多数结果母枝长5～50厘米。

由混合芽抽生的带有雌花的新梢称为结果枝。根据长度可将其分为长、中、短三种果枝，划分标准同苹果（图7-80）。

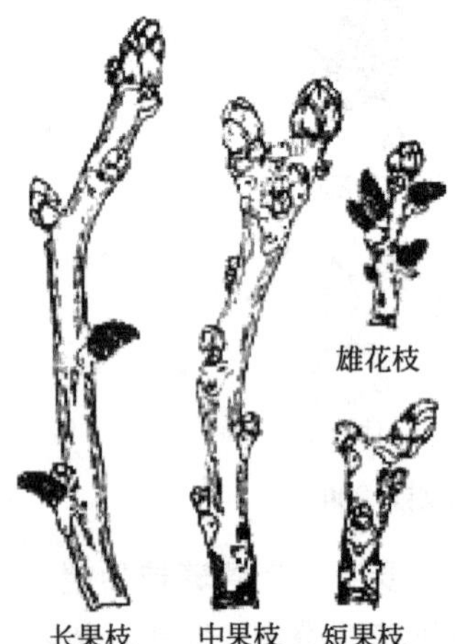

图7-80　核桃的结果枝类型

（3）雄花枝　长度一般为6～7厘米，生长势较弱，节间短，除顶芽为叶芽外，其余各节均为雄花芽。雄花枝只能抽生雄花序。雄花枝数量多的植株，表示树势衰弱，在修剪上疏除过多的雄花序或雄花芽可以节省营养，增强树势，提高产量。

3. 生长结果习性

（1）枝条一年有2～3次生长　核桃枝条的生长，受年龄、营养状况、着生部位等因素的影响。幼树和壮枝一年有两次生长，有时还有三次生长，形成春梢和秋梢。二次生长现象随树龄增长而减弱。二次生长过旺，通常会导致木质化程度降低，不利于枝条越冬，应加以控制。此外，核桃一年生枝条髓部较大，受伤后容易失水，伤口不易愈合，剪截后会造成枝条干枯。因此，不宜短截核桃一年生枝。

（2）树体高大，自然更新能力强，寿命长　核桃树体高大，比较喜光，层性明显，萌芽率低，成枝力弱，树冠开张，多呈圆头形，因此，生产上多采用疏散分层形和自然开心形。核桃树的潜伏芽数量多而且寿命长，自然更新能力强，这是核桃树寿命长的主要原因之一，200年生的大树还能开花结果。

（3）顶端优势强　一般壮枝顶端的2～3个侧芽能萌发抽生枝条，弱枝则只有顶芽能萌发抽枝；下部的侧芽，虽然也能萌发，但生长不良，经常枯死；基部侧芽一般不萌发，形成潜伏芽。因此，核桃树容易出现大枝基部光秃、树冠内膛空虚、结果部位外移的现象。

（4）背后枝生长势强，易形成竞争　核桃背下枝吸水力强，生长旺盛，这是其不同于其他树种的一个重要特性，在栽培中应加以控制或利用，否则，与原延长枝形成竞争，甚至超过原延长枝的生长势，扰乱树形，影响骨干枝生长和树下耕作。成龄核桃树的树冠外围大多着生混合芽，第二年顶端萌生结果枝，即枝条生长靠侧芽萌发延伸，属于典型的合轴分枝类型，使树冠表面成为分枝最多的结果层。

（5）有雌雄同熟和异熟现象　核桃是雌雄同株异花树种。多数品种的雌雄花期不一致，这种特性称为“雌雄异熟”，雌花先开的称为“雌先型”，雄花先开的称为“雄先型”；个别雌雄花同开的称为“雌雄同熟”。据观察，核桃雌先型的植株比雄先型的植株，雌花期早5～8天，雄花期晚5～6天；铁核桃主要品种多为雄先型，雄花比雌花提早开放15天左右。同株树雌雄花期相遇性很差。雌雄异熟是异花授粉植物的有利特性。在生产上应根据不同品种间的雌雄花期，选用花期能较好地吻合并能相互授粉的品种。

核桃雌雄异熟性决定了在栽培中配置授粉树的重要性。雌雄花期先后与坐果率、产量及坚果整齐度等性状的优劣无关，但在果实成熟期方面存在差异，雌先型品种比雄先型早成熟3～5天。

（6）早实核桃具有二次开花的特性　二次雌、雄花多呈穗状花序。二次花的类型多种多样，有单性花序的，也有雌雄同序的，有花序轴下部着生数朵雌花、上部为雄花的，个别尚有雌雄同花的。早实核桃二次雌花常能结果，所结果实多呈一序多果穗状排列。二次果较小，但能成熟并具发芽成苗能力，苗木的生长状况同一次果的苗无差异，并且其后代能表现出早实特性，所结果实体形大小也正常。

（7）属风媒花树种，具有孤雌生殖现象　核桃是风媒花，花粉飞散能力很强，在距离树体150米处仍能捕捉到花粉粒。花粉的传播距离与风速、地势等因素有关，在一定距离范围内，可随着风速的增大而增加花粉的飞散量；在一定的风速下，花粉飞散量又随着距离的增大而减少。因此，应根据当地历年花期风速来决定授粉树配置的距离和比例。通常，核桃的最佳授粉距离在100米以内，超过300米几乎不能授粉，这时必须进行人工授粉。

有些核桃品种或类型不需要授粉也能结出有生活力的种子，这种现象称为孤雌生殖。此种现象在核桃中很普遍，只是表现的强弱不同，一般雄先型树表现较强。孤雌生殖能力强的植株具有明显的丰产性。

（8）不同的类型和品种开始结果的年龄差异大　早实核桃栽后2年，晚实核桃栽后8～10年开始结果。初结果树，多先形成雌花，

2～3年后才出现雄花。成年树雄花量多于雌花几倍、几十倍，以至因雄花过多而影响产量。

（9）壮枝连续结果能力强　成年树以健壮的中、短结果母枝坐果率最高。在同一结果母枝上以顶芽及其以下1～2个腋花芽结果最好。坐果的多少与品种特性、营养状况、所处部位的光照条件有关。一般一个花序可结1～2个果，也可着生3个及其以上的果。着生于树冠外围的结果枝结果好，光照条件好的内膛结果枝也能结果。健壮的结果枝在结果的当年还可形成混合芽。调查发现，在健壮的结果枝中有96.2%在当年能继续形成混合芽，而弱果枝中能形成混合芽的只占30.2%，说明核桃结果枝具有连续结实能力，而且健壮的结果枝连续结果的能力强。但随着树龄的增长，结果部位迅速外移，果实产量集中于树冠表层。

（二）主要树形

1. 疏散分层形

有明显的中心干，干高一般为1.2～1.5米，间作园干高为1.5～2米。中心干上着生6～7个主枝，分为2～3层。第一层3个主枝，第二层2个主枝，第三层1～2个主枝。第一、二层的层间距1～1.5米，第二、三层的层间距1米。第一层每个主枝上各留3～4个侧枝，第一侧枝距中心干1.5米，第二侧枝留在第一侧枝的对面，距第一侧枝1米，第三侧枝留在第二侧枝的对面，距第二侧枝1米。第二层主枝上各留2～3个侧枝，第三层主枝上各留1个侧枝（图7-81）。

该树形树冠大，枝条多，结果部位多，产量高，通风透光好，树体寿命长，但结果晚，前期产量低，后期产量高，盛果期后树冠容易郁闭，内膛容易光秃。适于稀植大冠晚实型品种和果粮间作栽培方式。

2. 自然开心形

没有中心干，干高因品种和栽培管理条件而异。在肥沃的土壤条件下，干性较强或直立型品种，干高为0.8～1.2米，早期密植丰产园干高多为0.4～1.0米。有3～5个主枝轮生于主干上，各主枝间的垂直距离为20～40厘米（图7-82）。

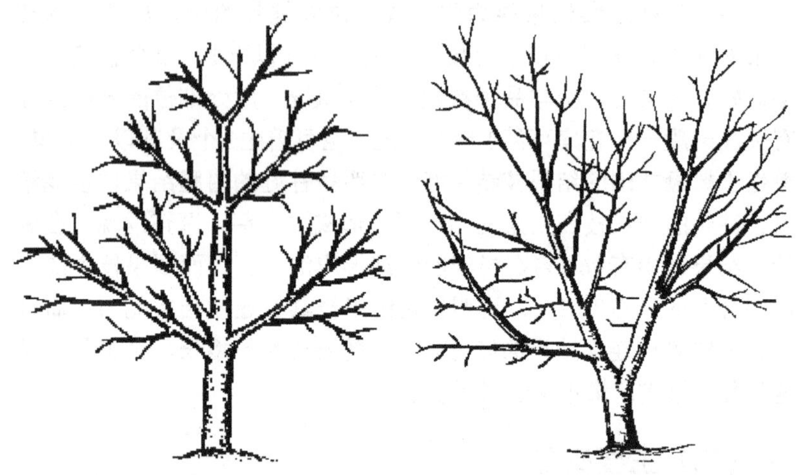

图7-81　疏散分层形　　**图7-82　自然开心形**（张毅萍，2005）

该树形成形快、结果早、整形简便。适于干性弱、顶端优势不明显和密植栽培的早实型品种及土层较薄、肥水条件较差地区的晚实型品种。

3. 单层高位开心形

干高0.6米左右，基部3～4个主枝邻近排列，向上每隔20～30厘米着生一个主枝，螺旋式插空排列在中心干上，全树6～8个主枝，基部主枝有2个侧枝，上部小主枝上直接着生8～10个枝组，从最后一个主枝上方落头开心。主枝基角75°，长度2米左右。树高2.5米左右。

该树形树体通风透光好，有利于提高果实品质，丰产、稳产。适合早实、密植、管理水平高的核桃园。

（三）修剪时期

核桃树在休眠期（落叶后至萌芽前）修剪有“伤流”现象，伤流液中含有很多营养物质，如果伤流液过多会使树体营养损失过多，进而影响树体正常生长发育，因此，核桃修剪时期与其他果树有所不同。为避免伤流损失树体营养，对核桃树的修剪多选在秋季果实采收后至叶片变黄脱落前或春季展叶以后进行。由于春季展叶后修剪损失树体营养较多，且容易碰伤幼嫩枝叶，因此，结果树以秋季修剪为主，而幼树为防止抽条则以春季修剪为主。

（四）不同年龄时期的整形修剪

1. 幼树期树的整形修剪

核桃幼树阶段生长快，如任其自然生长，则不易形成具有丰产结构的理想树形。特别是早实核桃分枝性强，结果早，易抽生二次枝，因而容易造成树形杂乱，树体结构不合理，不利于正常的生长结果。

该时期修剪的主要任务是：培养良好的树形和牢固的树体结构，有效地控制主枝和各级侧枝在树冠内部的合理分布，保证幼树形成理想的树体骨架，创造良好的通风透光条件，促进早实丰产。

（1）幼树整形

① 定干。树干的高度与树形、栽培条件和间作等相关。通常晚实核桃结果晚，树体高大，定干可适当高些，留1.5～2米，山地核桃主干高可留1～1.2米；早实核桃结果早、树体小，应合理密植，定干高度相对较低，干高0.8～1.2米。立地条件好的定干可高些，密植园可低些，早期密植丰产园干高可留0.4～1米。如果株行距较大，实行果粮间作、果蔬间作等，为便于作业，干高可留高些。

晚实核桃二年生时很少发生分枝，三、四年生以后开始有少量分枝，基部主枝距地面可达2米以上。此时可通过选留主枝的方法定干，即春季萌芽后，在定干高度的上方选留一个壮芽或健壮的枝条，作为第一主枝，将其以下枝、芽全部剪除。如果幼树生长过旺，分枝时间推迟，为控制干高，可在要求干高的上方适当部位进行短截，促使剪口芽萌发，然后选留第一主枝。对分枝力强的品种，只要栽培条件适宜，也可采用短截的方法定干。

早实核桃可在栽植当年进行定干，并抹除干高以下的全部侧芽。如果幼树生长未达到定干高度，可在第二年再定干。如果顶芽坏死，可选留靠近顶芽的健壮侧芽，促其向上生长，待达到一定高度后再定干。定干时选留主枝的方法同晚实核桃。

② 树形培养。

疏散分层形。定干当年或第二年，在定干高度以上选留水平夹角互为120°左右的三个生长健壮的枝条或已萌发的壮芽，培养成第一层主枝，主枝基角不小于60°，层内两主枝间的距离不小于20厘米。第一层主枝确定后，除保留中心干延长枝的顶枝或芽外，将其余枝、芽全部去除。在晚实核桃5～6年生、早实核桃4～5年生时，或第一、二层主枝间距（早实核桃60厘米，晚实核桃80～100厘米）以上已出现壮枝时，开始选留第二层主枝，一般选1～2个。同时开始在第一层主枝上的合适位置选留侧枝。各主枝间的侧枝方向要互相错开，避免重叠和交叉。如果只留两层主枝，则第一层与第二层间距要大，晚实核桃2米左右，早实核桃1.5米左右。第二层主枝2～3个。选好第二层主枝后，在其上方适当部位，将中心干落头开心。晚实核桃6～7年生、早实核桃5～6年生时，继续培养第一层主、侧枝和选留第二层主枝上的侧枝。早实核桃与晚实核桃7～8年生时，除继续培养各层主枝上的各级侧枝外，开始选留第三层主枝1～2个。第三层与第二层的间距晚实核桃为2米左右，早实核桃为1.5米左右，并从最上一个主枝的上方落头开心。至此，整个树形骨架已基本形成。

自然开心形。晚实核桃3～4年生、早实核桃3年生时，在定干高度以上按不同方位，留出3～4个枝条或已萌发的壮芽作主枝。各主枝基部的垂直距离一般为20～40厘米。主枝可一次或两次选留，各相邻主枝间的水平距离或水平夹角应一致或相近，且长势应基本一致。主枝选定后，开始选留一级侧枝，每条主枝可留3个左右，侧枝间要相互错开，保证分布均匀。第一侧枝距中心干距离晚实核桃为0.8～1米，早实核桃为0.6米左右。一级侧枝选定后，再在其上选留二级侧枝。第一主枝一级侧枝上配置1～2个二级侧枝，第二主枝上配置一级侧枝2～3个。第二主枝上的侧枝与第一主枝上的侧枝间距晚实核桃为1～1.5米，早实核桃为0.8米左右。至此，开心形的树冠骨架基本形成。

（2）幼树修剪　幼树修剪是在整形基础上，培养和维持丰产树形的重要措施。主要任务有继续选留、培养结果母枝和结果枝组，及时剪除和改造无用枝，从而达到均衡树势、提早结果、增加产量的目的。

由于早实核桃和晚实核桃在幼龄期的生长发育特点不相同，因而在修剪方法上也不尽相同。

① 早实核桃。

控制二次枝。早实核桃在幼龄阶段抽生二次枝是比较普遍的现象。二次枝抽生晚，生长旺，组织不充实，冬季易发生抽条。如果任其生长，虽能增加分枝、提高产量，但却容易造成结果部位外移，常使结果母枝后部形成较长的光秃带。因此，应根据具体情况对二次枝加以控制。如在一个结果枝上抽生3个以上的二次枝，可在早期选留1～2个健壮枝，其余全部疏除；在夏季对选留的生长过旺的二次枝进行摘心，控制其向外延伸；如一个结果枝只抽一个生长势较强的二次枝，则在夏季将其摘心或春季短截，以促发分枝，培养成结果枝组；在二次枝木质化之前疏除生长过旺的枝条。

利用徒长枝。早实核桃由于结果早、果枝率高、花果量大，营养成分消耗过多，常常造成新枝不能形成混合芽或叶芽，以至第二年无法抽发新枝，而其基部的潜伏芽会萌发成徒长枝。这种徒长枝第二年就能抽生5～10个结果枝，最多可达30多个，这些果枝由顶部向基部生长势逐渐减弱，枝条变短，最短的几乎看不到枝条，只能看到雌花。第三年中、下部的小枝多干枯，出现光秃带，结果部位向枝顶推移，易造成枝条下垂。因此，必须采取摘心或短截等方法，促使徒长枝中、下部果枝生长健壮，达到充分利用粗壮徒长枝培养健壮结果枝组的目的。

处理好旺盛营养枝。对生长旺盛的长枝，以缓放或轻修剪为宜。修剪越轻，总发枝量、果枝量和坐果数就越多，二次枝数量就越少。

疏除过密枝。早实核桃枝量大，易造成树冠内膛枝条密度过大，不利于通风透光。对此，应按照去弱留强的原则，及时疏除过密枝。但疏枝时切不可留橛，以利于伤口愈合，避免刺激枝条基部的副芽萌发，这样不仅不能降低枝条密度，反而会增大枝条密度。

处理好背后枝。背后枝多着生在母枝先端背下，春季萌发早，生长旺盛，竞争力强，容易使原枝头变弱，而形成“倒拉”现象，甚至造成原枝头枯死。可采用以下四种方法进行处理：一是在萌芽后或枝条伸长初期剪除；二是如果原母枝变弱或分枝角度过小，可利用背下枝或斜上枝代替原枝头，将原枝头剪除或培养成结果枝组；三是如果背下枝生长势中等，并已形成混合芽，则可保留其结果；四是如果背下枝生长健壮，结果后可在适当分枝处回缩，培养成小型结果枝组。

② 晚实核桃。晚实核桃幼树期分枝少，开始结果年龄晚，且侧生混合芽比例低。因此，对晚实核桃幼树的修剪，除培养好树形外，还应通过修剪，达到促进分枝，提早结果的目的。

短截发育枝。晚实核桃在开花结果之前，抽生的枝条均为发育枝，短截是增加分枝的有效方法。短截对象主要是从一级和二级侧枝上抽生的旺盛发育枝。短截发育枝的数量占总枝量的1/3左右，且在树冠内分布均匀。一般用轻短截和中短截促生分枝效果好。重短截的分枝数少，还有刺激潜伏芽萌发的可能，不宜采用。

剪除背下枝。晚实核桃背下枝的生长势比早实核桃还强，为保证主、侧枝原枝头的正常生长和促进其他枝条的发育，避免养分大量消耗，在背下枝抽生的初期从基部剪除。

2. 初果期树的整形修剪

树体生长偏旺，树冠仍在继续扩大，树体结构即将形成，结果母枝数量逐渐增多，产量逐年增加。

此期修剪的主要任务是：继续培养主、侧枝，保持树势平衡，疏除改造直立向上的徒长枝、外围密挤枝及节间较长的无效枝，保留充足的有效枝量，控制强枝使其缓和长势，充分利用一切可以利用的结果枝，达到早结果、早丰产的目的。

（1）骨干枝延长枝修剪　在有空间的条件下，继续对延长枝短截，以中短截或轻短截为主，以扩大树冠；无空间时，则对主、侧枝延长枝缓放。

（2）辅养枝修剪　对已影响主、侧枝生长的辅养枝，可回缩或逐渐疏除，给主、侧枝让路；保留有空间的辅养枝，逐渐改造成结果枝组，修剪时应去强留弱，或先放后缩，放、缩结合，控制在树冠内部结果。

（3）徒长枝修剪　可采用留、疏、改相结合的方法进行修剪。对没有生长空间的徒长枝应及早疏除。如有空间，可通过先放后缩法培养成结果枝组；早实核桃可采用摘心或短截的方法促发分枝，然后回缩成结果枝组。

（4）二次枝修剪　早实核桃易发生二次枝，对组织不充实和生长过多而造成郁闭的二次枝，应彻底疏除；对充实健壮并有空间的二次枝，可用摘心、短截、去弱留强的修剪方法，促其形成结果枝组。对早实核桃树冠外围生长旺盛的二次枝进行短截或疏除，以防止结果部位迅速外移。

（5）结果枝组的配置、培养与修剪

① 结果枝组的配置。要求大、中、小型结果枝组配置适当，均匀地分布在各级主、侧枝上；在树冠内的总体分布是里大外小，下多上少，内部不空，外部不密，通风透光良好。即在树冠外围，以配置小型结果枝组为主；树冠中部以中型结果枝组为主，并根据空间大小配置少量大型结果枝组；树冠内膛以大、中型枝组为主。在大、中型枝组之间，以小型枝组填补空隙；在树冠内出现较大空间时，可通过培养大型枝组填补空间。枝组间距以互不干扰为原则，一般同侧大型枝组以相距60～100厘米为宜。

② 结果枝组的培养。枝组的培养方法主要有先放后缩法、先缩后截法、先截后缩法等。

先放后缩法。对壮发育枝或中等徒长枝，可先缓放促发分枝，第二年在适宜分枝处回缩，下一年再去旺留壮，2～3年后培养成良好的结果枝组。早实核桃的结果枝连续结果能力强，中、短果枝连续结果后形成的枝群，可通过回缩改造成小型结果枝组，但早实核桃小型结果枝组寿命较短。

先缩后截法。对生长密挤、空间有限的辅养枝，可先回缩，对后部枝适当短截，构成紧凑枝组。多年生有分枝的徒长枝和发育枝，也可先回缩先端旺枝，再适当短截后部枝，构成紧凑枝组。

先截后缩法。对徒长枝或发育枝摘心或短截，促发分枝后再回缩，即可培养成结果枝组。

③ 结果枝组的修剪。扩大枝组，可短截1～2个发育枝，促其分枝扩大枝组。枝组的延长枝最好弯曲延伸，以抑上促下，使下部枝生长健壮。对无发展空间的较大枝组，可回缩至后部中庸枝上，并疏除背上直立枝，以减少枝组内的总枝量。对细长型结果枝组，可通过适当回缩形成紧凑枝组。

结果枝组的生长势以中庸为宜，枝组生长势过旺时，利用摘心控制旺枝，冬季疏除旺枝，并回缩至弱枝弱芽处，或去直留平改变枝组角度等控制其生长势。枝组衰弱时，中壮枝少，弱枝多，可去弱留强，并回缩至壮枝、壮芽或角度较小的分枝处，抬高结果枝组的角度并减少花芽量，以促其复壮。

核桃多数品种一年生枝顶端常形成3个比较充实的混合芽或叶芽，萌发后常形成三叉形结果枝组。这类枝组如不修剪，可连续结果2～3年，但往往由于营养消耗过多，生长势逐渐衰弱，以至于干枯死亡。对于这类枝组应在其健壮时，疏去中间强旺的结果母枝，使其他枝健壮生长。随着枝组增大，注意回缩和去弱留强，以维持良好的长势和结果状态。

对于大、中型结果枝组，需将结果枝和营养枝调至恰当的比例，一般为3∶1左右。生长健壮的结果枝组，尤其是早实核桃的健壮结果枝组，结果枝一般偏多，修剪时应适当疏除并短截一部分；生长势变弱的结果枝组，常形成大量的弱结果枝和雄花枝，应适当重剪，疏除雄花枝和一部分弱枝，促发新枝。

枝组年龄增大、着生部位光照不良、过于密挤、结果过多、着生在骨干枝背后、枝组本身下垂、着生的母枝衰弱等原因，均可使结果枝组衰弱，多表现为营养枝分生不足，结果能力明显降低，可对其采取回缩至健壮分枝处或角度较小的分枝处、疏花疏果等方法，维持中壮；对于过度衰弱、回缩和短截均不能发枝的结果枝组，可从基部疏除。如果疏除后留有空间，可利用徒长枝培养新的结果枝组。如果有生长空间，也可先培养新的结果枝组，然后将弱枝组逐渐去除，以新代老。

（6）背后枝　背后枝处理同幼树期。

3. 盛果期树的整形修剪

核桃进入盛果期后，树冠扩展速度缓慢并逐渐停止，树体骨架已基本形成和稳定，树姿逐渐开张，随着产量的增加，外围枝绝大部分成为结果枝，结果部位外移。树冠大多接近郁闭或已经郁闭，在内膛光照不良的情况下，部分小枝和枝组开始枯死，主枝后部出现光秃带，易出现隔年结果现象。

此期修剪的主要任务是：调整营养生长和生殖生长的关系，改善树冠内的通风透光条件，更新结果枝，以达到高产、稳产的目的。

（1）骨干枝及外围枝的修剪　一般有中心干树形，此期应在三叉枝处逐年落头，以解决透光问题。及时控制背后枝，保持枝头的生长势。当相邻两树的枝头交接时，可采用交替回缩换头方法，控制枝头向外伸展。当先端开始下垂，主、侧枝表现衰弱时，应及时回缩复壮，用斜上生长的强壮枝带头，以抬高角度，复壮枝头。盛果期大树，外围枝常出现密挤、交叉和重叠现象，应适当间疏和回缩。

（2）结果枝组的培养与更新　加强对结果枝组的培养和更新复壮，扩大结果部位，防止结果部位外移，是保证盛果期核桃树丰产、稳产的重要技术措施。对2～3年生的小枝组，可采用去弱留强的方法，不断扩大营养面积，增加结果枝数量；当生长到一定大小，并占满空间时，则应去掉强枝、弱枝，保留中庸健壮枝，促使形成较多的结果母枝。对于已无结果能力的小枝组，可一次疏除，利用附近的大、中型枝组占据空间。对于中型枝组，应及时更新复壮，使枝组内的分枝交替结果。对于大型枝组，要注意其长度和高度，防止“树上长树”。对于已无延伸能力或下部枝条过弱的大型枝组，可适当回缩，以维持其下部中、小枝组的稳定。

（3）辅养枝的利用与修剪　当辅养枝与骨干枝不发生矛盾时，保留不动；如果影响主、侧枝的生长，可视其影响程度，进行回缩或疏除，为骨干枝让路；当辅养枝生长过旺时，应去强留弱或回缩到弱分枝处，控制其生长；对生长势中等、分枝良好、又有可利用空间者，可剪去枝头，将其改造成大、中型结果枝组，长期保留结果。

（4）徒长枝的利用和修剪　随着树龄的增长和结果量的增加，核桃成年树外围枝生长势变弱或受病虫危害时容易形成徒长枝，早实核桃更易发生，常造成树冠内部枝条杂乱，影响结果枝组的生长和结果，对其处理的方法可视树冠内部枝条的分布情况而定。内膛枝条较多，结果枝组又生长正常时，从基部疏除徒长枝；内膛有空间或其附近结果枝组已衰弱时，可利用徒长枝培养成结果枝组，促使结果枝组及时更新。在盛果末期，树势开始衰弱，产量下降，枯死枝增多，更应注意对徒长枝的选留与培养。

（5）清理无用枝　主要是剪除过密枝、重叠枝、交叉枝、细弱枝、病虫枝、枯死枝以及过多的雄花枝等，以减少不必要的养分消耗和改善树冠内的通风透光条件。

4. 衰老期树的修剪

核桃树进入衰老期后，外围枝生长量明显减少、下垂，细弱不充实的小枝易出现“焦梢”现象或干枯死亡，严重的可延及到5～6年生部位；同时萌发出大量徒长枝，出现自然更新现象，产量也大幅度下降。为了延长结果年限，在盛果末期就应不断更新复壮，以增强树势，延长盛果期年限。

（1）主干更新　也叫大更新，即将主枝全部锯掉，使其重新发枝，然后从新生枝中选留方向合适、生长健壮的2～4个枝，培养成主枝。另一种做法是对于主干高度适宜的开心形植株，可在每个主枝的基部锯掉。主干形可先从第一层主枝的上部锯掉树冠，再从上述各主枝的基部锯断，使主枝基部的潜伏芽萌芽发枝。此种更新法在西藏常见，在内地应用时应慎重，一般多用于山区丘陵区零星分布的核桃树。

（2）主枝更新　也叫中度更新，即在主枝的适当部位进行回缩，使其形成新的侧枝。具体做法是：选择健壮的主枝，剪留50～100厘米长，使其在主枝锯口附近发枝。发枝后，每个主枝上选留方位适宜的2～3个健壮的枝条，培养成一级侧枝。

（3）侧枝更新　也叫小更新，即将一级侧枝在适当的部位进行回缩，使其形成新的二级侧枝。其优点是新树冠形成和产量增加均较快。具体做法是：在计划保留的每个主枝上，选择强旺枝的前端或上部剪截。疏除所有的病枝、枯枝、单轴延长枝和下垂枝。重剪枯梢枝，促其从下部或基部发枝，以代替原枝头。

不论采用哪种更新方法，都必须加强肥水管理和病虫防治。只有这样才能增强树势，加速树冠、树势和产量的恢复，达到更新复壮的目的。

十一、板栗树的整形修剪

（一）生长结果习性

1. 芽及其类型

板栗的芽具有明显的异质性。枝条的顶芽在生长后期枯死脱落，枝条顶部实为侧芽，称伪顶芽。板栗的芽按其性质可分为混合花芽、叶芽和潜伏芽三种（图7-83）。从芽体大小和形态区分，混合花芽芽体最大，叶芽次之，潜伏芽最小。

图7-83　板栗的芽（王凌诗，1999）

（1）混合花芽　分完全混合花芽和不完全混合花芽。完全混合花芽又称两性花混合芽，着生于枝条顶端及其以下2～3节，芽体肥大、饱满、钝圆，茸毛较少，外层鳞片较大，可包住整个芽体，萌芽后抽生的结果枝既有雌花序也有雄花序。

不完全混合花芽着生于完全混合花芽的下部或较弱枝顶端及其下部，芽体较完全混合花芽略小，萌发后仅抽生雄花枝。

着生完全混合花芽和不完全混合花芽的节上不着生叶芽，在花序脱落后形成盲节，不能抽生枝条，修剪时要多加注意，避免产生秃枝。

（2）叶芽　幼旺树的叶芽着生于旺盛枝条的顶部及中下部，结果期树则多着生于各类枝条的中下部。叶芽芽体比不完全混合花芽小，近钝三角形，茸毛较多，萌发后形成各类发育枝。板栗的芽具有早熟性，健壮枝上的叶芽可当年分化，当年萌发，形成二次枝甚至三、四次枝。

（3）潜伏芽　着生在枝条基部短缩的节上，芽体极小，一般不萌发，呈休眠状态。板栗的潜伏芽寿命很长，可存活几十年，受到刺激后即可萌发抽生新枝，常用于更新复壮。

2. 枝及其类型

（1）发育枝　由叶芽和潜伏芽萌发而成，是形成树体骨架的主要枝条。根据生长势可分为三种。

① 徒长枝。多由潜伏芽受刺激萌发而成，生长旺盛，长约30厘米左右，最长可达1～2米。枝条组织不充实，节间长，芽体小，很难成为结果母枝，但如能及时控制，2～3年后也能抽生结果枝。多用于老树更新和内膛补缺，也可培养成结果枝组。

② 普通发育枝。多位于结果母枝的中下部，由叶芽萌发而成，生长健壮，是扩大树冠和结果的基础。生长充实的发育枝可以转化为结果母枝，第二年抽生结果枝。

③ 细弱枝。由上一年枝条中下部的瘦小叶芽萌发形成，生长较为细弱，长度不足10厘米，有的由3～5个小枝簇生形成鸡爪状，因此，又称鸡爪枝、鱼刺码（图7-84）。细弱枝只消耗营养，不能形成结果母枝，是修剪的主要对象。

（2）结果枝　着生栗棚的枝条称为结果枝，又称混合花枝。结果枝着生在结果母枝的先端，大部分品种的结果枝由结果母枝顶部的混合花芽抽生而来，但也有一些品种的基部芽和中下部芽经短截或中短截后也能抽生结果枝，这种特性在密植栽培中尤为重要。根据长度和生长势，可将结果枝分为5种。

图7-84　板栗的鸡爪枝
（柳鎏，1988）

① 徒长性果枝。盛花期先端1～2个结果枝平均长度达60厘米，节间长，叶片大，产量低，但坚果个大。新梢于7月下旬停止生长，全年新梢长度可达80厘米以上。一般营养生长旺盛的幼树、大砧龄嫁接树和更新树上徒长性果枝较多。为促使徒长性果枝结果，可在5月下旬摘除未展叶的新梢部分，促使下部发生新枝，抽生的这种新枝可形成结果母枝，第二年抽生结果枝。

② 强结果枝。盛花期先端1～2个结果枝长40厘米左右，此时顶端仍有未展开的叶片，新梢于7月下旬停止生长，全年新梢长度可达60～80厘米。强结果枝上坚果个大，结果枝连续结果能力强。此类结果枝多着生在10年龄以下的栗树上。

③ 中庸结果枝。盛花期时先端1～2个结果枝长25～30厘米，节间较长，叶片大，而未展叶下端节间短。新梢于7月上中旬停止生长，全年新梢长度可达35～50厘米，4～6年生树新梢可达50～60厘米，而成年树中庸结果枝长度多为35～50厘米。秋季新梢粗度以8毫米以上较为理想。

④ 弱结果枝。盛花期时先端1～2个结果枝长15～20厘米，节间短，叶片较小。新梢于6月中下旬停止生长。成年树新梢平均长20～25厘米。幼树一般在土层浅、排水不良或病虫危害时易形成弱结果枝，成年树修剪量过小、枝密或叶量不足也容易产生弱结果枝。

⑤ 细弱结果枝。盛花时先端1～2个结果枝短于10厘米，节间短，叶片小。新梢于6月上旬甚至更早即停止生长，但多数在雄花

序盛开期停止生长。新梢平均仅15厘米左右，枝条细弱，此类结果枝雌花极少，结果少或不结果，即使结果，坚果粒也小。

（3）结果母枝　常位于枝条先端，树冠外围，由生长健壮的发育枝和结果枝转化而成，顶芽及其下部2～3个芽为混合花芽，有的品种枝条中下部芽甚至基部休眠芽均可抽生结果枝。根据结果母枝的粗细、果前梢混合花芽的多少、充实饱满程度，可将其划分为强、中、弱三类。结果母枝抽生结果枝的多少与年龄时期、结果母枝强弱等相关。初果期和盛果期的树抽生结果枝率高，衰老期树则低。强壮的结果母枝抽生结果枝数量多，可形成3～5个结果枝，而且结果枝连续结果能力强。弱结果母枝抽生果枝少，结实能力弱，稳产性差。因此，形成较多的强壮结果母枝是高产、稳产的基础，应注意促发树体多形成强壮的结果母枝。

（4）雄花枝　仅着生雄花序的枝，称为雄花枝，雄花枝着生在弱枝或结果母枝的中下部，雄花序着生在雄花枝的中部，脱落后形成盲节，不再形成芽体。通常多数雄花枝比较细弱，衰弱树上较多。纤细的雄花枝应及早疏除，以免消耗营养和妨碍通风透光。

3. 生长结果习性

（1）顶端优势明显，生长极性强　该特性易使树冠不同部位不同角度的枝梢生长势具有明显差异。树冠顶端的直立枝梢生长势最强，其他部位的枝梢随倾斜度的加大，生长势依次减弱，下垂枝常自然枯死。树冠各部位的结果新梢的生长势、结果数量，部分品种的果实大小也具有明显差异。

（2）芽具有早熟性　板栗幼旺枝上的芽具有早熟性，一年能发生多次副梢。因此，在板栗幼旺枝的新梢长至30厘米时进行摘心，能促使侧芽萌发，可以起到增加枝叶量、加速整形和结果枝组的培养、提早结果、实现早果丰产的目的。

（3）潜伏芽寿命长　板栗树潜伏芽寿命长，老树粗枝受损后潜伏芽可萌发抽生新枝。可利用该特性对树体进行更新复壮。

（4）芽的异质性明显、叶序多种　板栗芽的异质性较为明显，中上部芽充实饱满，下部芽瘦小。板栗的芽在枝条上排列的方式称为叶序。板栗的叶序有三种：第一种是1/2叶序，即芽整齐地排列在枝条的两侧，且在一个平面上。第二种是2/5叶序，即芽呈螺旋状排列，第一个芽和第六个芽的方向相同。第三种是1/3叶序，其芽也呈螺旋状排列，第一个芽和第四个芽的方向相同。通常幼树结果以前多为1/2叶序，结果树和嫁接后多为1/3或2/5叶序，因此，1/2叶序是童期的标志之一。芽的排列不同，抽生出新梢的方向不同，如三叉枝、四叉枝和平面枝（又叫鱼刺码），因此，修剪时要注意芽的位置和方向，以调节枝向和枝条分布，防止枝条交叉重叠。

（5）萌芽力强，成枝力弱　板栗萌芽力强，成枝力弱，纤细枝多，结果母枝少。修剪时应注意培养健壮的生长枝，控制各类枝条的比例，促发壮枝增加结果母枝的数量。

（6）雌雄异花，分化时期不同　板栗属于雌雄同株异花植物。雌雄花芽分化期和持续时间不同，分化速度也不同。雌花序分化期短、速度快，一般其形成和分化是在芽冬季休眠后开始，在第二年发芽前开始形态分化，到萌芽后抽梢初期迅速完成。雌花序的分化与枝条的营养状况直接相关，加强树体上一年的营养生长，提高树体营养水平，萌芽前后增施速效性氮肥，或通过修剪减少树体养分消耗，均可提高板栗雌花的形成。此外，板栗幼旺树上长势强的新梢可通过在5～6月份反复摘心促发二次梢，在新梢上当年即可出现雌花序而开花结果。但这类雌花序因为形成时间短，大多不带雄花序，生产上可通过人工授粉，保证坐果，提高产量。

板栗雄花序属葇荑花序，花量大，每个花序着生小花600～900朵。在雄花中，一类缺乏雄蕊不产生花粉，此类为雄性不育。另一类有雄蕊，但花丝长短不一，花丝长度在5毫米以下的，花粉极少或少；花丝长度为5～7毫米的，花粉量大。为了节省营养，生产中应注意疏除过多的雄花序，尤其是雄性不育类型的雄花序。板栗的每一个总苞内一般有3朵雌花，在正常情况下，经授粉受精后，发育成3个坚果，有时发育成2个或1个，也有4个以上者。板栗一个果枝上可连续着生1～5朵雌花。

板栗的雄花和雌花开放时间不同，存在雌、雄异熟现象。一般雄花序开放8～10天后雌花开放。雌花柱头膨大、自总苞露出即为开花。柱头出现后便有受精能力，授粉期在柱头出齐后7～26天，最适期为9～13天。同一花簇中，边花较中心花晚开7～10天，因此，为保证丰产稳产，栽植时必须重视授粉树的配置，主栽品种与授粉树的距离以不超过20米为宜。此外，多次授粉能提高坐果率。

（7）壮枝结果　板栗树壮枝结果，细弱枝只能形成雄花枝或发育枝。一般健壮枝的顶芽及顶芽以下数芽抽生新梢，先端的新梢是壮枝，成为主要的结果枝。新梢生长势由顶端向下依次减弱，下部几个新梢常形成细弱枝，其后细弱枝多自行枯死。因此，板栗树修剪时与苹果等树种不同，应做到"去弱留强"。同时，为减少空篷，在结果母枝上常留3～5个大芽短截，以提高结实率。

（8）喜光性强　板栗树"无光不结果"，是喜光性很强的树种。当光照不足时，枝条直立生长，内部枝条容易枯死，产量下降；若光照充足，即使是顶端优势较强的品种，其树冠下部也能充分结实。修剪时，应增大枝条开张角度，及时疏除过密枝，增加内膛光照。

（二）主要树形

1. 自然开心形

干高50～80厘米，没有中心干，全树有3个主枝，均匀伸向3个方向，各个主枝在中心干上相距25～30厘米，主枝角度50°～60°，在主枝左右两侧选留侧枝，侧枝上培养结果枝组（图7-85）。

该树形具有树冠圆满、紧凑、开张，内膛通风透光良好，结果部位多，产量高，便于管理等优点，是目前生产中推广的主要树形之一。此树形树体受光面积大，前期产量高，适于在山区、丘岗及平原地区密植栽培的栗园。

2. 疏散分层形

干高80～100厘米。全树有5～7个主枝，第一层主枝3个，第二层和第三层各1～2个，层内距30～40厘米。第一层和第二层层间距100～150厘米，第二和三层层间距60～80厘米。第一层每个主枝上配置2～3个侧枝，每二层每个主枝上配置1～2个侧枝，第三层每个主枝上配置1个侧枝。主枝上第一侧枝距主干稍远，一般为80厘米；第二侧枝留在第一侧枝的相反方向，两侧枝相距40～50厘米；第三侧枝留在第二侧枝的相反方向，间距60～70厘米。第一层主枝基角60°～70°，第二和第三层主枝基角50°～60°（图7-86）。

图7-85　自然开心形（周治华，1992）

图7-86　疏散分层形（周治华，1992）

该树形树体高大，中心干明显，内膛通风透光良好，生长势强旺。

3. 主干疏层延迟开心形

干高50～80厘米，全树有5个主枝，分两层排列，第一层3个，第二层2个，各层主枝插空排列，错落有致，互不影响，在第二层主枝上部疏去中心干的延长部分。第一层各主枝间距25～30厘米，第二层各主枝间距40～50厘米，两层主枝间距80～120厘米，下层主枝基角50°～60°，第二层主枝基角60°～65°。每个主枝上培养2～3个侧枝，每个主枝的第一侧枝最好选在同一方位，第一侧枝距主干40～60厘米，呈平侧或斜侧，侧枝夹角大于主枝夹角，第二侧枝留在第一侧枝的相反方向，两侧枝相距30～50厘米（图7-87）。

该树形适于土层深厚、疏松、肥沃的土壤条件。树冠呈半圆形，骨架结构牢固，结果面积大，负载量高，通风透光好，产量高。但早期产量低，树体管理不便，只适用于稀植栽培。

4. 十字形

干高50～60厘米，全树共4个主枝，分2层排列，每层由2个临近的主枝组成，上下两层主枝呈十字形交错排列，层间距1米左右，每个主枝上配备3～4个侧枝（图7-88）。

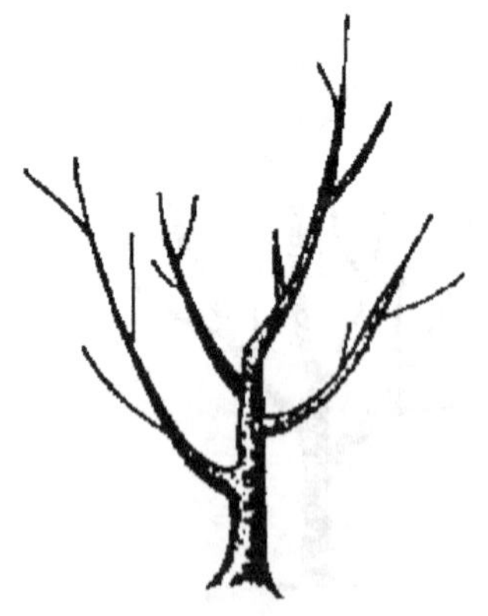

图7-87 主干疏层延迟开心形（丁向阳，2003）

图7-88 十字形（丁向阳，2003）

该树形主枝少，侧枝多，层间距大，易成形，通风透光良好，产量高。

（三）不同年龄时期的整形修剪

1. 幼树期树的整形修剪

幼树期树体生长旺盛，新梢生长量大，树冠不断扩大。

此期修剪任务是：选留和培养好主、侧枝，快速扩大树冠，完成整形工作，培养合理的树体结构，并培养好结果枝组，实现早实丰产。在整形修剪中，还应避免两个极端：一是只轻剪或不剪，任其生长，造成枝量过多，主次不分，相互交叉，无一定树形，虽结果早，但不能持久丰产稳产；二是过分偏重于培养树形，扩大树冠，虽短期内便能形成树体结构，但结果期较晚。

（1）定干　根据树形和栽培条件的要求，在定植后进行定干。一般在土层浅、土质差的山区、丘陵区园地定干高度以40～60厘米为宜；在土层厚、土质肥沃的平地、沟谷等园地可稍高，密植园定干低于稀植园。定干时应在定干高度范围内选具有充实饱满芽处剪截。苗木生长过高过强时，应事先在苗圃内通过夏季摘心进行定干，以促生分枝，从中选出主枝。如定植的是实生苗，定植后采取就地嫁接的，可结合嫁接定干。

（2）培养主枝　从定干剪口下选留角度大、粗壮的两个枝作为第一层的第一主枝和第二主枝，并轻度短截，对剪口下第一芽抽生的直立强旺枝留30～40厘米重短截，若剪口下第一芽和第二芽抽生枝条对生，可疏除其中的直立枝，留斜生枝重短截，第三年从剪口下抽生的粗壮枝中选一个角度较大、与下面2个主枝错开方位的枝作为第一层的第三个主枝。第二层主枝一般在3～4年内培养成，第三层主枝在5年内培养成。

（3）培养侧枝　在培养主枝的同时在主枝上选留侧枝，第一层主枝选留2个侧枝，第二、第三层主枝上选留1个侧枝。侧枝间互相错开，间距50～60厘米。

（4）培养结果枝组

① 短截加摘心法。选树冠内膛健壮的枝条，根据着生部位和空间大小，第一年重截，促使萌生壮枝，第二年夏季对萌生新枝摘心，促进分枝，形成中、小型结果枝组。

② 先放后回缩法。选树冠内膛的健壮枝，在春季芽体萌动时将其拉平，并在需要的部位刻伤，促使当年抽生壮枝，第二年或第三年冬剪时在发枝多的部位缩剪，即可形成结果枝组。

③ 去一留二法。当结果母枝上同时抽生3个强壮枝时，应对其中一个直立、较强旺的枝从盲节下短截，短截后盲节下的瘪芽或潜状芽可萌发1～3个新梢，结果母枝上就有5个健壮的枝条，再短截其中的2个强旺枝，即可形成结果枝组。

（5）控制竞争枝　板栗树顶端优势较强，枝条顶部的芽质量好、节间短，可发生三杈枝、四杈枝和轮生枝，在幼树整形期，除生长势过于强旺的枝条外，一般不短截，充分利用顶芽向外延伸，尽快构成骨架，扩大树冠。对三杈枝、四杈枝和轮生枝可通过疏枝、疏芽、拉枝、摘心等措施防止枝条间竞争，以免出现“掐脖”现象。对需要短截的枝条一般从中上部饱满芽处短截，对中心干和主枝延长枝构成竞争的枝条，可通过拉枝、摘心、重短截或更换原延长枝等方法处理竞争枝。

（6）少短截，轻疏枝　一般不对枝条短截。除疏除过密枝、徒长枝、病虫枝、部分竞争枝外，一般不疏枝。尽量保留小枝，以缓和树势、辅养树体和促进形成结果母枝。

（7）加强夏季修剪　通过夏季摘心2～4次（枝条每长20～30厘米，摘心一次），可抑制新梢的过长延伸，促进枝条充实，形成结果母枝，以便早结果。

2. 初果期树的整形修剪

从开始结果到大量结果之前的一段时间称为初结果期。该期是从营养生长为主逐步向生殖生长与营养生长相对平衡的过渡时期，树体生长势仍然偏旺，新梢生长量常在50厘米以上，大部分品种开始结果。

此期修剪的主要任务是：继续选培各级骨干枝，迅速扩冠成形，培养结果母枝，力争早期丰产，平衡树势和主从关系。

（1）继续扩大树冠　沿用幼树期的修剪措施，保持延长头的生长势，迅速扩大树冠。对各级主枝、侧枝和中心干延长枝进行短截，以保证旺盛生长，加快成形。短截时注意剪口芽留下不留上，以开张枝条角度。控制好竞争枝，选培各级骨干枝，注意骨干枝的开张角度，疏除有害枝，采取夏剪措施处理新生枝条。

（2）培养结果枝组，调节营养与结果的关系　疏除过密枝、交叉枝和重叠枝。对一年生背下枝、侧生枝轻剪或缓放。对一年生直立的背上枝或较大空间的枝条及徒长枝，留3～5个芽进行先截后放，促使分枝发生，形成枝组，以利于来年形成结果母枝。有分枝的二年生枝条，除结果母枝外，对生长健壮的生长枝进行短剪或缓放，对下部生长枝留3～4个芽进行短截，促使发生分枝，待上部枝条结果后，再进行回缩。在选培的侧枝上，加强培育结果母枝。

（3）充分利用辅养枝和发育枝　尽量利用好辅养枝结果，当辅养枝开花结果，与永久性枝产生矛盾时，根据空间大小，采取逐年回缩利用或直接疏除的方法解决。

（4）引枝补空　对空缺部位可有意识地牵引附近枝条占据空间，也可利用剪口芽的留向，利用拉、撑等措施进行补空。

（5）后期注意控制树冠，防止树冠郁闭，保证内膛通风透光良好。

3. 盛果期树的整形修剪

该时期是生命周期中最丰产的时期，该期的长短直接关系到栗园的收益状况。盛果期的板栗树树冠已经基本形成并大量结果，若树体控制不好，树冠会很快交接郁闭，导致光照不良，内膛小枝枯死，枝干光秃，结果部位外移，生长与结果矛盾突出，大小年现象严重。

此期修剪的主要任务是：调节生长与结果的关系，改善光照条件，培养结果母枝，维持健壮丰产树势，防止衰老，延长盛果期年限。

（1）维持健壮丰产树势　生产上主要是依据立地条件和树势采用集中修剪和分散修剪的方法。对立地条件好、树势强健的板栗树，多留一些结果母枝、发育枝、预备枝和徒长枝，抑制营养生长，缓和树体长势，促进生殖生长，培养结果母枝。对立地条件差、树势较弱的树或枝条，通过疏枝和回缩，削弱生殖生长，使营养集中到保留下来的枝条上，促进树体长势由弱变强，形成健壮的结果母枝。

（2）配备三套枝　为了保持丰产、稳产，对结果母枝进行结果枝、发育枝和预备枝配备。第一套枝是保留一部分结果母枝，使其当年结果；第二套枝是重截一部分结果母枝，对截后抽生的新梢在25～30厘米处摘心，对雄花枝在基部或盲节上留3～5个芽短截，对结果枝果前梢留3～5个芽摘心，培养成第二年结果母枝；第三套枝是将一部分结果枝的果前梢全部摘除，第二年早春修剪时从基部留2～3个芽重短截，对抽生的新梢在长到25厘米左右时摘心，培养后年的结果母枝。

（3）徒长枝的修剪　对树冠内萌发的徒长枝，一般是“三留，三不留”，强树留，弱树不留；有空间者留，无空间者不留；主、侧枝的中上部留，基部不留。对不留的徒长枝应及时疏除。对选留的徒长枝应通过拉枝、扭梢等方法改变其枝向或进行摘心、短截，缓和长势，促生分枝，形成结果母枝。

（4）年年小更新　对已结果多年，长势变弱，结果量减少的结果母枝，需要从较好的分枝处回缩，培养新的枝组，抽生健壮的结果母枝，进行更新复壮。

（5）控高控冠，打通光路　依据树形对树高的要求，对超过部分的中心干进行环剥、倒贴皮或拉平，以促进多结果，实现以果压树。结果后，通过回缩进行延迟落头开心，对落头后最上面的主枝抽生的直立徒长枝一律疏除。冠径的控制就是使株间枝不交叉，行间要有不少于0.5米宽的作业道，否则需要对顶端的各类枝条进行回缩。疏除过密的外围枝条，保持树体的通风透光。

4. 衰老期树的修剪

实生的板栗树一般80～100年、嫁接的板栗树一般40～50年进入衰老期。衰老期的板栗树树冠残缺不全，外围枝梢出现大量鸡爪枝、弱结果母枝和干枯枝，产量逐年下降，坚果品质变劣。

衰老树修剪的主要任务是：及时更新复壮，恢复树冠，提高产量和果实品质。

（1）小更新　适用于轻度衰老的树，即将全树骨干枝的1/3～1/2回缩，一直回缩到5～7生的部位，利用冠内新枝作延长枝，培养成新的骨干枝。有计划地逐年回缩，3年内完成骨干枝的全部更新。

（2）大更新　适用于中度衰老树，即将全树所有的骨干枝一次性回缩至7～8年生的部位。第二年剪锯口处潜伏芽可萌发大量强旺新枝，从中选择生长方向好、发育充实的保留，多余的疏除，留下的按照去弱留强、去直留斜的原则重新培养成主、侧枝。此外，有空间的地方要选留一些新枝培养成结果枝组，以尽快恢复产量。此方法修剪复壮作用明显，但树冠恢复较慢，更新后3年才能恢复正常结果，而且伤口较大，不易愈合，易感染病虫害。因此，疏除大枝时，可留6～8厘米的短桩，同时用利刀将伤口削平，并对伤口及时涂抹石硫合剂或其他杀菌剂进行保护。

（3）全树更新　严重衰老树应进行全树更新。严重衰老树的树干基部大多会生有萌蘖，但生长不充实，属于徒长性枝条，可选留其中生长位置好的在夏季摘心2～3次，促进加粗生长。经过2～3年培养后，适时进行优种嫁接，待嫁接成活并开始结果后再将老树锯掉，形成一个独立的新植株。对于山区和丘陵区零星分布的板栗树可进行全树更新，但对成园栽植的板栗树，在此期或此期之前需进行全园伐树，重新建园。

（四）郁闭板栗园的修剪

当树冠光照低于自然光强的30%时，不能着生栗果。因此，着果界限为自然光照强的30%。着叶界限为10%～15%，低于10%的着光处则无叶片着生，为光秃带。过密树由于树冠交接，树体直立生长，见光量为30%以上的面积少，着果位置少，产量低。郁闭板栗树要解决的问题主要是打开光路，降低树冠覆盖率。

1. 改造树形

郁闭的栗树往往直立生长。因此，应一次或分次锯掉中心干和直立的挡光大枝，打开光路。

2. 回缩更新

郁闭的栗树枝干光秃、结果部位外移。随着枝的生长，其顶端生长势开始变弱，结果母枝细弱短小，枝条弓形顶端区域的潜伏芽会抽生出分枝。利用这一特性，可回缩到分枝处，进行更新，再培养分枝处的枝，将结果部位控制在该范围内。而对于无分枝的光腿枝，也可回缩到节处，刺激潜伏芽萌发而产生分枝，降低结果部位。回缩更新后，应将培养结果母枝和预备结果母枝相结合，尽量控制其扩展速度。

3. 计划间伐

对于栽植密度每亩大于100株（山地）或80株（平地）的郁闭栗园，如若通过控冠修剪仍难以解决光照时，应采取隔行、隔株间伐，即在树冠交接前，确定永久植株和间伐植株。采取回缩修剪的方法控制树冠，防止树冠郁闭，并使间伐植株为永久植株让路。当两行树的树冠密接时先回缩间伐植株的枝头，影响多少回缩多少，回缩后两树枝头应保持0.6米的间距。逐年回缩直到把间伐树砍掉为止。对于间伐植株一般不短截，修剪时去弱枝、强枝，可留中庸枝及健壮枝作为临时性结果枝。

十二、石榴的整形修剪

（一）生长结果习性

1. 芽及其类型

（1）叶芽　萌发后只长枝叶而不开花的芽。石榴叶芽外形瘦小，多呈三角形。叶芽大部分着生在一年生枝的叶腋间。

（2）花芽　石榴的花芽为混合芽，萌发后先抽生一段新梢，在新梢先端开花结果。石榴混合芽外形较大，呈卵圆形。石榴树上的混合芽多数发育不良，与叶芽不易区分，多着生在发育健壮的极短枝顶部或近顶部。

（3）潜伏芽　一年生枝上不能在第二年春季按时萌发的芽称为潜伏芽。石榴树潜伏芽的寿命极长，多年生的老枝干遇到刺激后能萌发长成旺枝，因此，老树、老枝更新复壮容易。

2. 枝及其类型

（1）营养枝　当年只长叶不开花的枝，也叫生长枝。根据生长势的强弱又分为发育枝、徒长枝、纤细枝。发育枝是构成树冠骨架、扩大树冠体积、形成结果枝的主要枝条；徒长枝是节间长、叶片薄、芽瘦小的枝，长度可达1～2米，扰乱树体结构，影响通风透光，修剪中一般应以疏除，但对衰老树是比较好的更新枝。纤细枝是树冠内膛生长瘦弱、芽体瘪小、组织不充实的枝，修剪中对过密者疏除，一般情况下任其生长。

（2）结果枝　能开花结果的当年生枝，按其长度可分为长、中、短和徒长性结果枝。

① 短果枝。长度在5厘米以下，具有1～2对叶、着生1～3朵花的结果枝，正常花多，结果可靠，是主要的结果枝。

② 中果枝。长度在5～15厘米之间，具有3～5对叶、着生1～5朵花的结果枝，其中退化花多，结果能力一般，但其数量多，也是主要结果枝。

③ 长果枝。长度在20厘米以上，具有5～7对叶、着生1～9朵花的结果枝，开花晚，数量少，结果少。

④ 徒长性果枝。多分布在树冠外围的骨干枝上，长度在50厘米以上，有多次分枝，其中个别侧芽可形成混合芽，抽生极短的结果枝。由于开花较晚，不能正常成熟，修剪时多疏除或改造成为枝组。

（3）结果母枝　组织充实的顶芽或侧芽形成混合芽的枝，混合芽当年或第二年春季萌发抽生结果枝结果。

3. 生长结果习性

（1）石榴为落叶性灌木或小乔木　根际易生根蘖，可用以分株繁殖。由于根蘖的发生和生长会消耗大量的养分，因此，生产园里的根蘖一般应疏除。

（2）石榴寿命长，经济栽培年限久　石榴分株和扦插苗定植后一般在3年内即可开花结果。初生苗幼树生长期3～10年，继续结果40～60年，进入衰老期后仍可结果20～30年。因此，石榴的一生可存活100年以上，经济栽培年限约70～80年。

（3）枝条细瘦，先端成针刺，并皆对生　在一年生枝中，枝条的长短不一，长枝和徒长枝先端多自枯或成针状，没有顶芽。一般长枝每年继续生长，扩大树冠。而生长较弱、基部簇生数叶的最短枝，先端有一个顶芽，这些最短枝如果当年营养适度，顶芽即可成为混合芽，翌年抽出结果枝。反之，如营养不良，则仍为叶芽，翌年生长很弱，仍为最短枝，但受到刺激后可抽生为长枝或发育枝。

（4）徒长枝一年可多次发枝　徒长枝的年生长量可达1米以上，随着徒长枝的生长，在其中上部各节可抽生二次枝，二次枝生长旺时又生三次枝，这些二、三次枝和母枝几乎成直角，向水平方向伸展。

（5）以短枝结果为主　石榴的花芽为混合芽，着生于结果母枝上。结果母枝于春季抽生结果枝，结果枝是着生花、果的短梢。结果母枝多为春季生长的一次枝或初夏抽生的二次枝，均为短枝或叶丛枝。这种枝条停止生长早，发育充实。翌年在顶芽或腋芽处发生短小新梢，在这些新梢上一般着生1～5朵花，其中一朵花顶生，其余的则为侧生。一般以顶生花芽最易坐果，但也有结2～3个“并蒂石榴”的，即结二果。如河北南部一带的“五子登科石榴”即各花均可坐果。这种结果枝因先端结果，不能向前生长，使养分集中，因而，往往比其他枝条粗壮，于结果翌年其下部分枝又可成为生长枝或结果母枝。

（6）花期长　结果母枝在春、夏抽出结果枝，这些结果枝一般着生1～9朵花，一般以顶生花发育最好，开花最早，最易坐果。石榴花期长，可持续2～3个月。每抽一次枝，开一批花，坐一道果，故花期可分为头茬花、二茬花和三茬花等。一般头茬花和二茬花结果比较可靠。在北方，后期花坐的果不能正常成熟，品质差，果个小。

（二）主要树形

1. 单主干自然开心形

干高50厘米左右，树高3米左右，无中心干。干上均匀分布3～5个主枝，各主枝在主干上的间距为15～20厘米，主枝角度50°～60°。稀植园每个主枝上留2～4个侧枝，侧枝与主干和相邻侧枝间的距离为50厘米左右。密植石榴园主枝上不培养侧枝，直接着生结果枝组（图7-89）。

该树形通风透光好，管理方便，成形快，结果早，符合石榴树

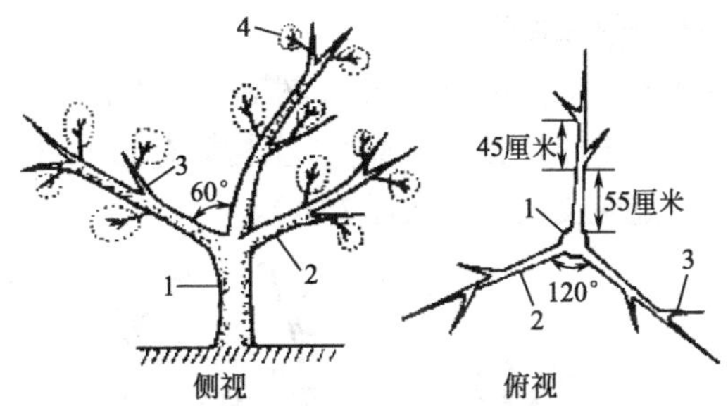

图7-89　单主干自然开心形

1—主干；2—主枝；3—侧枝；4—结果枝组

的生长结果习性，是丰产树形之一。

2. 多主干自然开心形

有主干2～3个，3个主干均匀分布，主干与垂直线的夹角为30°～40°。干高50～80厘米，树高3米左右。每个主干上有2～3个主枝，全树共有6～8个主枝，各主枝向树冠四周均匀分布，互不交叉重叠，同主干上的主枝间相距50厘米以上，主枝上着生结果枝组。

该树形成形快，结果早，主干多，易于更新，但主枝多，易交叉重叠。这种树形如果留两个主干，就成双主干V字形（图7-90）。树体结构同三主干开心形相比，由于减少了主干数量，主枝更容易安排，特别适于宽行密株的丰产石榴园。

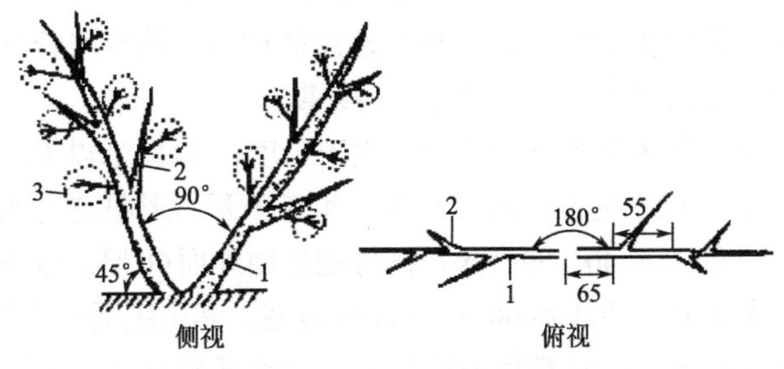

图7-90　双主干开心形

1—主干；2—侧枝；3—结果枝组

3. 多主干自然半圆形

主干2～4个，干高0.5～1米，树高3～4米，主干各自向上延伸，每个主干上着生主枝3～5个，全树共有12～15个主枝，分别向四周生长，避免交叉重叠（图7-91）。

图7-91　多主干自然半圆形

这种树形成形快，枝条多，易早丰产，缺点是树冠易郁闭，管理不太方便。

（三）不同年龄时期的整形修剪

1. 幼龄期树的整形修剪

指尚未结果或初开始结果的树，一般在四年生内，植株进入迅速生长期，新梢生长量大，常抽生二次枝，树冠扩大快。

此期整形修剪的任务是：根据选用的树形，选择培养各级骨干枝，使树冠迅速扩大，并及早进入结果期。

栽后第一年主要是培养主干，主干长度在80厘米以上，单干开心形保持主干直立生长，双干V字形和三干开心形将选定的主干拉至与地面呈20°～40°的夹角，同时疏除距地面60厘米以下的所有细弱枝。冬剪时，主干留60～80厘米剪截，其余细弱枝全部疏除。

栽后2～4年以培养骨干枝为主，同时开始培养结果枝组。春季剪口芽萌发后，留一个侧芽作主枝延长枝培养；另一个侧芽作侧枝或枝组培养。7～8月份通过撑、拉适当调整角度。主枝背上芽发出的新枝，或重摘心控制，或抹除；两侧和背下发出的枝保留缓放或适当控制，以不影响骨干枝生长为原则。冬剪时各类骨干枝仍留左右芽，按50～60厘米长度剪截，对侧枝及其他类型的枝均缓放不剪。

2. 初结果树的修剪

初结果树指栽后5～8生年的树，此期树冠扩大快，枝组形成多，产量上升较快。

此期整形修剪的主要任务是：完善和配备各主、侧枝及各类结果枝组。

修剪时，将主枝两侧发生的位置适宜、长势健壮的营养枝，培养成侧枝或结果枝组。对影响骨干枝生长的直立性徒长枝、萌蘖枝采用疏除、扭伤、拉枝等措施，改造成大、中型结果枝组。长势中庸、二次枝较多的营养枝缓放不剪，促其成花结果。长势衰弱、枝条细瘦的多年生中枝应轻度短截或回缩复壮。

3. 盛果期树的修剪

盛果期树指8年生以上的树，此期树冠已达到最大范围，枝组最多，产量最高，而且产量稳定。

此期整形修剪的主要任务是：维持树体“三稀三密”的良好结构，使树势、枝势壮而不衰，延长盛果期年限，推迟衰老期。

对枝轴过长、结果能力下降的枝组和长势衰弱的侧枝，在较强的分枝处回缩；疏除干枯枝、病虫枝、无结果能力的细弱枝及剪、锯口附近的萌蘖枝。保护有空间利用的新生枝，并将其培养成新的枝组。注意解决园内光照不足的问题。

4. 衰老期树的修剪

大量结果的二三十年生以上的树，由于贮藏营养的大量消耗，地下根系逐渐死亡，冠内枝条大量枯死，花多果少，产量下降，说明植株已步入衰老期。衰老期树应从回缩复壮地上部分和深耕施肥促生新根两方面加强管理。当产量降到一定程度后，应全园伐树，重新栽苗建园。

（四）放任树的整形修剪

1. 选好骨干枝

根据不同树的生长和周围环境，参照丰产树的树体结构要求，选择1～4个生长健壮的大枝作为主干或主枝，每个主枝上再选2～3个侧枝，以及10～15个结果枝组。并注意各个骨干枝的方向和角度，不能相互交叉和重叠。

2. 疏除有害枝

疏除干枯枝、病虫枝、基部萌蘖、背上直立旺长枝、内膛徒长枝及过密的大型枝组。

3. 培养结果枝组

采用“先放后缩”和“先截后放”的方法培养枝组。对于生长势强的枝，先缓放不剪，通过拉枝等措施缓和生长，促其形成花芽，待结果后，再适度回缩培养成结果枝组。对于生长中庸的枝或呈水平生长的枝，缓放成花后及时回缩；或先短截促使产生新枝，然后缓放至开花结果后再回缩。

4. 复壮衰弱枝

对树冠内的衰弱枝，采用“去弱留强”、抬高角度、短截、回缩等方法，促使树势、枝势转旺。

参考文献

[1] 路超，王金政，康冰心等. 烟台地区苹果园优质丰产树体结构参数调查研究. 山东农业科学，2009，(11)：42-44.

[2] 马绍伟，夏国海，宋尚伟等. 伏南山区丰产苹果树体结构研究. 河南农业科学，1994，(7)：29-31.

[3] 岳玉玲，魏钦平，张继祥等. 黄金梨棚架树体结构相对光照强度与果实品质的关系. 园艺学报，2008，35(5)：625-630.

[4] 王卫，王玉宝，冯义忠等. 大樱桃丰产树体结构调查. 山东林业科技，2001（增刊）：100.

[5] 李冬生，王晓明，唐时俊等. 板栗树体结构与产量关系的研究. 湖南林业科技，1994，(1)：9-12.

[6] 吴光林. 果树整形与修剪. 上海：上海科学技术出版社，1986.

[7] 郗荣庭. 果树栽培学总论. 第3版. 北京：中国农业出版社，2000.

[8] 熊晋三，唐微. 落叶果树修剪技术图说. 北京：中国林业出版社，1990.

[9] 耿玉韬. 北方果树修剪技术图解. 北京：中国农业出版社，1998.

[10] 刘永居. 北方果树整形修剪图说. 北京：中国林业出版社，1997.

[11] 汪景彦. 实用果树整形系列图解 梨·山楂·桃·葡萄. 西安：陕西科学技术出版社，1994.

[12] 王国新，张东良，李俊杰等. 果树优质高产栽培技术丛书 桃. 郑州：河南科学技术出版社，1992.

[13] 张玉星. 果树栽培学各论. 北京：中国农业出版社，2005.

[14] 樊巍. 优质高档杏生产技术. 郑州：中原农民出版社，2003.

[15] 吴国兴. 杏树保护地栽培. 北京：金盾出版社，2002.

[16] 张国海，张传来. 果树栽培学各论. 北京：中国农业出版社，2008.

[17] 李体智. 杏一年生枝修剪反应规律的研究初报. 山西果树，1989，(4)：19-21.

[18] 解思敏，王跃进，王华树等. 干旱山区老龄杏树挖潜栽培管理措施. 山西农业科学，1995，23(2)：62-64.

[19] 解思敏，杜俊杰，解晓红等. 杏树不同年龄结果枝组的生长结果特性. 果树科学，1994，(3)：157-160.

[20] 陈英照，张耀武，王相俊等. 果树优质高产栽培技术丛书 李. 郑州：河南科学技术出版社，1991.

[21] 陈履荣，张德民，许敖奎. 槜李若干生物学特性及其栽培措施. 中国果树，1983，(1)：51.

[22] 刘海荣．黑龙江省李品种成枝力研究．中国林副特产，2009，(6)：21-22.
[23] 李怀玉，张铁峰．李花粉性状的研究．北方园艺，1989，(9)：9-12.
[24] 王白坡，陶宏蕾，钱银财等．檇李生物学特性的初步研究．浙江林学院学报，1985，(2)：25-30.
[25] 韩瑞民．李树丰产的绝招——巧拉枝．果农之友，2005，(11)：50.
[26] 杨和平．李树发育枝缓放效果调查．山西果树，2007，(3)：18.
[27] 孔庆山．中国葡萄志．北京：中国农业科技出版社，2004.
[28] 张军，张迎军，王永安．石榴．西安：陕西科学技术出版社，2009.
[29] 许明宪．石榴无公害高效栽培．北京：金盾出版社，2003.
[30] 张克俊．常见果树整形修剪．济南：山东科学技术出版社，1990.
[31] 果树整形修剪编写组．果树整形修剪．郑州：河南科技出版社，1983.
[32] 黄卫东．果树整形修剪技术．北京：科学出版社，1997.
[33] 孟昭清，刘国杰．果树整形修剪技术——密植简化优质修剪技术．北京：中国农业大学出版社，1999.
[34] 刘兴治．果树整形修剪新技术．沈阳：沈阳出版社，1999.
[35] 李从悠，左占魁，曹佐双等．山楂．北京：中国中医药出版社，2001.
[36] 夏春生，王璐．山楂的栽培．江苏：江苏科学技术出版社，1986.
[37] 程亚东等．石榴整形修剪图解．北京：金盾出版社，2003.
[38] 曹尚银．优质石榴无公害丰产栽培．北京：科学技术文献出版社，2005.
[39] 张一萍．葡萄整形修剪图解．北京：金盾出版社，2005.
[40] 曹尚银，郭俊英．优质核桃无公害丰产栽培．北京：科学技术文献出版社，2005.
[41] 曹玉芬，聂继云．梨无公害生产技术．北京：中国农业出版社，2003.
[42] 丁向阳．优质高档板栗生产技术．郑州：中原农民出版社，2003.
[43] 杜纪壮．苹果生产关键技术百问百答．北京：中国农业出版社，2005.
[44] 杜纪壮，李良瀚．苹果优良品种及无公害栽培技术．北京：中国农业出版社，2006.
[45] 范伟国，李玲．板栗标准化安全生产．北京：农业出版社，2007.
[46] 傅玉瑚，申连长等．梨高效优质生产新技术．北京：中国农业出版社，1998.
[47] 傅玉瑚，郗荣庭．梨优质高效配套技术图解．北京：中国林业出版社，2001.
[48] 耿玉韬．苹果优质高产关键技术．郑州：河南科学技术出版社，1996.
[49] 郭民主．苹果安全优质高效生产配套技术．北京：中国农业出版社，2006.
[50] 姜国高，马元考，王少敏等．果树整形修剪技术 板栗・核桃・枣・柿整形修剪．济南：山东科学技术出版社，1997.
[51] 姜淑苓，贾敬贤．梨树高产栽培．北京：金盾出版社，2006.

[52] 孔德军，刘庆香，王广鹏. 板栗栽培与病虫害防治. 北京：中国农业出版社，2006.
[53] 李秀伟. 镜面柿改良纺锤形整形技术. 中国果树，2008，(5)：74.
[54] 刘孟军. 枣优质丰产栽培技术彩色图说. 北京：中国农业出版社，2002.
[55] 刘孟军. 枣优质生产技术手册. 北京：中国农业出版社，2004.
[56] 刘振亚. 核桃栽培. 郑州：河南科学技术出版社，1983.
[57] 柳鎏，蔡剑华，张宇和. 板栗. 2版. 北京：科学出版社，1988.
[58] 龙兴桂. 苹果栽培管理实用技术大全. 北京：农业出版社，1994.
[59] 龙兴桂. 现代中国果树栽培：落叶果树卷. 北京：中国林业出版社，2000.
[60] 陆秋农. 苹果栽培. 北京：农业出版社，1993.
[61] 栾景仁，梁丽娟. 柿树丰产栽培图说. 北京：中国林业出版社，2002.
[62] 马希满，杜纪壮，张建军等. 密植苹果修剪图解. 石家庄：河北科学技术出版社，1996.
[63] 梅学书，蔡伦朝，王尧清. 板栗栽培与贮藏技术. 武汉：湖北科学技术出版社，2006.
[64] 张力，于润卿. 梨优良品种及其丰产优质栽培技术. 北京：中国林业出版社，2000.
[65] 秦岭等. 板栗优质高效栽培. 北京：知识产权出版社，2001.
[66] 曲泽洲，王永惠. 中国果树志：枣卷. 北京：中国林业出版社，1983.
[67] 陕西省果树研究所. 核桃. 北京：中国林业出版社，1980.
[68] 宋宏伟. 优质高档枣生产技术. 郑州：中原农民出版社，2003.
[69] 汪景彦. 果树树形及整形技术. 北京：农业出版社，1989.
[70] 汪景彦. 实用果树整形修剪系列图解 苹果. 西安：陕西科学技术出版社，1998.
[71] 汪景彦. 苹果优质生产入门到精通. 北京：中国农业出版社，2001.
[72] 王凌诗. 板栗、核桃、枣栽培技术. 北京：中国盲文出版社，1999.
[73] 王少敏，于青. 苹果优质高效安全生产技术. 济南：山东科学技术出版社，2008.
[74] 王淑贞. 梨整形修剪. 济南：山东科技出版社，1997.
[75] 王仁梓. 现代柿树整形修剪技术图解. 北京：中国林业出版社，2000.
[76] 王文江，王仁梓. 柿优良品种及无公害栽培技术. 北京：中国农业出版社，2007.
[77] 王迎涛，方成泉，刘国胜等. 梨优良品种及无公害栽培技术. 北京：中国农业出版社，2004.
[78] 魏闻东. 优质高档梨生产技术. 郑州：中原农民出版社，2003.
[79] 魏玉君. 优质高档柿生产技术. 郑州：中原农民出版社，2003.
[80] 魏玉君. 薄皮核桃. 郑州：河南科技出版社，2006.
[81] 郗荣庭. 核桃优质高效栽培技术. 郑州：中原农民出版社，1996.

[82] 郗荣庭，刘孟军. 中国干果. 北京：中国林业出版社，2005.
[83] 谢碧霞，何业华，王俊. 柿. 北京：经济管理出版社，1998.
[84] 许方，姚宜轩，江先甫等. 梨树生物学. 北京：科学出版社，1992.
[85] 宣善平. 板栗丰产栽培技术. 合肥：安徽科学技术出版社，1983.
[86] 杨朝选. 优质高档苹果生产技术. 郑州：中原农民出版社，2003.
[87] 杨文衡，刘永居. 柿. 石家庄：河北科学技术出版社，1986.
[88] 于锡斌，戴洪义. 新编苹果优质丰产栽培. 北京：中国农业出版社，1997.
[89] 原双进，刘朝斌. 核桃栽培新技术. 陕西：西北农林科技大学出版社，2005.
[90] 云南省农家书屋建设工程领导小组. 板栗丰产栽培新技术. 昆明：云南科技出版社，2008.
[91] 张美勇. 核桃优质高效安全生产技术. 济南：山东科学技术出版社，2008.
[92] 张希清，郑永进，申海莲. 密植枣树自由纺锤形整形技术. 山西果树，1992，(2)：43-44.
[93] 张艳芬. 苹果整形修剪. 济南：山东科学技术出版社，1997.
[94] 张毅. 板栗优质高效安全生产技术. 济南：山东科学技术出版社，2008.
[95] 张毅萍，朱丽华. 核桃高产栽培. 修订版. 北京：金盾出版社，2005.
[96] 浙江效益农业百科全书. 板栗. 北京：中国农业科技出版社，2004.
[97] 中国农业百科全书总编辑委员会果树卷编辑委员会. 中国农业百科全书：果树卷. 北京：农业出版社，1993.
[98] 周广芳. 枣优质高效安全生产技术. 济南：山东科学技术出版社，2008.
[99] 周翔陆. 梨优质丰产关键技术. 北京：中国农业出版社，1997.
[100] 周治华，陈遂先，李广敏. 核桃、枣、柿、板栗快速丰产技术. 北京：教育科学出版社，1992.
[101] 周志美，黄佳聪. 核桃栽培技术图解. 昆明：云南民族出版社，2008.
[102] 宗学普. 柿树栽培技术. 修订版. 北京：金盾出版社，2002.